高等院校环境科学与工程新编教材

环境影响评价

HUANJING YINGXIANG PINGJIA

U0322092

主　编　林云琴

副主编　陈烁娜　高　婷

　　　　罗运阔　张　磊

参　编　胡新将　陈杨梅

广东高等教育出版社
Guangdong Higher Education Press

·广州·

内 容 简 介

本书是为了反映近年较新的环境影响评价的理论、方法与技术，又便于课堂讲授和提高学生认识、分析和解决环境影响评价相关问题的能力而编写的一本教材，适应了目前学科发展和人才培养的需求。

本书在对现行教材和其他相关文献分析提炼的基础上，简明、系统地阐述了环境影响评价的最新理论、技术与方法，重点介绍了建设项目各要素环境影响评价的主要内容，并简述了规划环境影响评价的工作方法与内容，最后结合典型环境影响评价案例介绍了环境影响报告书的编写。

本书可用作环境工程、环境科学、资源环境科学、生态学以及其他相关专业的本科生和研究生教材或参考书，也可作为从事环境影响评价的技术人员和管理人员的参考用书。

图书在版编目（CIP）数据

环境影响评价/林云琴主编 . —广州：广东高等教育出版社，2017.8
ISBN 978 - 7 - 5361 - 5949 - 5

Ⅰ.① 环…　Ⅱ.①林…　Ⅲ.①环境影响 - 评价 - 教材　Ⅳ.① X820.3

中国版本图书馆 CIP 数据核字（2017）第 151516 号

出版发行	广东高等教育出版社
	地址：广州市天河区林和西横路
	邮政编码：510500　电话：（020）85250745
	http://www.gdgjs.com.cn
印　刷	广东信源彩色印务有限公司
开　本	787 毫米×1 092 毫米　1/16
印　张	21.25
字　数	503 千
版　次	2017 年 8 月第 1 版
印　次	2017 年 8 月第 1 次印刷
定　价	48.00 元

前　　言

"环境影响评价"是高等学校环境科学与工程学科的一门专业基础课程，在全国相关学科广泛开设。该课程自 2004 年在华南农业大学开设以来，受到了教师和学生的极大关注，目前该课程已成为华南农业大学环境工程和环境科学两个专业的核心课程、资源环境科学和生态学两个专业的选修课程，华南农业大学每年都输送一批本科毕业生直接从事环境影响评价工作。该课程对环境影响评价从业人员的培养以及该行业的发展起着至关重要的作用。

随着社会发展和环境污染与破坏的日益加剧，环境问题依然是当前困扰和影响人类生活和社会发展的重大问题之一。环境影响评价是指对政策（战略）、规划、计划、建设项目及其他开发活动实施后可能造成的环境影响进行分析、预测和评估，提出预防或者减轻不良环境影响的对策和措施，并进行跟踪监测的方法与制度。因此环境影响评价的发展对我国环境保护、社会和经济发展具有极其重要的理论和实际意义。当前，环境影响评价已成为我国环境保护工作中的一项基本制度，并通过《中华人民共和国环境影响评价法》，为建设项目和规划环境影响评价提供了法律依据和基础。

目前，我国环境影响评价工作备受瞩目。随着环境保护部对环境影响评价管理力度的加大，环境影响评价在我国经济建设和社会发展中的地位和作用日益提高，环境影响评价的理论、方法和技术也在迅速发展和完善。在长期的教学实践中，编者发现现有的环境影响评价教材种类繁多，但是缺乏一本能反映最新环境影响评价理论、技术与方法，又便于课堂讲授和提高学生认识、分析和解决环境影响评价相关问题的能力的实用型教材，该类教材可用于培养学生高效阅读并理解环境影响评价报告书的能力，为他们将来成为环境影响评价报告书的优秀编写者奠定良好基础。因此，为适应理工农类高等院校环境科学与工程学科的教学需求，编者们完成了这本《环境影响评价》教材。该教材适合的教学时数为 32～48 学时。

本教材总共分为十二章，第一章概述，介绍了环境影响评价中的常用术语、环境影响评价的定义/分类、工作和管理程序，以及环境影响评价的标准体系和发展历程；第二章介绍了环境影响评价的技术与方法，重点介绍了环境现状调查与评价、工程分析、环境影响识别/预测/评价方法和评价因子的筛选等；第三章至第八章分别介绍了大气、水、声、土壤、生态和固体废物环境影响评价特点（等级、范围、程序等），影响预测，分析与评价，并提出了各要素环境影响防治对策与措施；第九章环境风险评价，重点介绍了环境风险的识别、预测、评价和管理；第十章论述了清洁生产在环境影响评价中的要求以及项目的环境管理要求与监测计划；第十一章介绍了规划环境影响评价；第十二章以典型环境影响报告书为例，介绍了环境影响评价报告书的编写要点和内容。

本书由华南农业大学资源环境学院环境科学与工程系组织编写，并得到了江西农业大学、仲恺农业大学、中南林业大学相关老师的大力支持。在所有参编人员的共同努力下，经过编写、整理、修改、校核等工序，最终完成了本书的编写工作。本教材是全体编者付出了辛勤劳动的伟大成果。

参加本书编写的工作人员有：林云琴（华南农业大学，编写大纲、内容摘要、第八章、第十二章，负责统稿），陈烁娜（华南农业大学，编写第六章、第十一章，第四章第五至七节，协助统稿），高婷（华南农业大学，编写第一章、第二章），罗运阔（江西农业大学，编写第五章、第七章），张磊（仲恺农业大学，编写第三章、第九章），陈杨梅（华南农业大学，编写第十章），胡新将（中南林业大学，编写第四章第一至四节）。此外，学生蒋碧妮参与了本教材的文字编辑等工作。

本教材编写过程中参考了全国环境影响评价工程师职业资格考试系列参考教材、环境保护部编写的培训教材以及其他许多专家学者的专著、教材和相关资料，在此对这些著作的作者们深表谢意。

环境影响评价是一门发展中的学科，由于编者水平有限，书中错误、遗漏之处在所难免，恳请读者不吝批评指正。

编　者
2017 年 3 月

目　　录

第一章
环境影响评价概述

第一节　环境与环境质量

一、环境

人类环境习惯上分为自然环境和社会环境。

1. 自然环境

自然环境亦称地理环境，是指环绕于人类周围的自然界，包括大气、水、土壤、生物和各种矿物资源等。自然环境是人类赖以生存和发展的物质基础。在自然地理学上，通常把构成自然环境总体的因素，划分为大气圈、水圈、生物圈、土圈和岩石圈等 5 个自然圈。在人类发展到畜牧业和农业阶段，人类已经改造了生物圈，创造围绕人类自己的人工生态系统，从而破坏了自然生态系统。自 20 世纪后半叶，由于工农业蓬勃发展，人类大量开采自然资源，过量使用化石燃料，并排放大量的废水、废气和废渣，造成大气圈、水圈、土壤圈等自然环境的质量恶化。

2. 社会环境

社会环境是指人类在自然环境的基础上，为不断提高物质和精神生活水平，通过长期有计划、有目的的发展，逐步创造和建立起来的人工环境，如城市、农村、工矿区等。

另外，按照性质不同，环境可分为物理环境、化学环境和生物环境等；按照环境要素不同，环境可以分为大气环境、水环境、地质环境、土壤环境及生物环境等。

《中华人民共和国环境保护法》（2015 年 1 月 1 日施行）则从法学的角度对环境进行阐述："环境，是指影响人类生存和发展的各种天然的和经过人工改造的自然因素的总体，包括大气、水、海洋、土地、矿藏、森林、草原、湿地、野生生物、自然遗迹、人文遗迹、自然保护区、风景名胜区、城市和乡村等。"这是一种把环境中应当保护的要素或对象界定为环境的定义。

二、环境质量

环境质量表示环境优劣的程度，指在一个具体的环境中，环境总体或某些要素对人群健康、生存和繁衍以及社会经济发展适宜程度的量化表达，包括自然环境质量和社会环境质量。自然环境质量又可分为大气环境质量、水环境质量、土壤环境质量、生物环境质量等。环境要素可以用多个环境质量参数或者因素加以定性或定量的描述，如大气环境质量用二氧化硫（SO_2）、一氧化碳（CO）、二氧化氮（NO_2）、臭氧（O_3）的浓度等表示。社会环境质量主要包括社会经济、文化和美学等方面的环境质量。

在一个特定的、具体的环境中，环境不仅在总体上，而且环境内部的各种要素都会对人群产生一些影响。因此，环境对人群的生存和繁衍是否适宜，对社会经济发展是否适宜，适宜程度怎么样，等等，都反映了人类对环境的具体要求，于是就产生了人类对环境的评价。从这种意义上来说，环境质量优劣是根据人类的某种要求而定的。评价环境质量的优劣，应以国家颁布的环境质量标准为依据。

第二节　环境影响评价定义与分类

一、环境影响评价的定义

根据 2016 年 9 月修订的《中华人民共和国环境影响评价法》第二条：环境影响评价，是指对规划和建设项目实施后可能造成的环境影响进行分析、预测和评估，提出预防或者减轻不良环境影响的对策和措施，进行跟踪监测的方法与制度。

环境影响评价本身是一种科学方法和技术手段，并通过理论研究和实践检验不断改进、拓展和完善，同时环境影响评价又是必须履行的法律义务，是需要由环境保护行政主管部门审批的一项法律制度。因此，为了规范环境影响评价技术和指导开展环境影响评价工作，国家制定环境影响评价技术导则和相应规范成为最为直接和有效的管理措施，从而规定了环境影响评价的一般原则、技术方法、评价内容和相关评价要求。

环境影响评价又是一项制度，是强化环境管理的有效手段，在确定经济发展方向和保护环境等一系列重大决策上都有重要的意义，主要表现在以下几个方面：（1）从源头控制污染，参与政府宏观决策；（2）保证建设项目选址和布局的合理性；（3）指导环境保护措施的设计，强化环境管理；（4）为区域的社会经济发展提供导向；（5）促进相关环境科学技术的发展。

面对如何正确处理经济发展和环境保护之间的关系，加强生态文明建设对环境影响评价提出了新任务和新要求。

1. 坚持改革创新，不断深化环境影响评价工作

坚持创新理念，从单纯注重环境问题向综合关注环境、健康、安全和社会影响转变；坚持创新方法，推进环境影响评价管理方式改革；坚持创新手段，逐步提高参与宏观调

控的预见性、主动性和有效性。

2.适应新形势，正确处理四个关系

正确处理把关和服务的关系，正确处理当前和长远的关系，正确处理效率和质量的关系，正确处理宏观和微观的关系。

3.坚持求真务实，全面提高环境影响评价管理工作水平

深化建设项目信息公开和公众参与度改革，把公开透明的要求贯穿于环境影响评价审批的全过程。

二、环境影响评价的分类

环境影响评价有以下几种分类方法：

（1）按照评价对象，分为建设项目环境影响评价和规划环境影响评价等。

（2）按照环境要素，分为大气环境影响评价、地表水环境影响评价、地下水环境影响评价、土壤环境影响评价、声环境影响评价、固体废物环境影响评价、生态环境影响评价等。

（3）按照评价专题，分为人体健康评价、清洁生产与循环经济分析、污染物排放总量控制和环境风险评价等。

（4）按照评价时间顺序，分为环境质量现状评价、环境影响预测评价、建设项目环境影响后评价、规划环境影响跟踪评价等。

第三节　环境影响评价程序

由于建设项目环境影响评价和规划环境影响评价两者评价内容及工作程序均有较大差别，本节主要介绍建设项目环境影响评价的相关内容，有关规划环境影响评价的部分详见本书第十一章内容。

一、环境影响评价管理程序

环境影响评价管理分为环境影响评价文件的审批管理和环境影响评价资质的审批管理。环境影响评价文件的审批管理，实行的是分级审批、属地管理，对各级环保部门按照规定都具有明确的职责和审批权限，形成了国家、省、市、县四级管理体制。环境影响评价资质的审批管理，则实行的是国家管理、属地监督的管理体制。

（一）建设项目环境影响评价文件的审批管理

建设项目的环境影响评价文件，由建设单位按照国务院的规定报有审批权的环境保护行政主管部门审批；建设项目有行业主管部门的，其环境影响评价文件应当经行业主管部门预审后，报有审批权的环境保护行政主管部门审批。

1. 环境影响评价文件的形式

根据《建设项目环境影响评价分类管理名录》（2015年修订版），针对建设项目对环境的影响程度，对建设项目的环境影响评价实行分类管理：可能造成重大环境影响的，应当编制环境影响报告书，对产生的环境影响进行全面评价；可能造成轻度环境影响的，应当编制环境影响报告表，对产生的环境影响进行分析或者专项评价；对环境影响很小，不需要进行环境影响评价的，应当填报环境影响登记表。

2. 环境影响评价文件的审批权限

根据《中华人民共和国环境影响评价法》（2016年9月修订版）和《建设项目环境保护管理条例》（2016年修订版），国务院环境保护行政主管部门负责审批下列建设项目的环境影响评价文件：核设施、绝密工程等特殊性质的建设项目；跨省、自治区、直辖市行政区域的建设项目；由国务院审批的或者由国务院授权有关部门审批的建设项目。

前款规定以外的建设项目的环境影响评价文件的审批权限，由省、自治区、直辖市人民政府规定。建设项目可能造成跨行政区域的不良环境影响，有关环境保护行政主管部门对该项目的环境影响评价结论有争议的，其环境影响评价文件由共同的上一级环境保护行政主管部门审批。

建设项目的环境影响评价文件未经法律规定的审批部门审查或者审查后未予批准的，建设单位不得开工建设。

根据2009年环境保护部令第5号发布的《建设项目环境影响评价文件分级审批规定》第四条：建设项目环境影响评价文件的分级审批权限，原则上按照建设项目的审批、核准和备案权限及建设项目对环境的影响性质和程度确定。这一条明确了建设项目同级审批的原则。

《中华人民共和国环境影响评价法》简政放权优化审批流程规定：环评行政审批不再作为可行性研究报告审批或项目核准的前置条件，将环评审批与可行性研究报告审批或项目核准同时进行，但仍须在开工前完成；不再将行政主管部门对水土保持方案的审批作为环境影响评价的前置条件。同时规定，"建设项目的环境影响报告书、报告表，由建设单位按照国务院的规定报有审批权的环境保护行政主管部门审批"，且规定"国家对环境影响登记表实行备案管理"。

3. 环境影响评价文件的审批时限

审批部门应当自收到环境影响报告书之日起60日内，收到环境影响报告表之日起30日内，分别做出审批决定并书面通知建设单位。

4. 建设项目环境影响评价的管理程序

建设项目环境影响评价文件的报批是建设单位按照要求准备相关文件和资料，并向环保行政部门报送的程序；审批则是环保部门受理报送的材料进行行政许可的过程。

建设项目的环境影响评价文件经批准后，建设项目的性质、规模、地点、采用的生产工艺或者防治污染及防止生态破坏的措施发生重大变动的，建设单位应当重新报批建设项目的环境影响评价文件。

建设项目的环境影响评价文件自批准之日起超过5年，方决定该项目开工建设的，其环境影响评价文件应当报原审批部门重新审核。原审批部门应当自收到建设项目环境影响评价文件之日起 10 日内，将审核意见书面通知建设单位。逾期未通知的，视为审核同意。

（二）环境影响评价资质的审批管理

2015 年环保部出台了新版的《建设项目环境影响评价资质管理办法》（以下简称《办法》），紧跟新的环保大趋势，有利于进一步加强建设项目环境影响评价管理，提高环境影响评价工作质量以及维护环境影响评价行业秩序。

为建设项目环境影响评价提供技术服务的机构，应当按照《办法》的规定，向环境保护部申请建设项目环境影响评价资质，经审查合格，取得《建设项目环境影响评价资质证书》后，方可在资质证书规定的资质等级和评价范围内接受建设单位委托，编制建设项目环境影响报告书或者环境影响报告表。环境影响评价资质等级分为甲级和乙级。甲乙级别的核心划分标准是其是否具备不同评价范围所要求的人员条件、资历条件等。评价范围包括环境影响报告书的 11 个类别和环境影响报告表的两个类别。

二、环境影响评价工作程序

根据《建设项目环境影响评价技术导则—总纲》（HJ 2.1—2016），环境影响评价工作程序如图 1-1 所示。〔说明：对比《环境影响评价技术导则—总纲》（HJ 2.1—2011），环境影响评价工作程序将公众参与和环境影响评价文件编制工作分离，并不是取消公众参与，而是将公众参与篇章从环评中独立出来，与其平行。建设单位将作为环评公众参与的唯一责任主体，由其组织开展环评公众参与〕

分析判定建设项目选址选线、规模、性质和工艺路线等与国家和地方有关环境保护法律法规、标准、政策、规范、相关规划、规划环境影响评价结论及审查意见的符合性，并与生态保护红线、环境质量底线、资源利用上线和环境准入负面清单进行对照，作为开展环境影响评价工作的前提和基础。

环境影响评价工作大体分为三个阶段。第一阶段为准备阶段，其主要工作是研究有关文件，收集相关资料，进行初步的工程分析和环境现状调查，筛选重点评价项目，确定各单项环境影响评价的工作等级，编制工作方案；第二阶段为正式工作阶段，其主要工作是进一步开展工程分析和环境现状调查，进行环境影响预测和评价环境影响，并开展公众意见调查；第三阶段为报告书编制阶段，其主要工作是汇总和分析第二阶段工作所得到的各种资料、数据，给出结论，完成环境影响报告文件的编制。

如通过环境影响评价对原选场址给出否定结论时，对新选场址的评价应重新进行；如需进行多个场址的优选，则应对各个场址分别进行预测和评价。

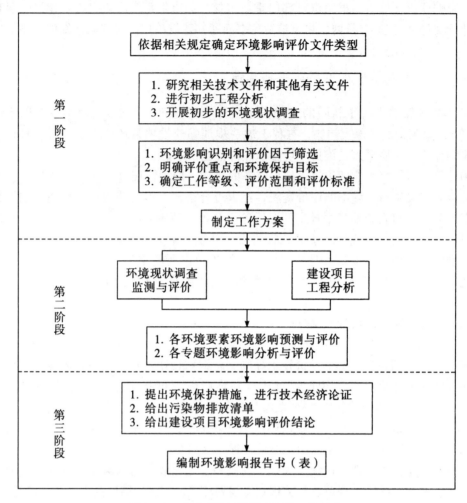

图1-1　建设项目环境影响评价工作程序

第四节　环境影响评价标准体系

一、环境标准的概念和作用

（一）环境标准的概念

环境标准是为了防止环境污染，维护生态平衡，保护人群健康，在综合考虑自然环境特征、科学技术水平和经济条件的基础上，对环境保护工作中需要统一的各项技术规范和技术要求所做的规定。

（二）环境标准在环境保护中的作用

（1）环境标准是制定环境规划和环境计划的主要依据。

（2）环境标准是环境影响评价的准绳。

（3）环境标准是环境管理的技术基础。

（4）环境标准是提高环境质量的重要手段。

（三）环境标准的制定和实施

1. 制定标准应遵循的原则

（1）符合国情，技术先进，经济合理可行。

（2）建立在科学试验、调查研究的基础上，保证科学性和严肃性。

（3）与其他法律、法规等相协调配套。

（4）保持相对稳定性，及时合理修订。

（5）积极采用国际环境标准，与国际标准接轨。

2. 制定环境标准的程序

（1）组成多学科编制组，制订工作计划。

（2）进行调查研究和分析。

（3）综合分析，初步拟定分级标准值。

（4）进行可行性调查、验证。

（5）审批和颁布。

3. 环境标准的监督实施

环境标准颁布后，各级环保部门负责监督执行。各省、自治区、直辖市和地市县环保局负责对本行政区环境标准的实施进行监督检查，并通过环保局监测站具体执行。

二、环境标准体系结构

1973年，《工业"三废"排放试行标准》编制出台，成为我国历史上第一项环境保护标准。经过40多年的发展和完善，我国的环境保护标准已形成了"五类三级"的完整体系。"五类"指以环境质量标准、污染物排放（控制）标准和环境监测规范等三类标准为核心，包含环境基础标准与标准制修订规范、管理规范类环境保护标准两类标准在内的国家环境保护标准体系。"三级"指的是国家级环境保护标准、国家环境保护部标准和地方级环境保护标准。

（一）国家级环境保护标准

1. 国家环境质量标准

国家环境质量标准是为了保障人群健康、维护生态环境和保障社会物质财富，并考虑技术、经济条件，对环境中有害物质和因素所做的限制性规定，这是一定时期内衡量环境优劣程度的标准，是环境质量的目标标准。

2. 国家污染物排放标准（或控制标准）

国家污染物排放标准（或控制标准），是根据国家环境质量标准，以及适用的污染控制技术，并考虑经济承受能力，对排入环境的有害物质和产生污染的各种因素所做的限制性规定，是对污染源控制的标准。

3．国家环境监测方法标准

为监测环境质量和污染物排放，规范采样、分析、测试数据处理等所做的统一规定（是指分析方法、测定方法、采样方法、试验方法、检验方法、生产方法、操作方法等所做的统一规定）。环境监测中最常见的是分析方法、测定方法、采样方法。

4．国家环境标准样品标准

为保证环境监测数据的准确、可靠，对用于量值传递或质量控制的材料、实物样品而制定的标准物质。标准样品在环境管理中起着特别的作用：可用来评价分析仪器，鉴别其灵敏度；评价分析者的技术，使操作技术规范化。

5．国家环境基础标准

对环境标准工作中需要统一的技术术语、符号、代号（代码）、图形、指南、导则、量纲单位及信息编码等所做的统一规定。

（二）地方级环境保护标准

地方环境标准是对国家环境标准的补充和完善，由省、自治区、直辖市人民政府制定。近年来为控制环境质量的恶化趋势，一些地方已将总量控制指标纳入地方环境标准。

1．地方环境质量标准

国家环境质量标准中未做出规定的项目，可以制定地方环境质量标准，并报国务院行政主管部门备案。

2．地方污染物排放（控制）标准

① 国家污染物排放标准中未做规定的项目可以制定地方污染物排放标准；② 国家污染物排放标准已规定的项目，可以制定严于国家污染物排放标准的地方污染物排放标准；③ 省、自治区、直辖市人民政府制定机动车船大气污染物地方排放标准严于国家排放标准的，须报经国务院批准。

（三）国家环境保护部标准

除上述环境标准外，在环境保护工作中对还需要统一的技术要求所制定的标准，包括执行各项环境管理制度、监测技术、环境区划、环境规划的技术要求、规范、导则等。

（四）环境标准之间的关系

（1）国家环境标准与地方环境标准的关系执行上，地方环境标准优先于国家环境标准执行。

（2）国家污染物排放标准之间的关系。

国家污染物排放标准分为跨行业综合性排放标准（如污水综合排放标准、大气污染物综合排放标准）和行业性排放标准（如火电厂大气污染物排放标准、合成氨工业水污染物排放标准、造纸工业水污染物排放标准等）。综合性排放标准与行业性排放标准不交叉执行，即有行业性排放标准的执行行业排放标准，没有行业排放标准的执行综合排放标准。

三、环境质量标准与环境功能区之间的关系

环境质量一般分等级，与环境功能区类别相对应。

（一）环境空气质量功能区的划分和标准分级

1. 功能区分类

根据《环境空气质量功能区划分原则与技术方法》（HJ 14—1996）以及《环境空气质量标准》（GB 3095—2012），环境空气质量划分为两类功能区，分别是：

一类区为自然保护区、风景名胜区和其他需要特殊保护的区域；

二类区为居住区、商业交通居民混合区、文化区、工业区和农村地区。

2. 标准分级

对应划分的功能区，环境空气质量要求分为两个等级：

一类区执行一级标准；二类区执行二级标准。

（二）地表水环境质量功能区的分类和标准值

1. 功能区分类

《地表水环境质量标准》（GB 3838—2002）依据地表水水域环境功能和保护目标，按功能高低依次划分为五类：

Ⅰ类 主要适用于源头水、国家自然保护区；

Ⅱ类 主要适用于集中式生活饮用水地表水源地一级保护区、珍稀水生生物栖息地、鱼虾类产卵场、仔稚幼鱼的索饵场等；

Ⅲ类 主要适用于集中式生活饮用水地表水源地二级保护区、鱼虾类越冬场、洄游通道、水产养殖区等渔业水域及游泳区；

Ⅳ类 主要适用于一般工业用水区及人体非直接接触的娱乐用水区；

Ⅴ类 主要适用于农业用水区及一般景观要求水域。

同一水域兼有多功能的，依最高功能划分类别。

2. 标准分级

对应地表水上述五类水域功能，《地表水环境质量标准》（GB 3838—2002）中将地表水环境质量基本项目标准值分为五类，不同功能类别分别执行相应类别的标准值。水域功能类别高的区域执行的标准值严于水域功能类别低的区域。

（三）城市区域环境噪声功能区的分类和标准值

1. 功能区分类

依据《声环境功能区划分技术规范》（GB/T 15190—2014）和《声环境质量标准》（GB 3096—2008），按区域的使用功能特点和环境质量要求，声环境功能区分为以下五种类型：

0 类：疗养区、高级别墅区、高级宾馆区等特别需要安静的区域，位于城郊和乡村的这一类区分别按严于 0 类标准 5 dB 执行。

1 类：以居住、文教机关为主的区域。乡村居住环境可参照执行该类标准。

2 类：居住、商业、工业混杂区。

3 类：工业区。

4 类：城市中的道路交通干线道路两侧区域，穿越城区的内河航道两侧区域。穿越城区的铁路主、次干线两侧区域的背景噪声（指不通过列车时的噪声水平）限值也执行该类标准。

2. 环境噪声限值

《声环境质量标准》（GB 3096—2008）规定各类声环境功能区的环境噪声等效声级限值，不同功能类别分别执行相应类别的噪声限值。声功能区类别高的区域（如居住区）执行的噪声限值严于声功能区类别低的区域（如工业区）。

四、污染物排放标准与环境功能区之间的关系

（1）排放标准限值建立在经济可行的控制技术基础上，不分级别。制定国家排放标准时，明确以技术为依据，采用"污染物达标技术"，以减少单位产品或单位原料消耗量的污染物排放量为目标，根据行业工艺的进步和污染治理技术的发展，适时对排放标准进行修订，逐步达到减少污染物排放总量，以实现改善环境质量的目标。

（2）国家排放标准与环境质量功能区逐步脱离对应关系，由地方根据具体需要进行补充制定排入特殊保护区的排放标准。一个地方的环境质量受到诸如污染源数量、种类、分布、人口密度、经济水平、环境背景及环境容量等众多因素的制约，必须采取综合整治措施才能达到环境质量标准。地方可以根据具体情况和管理需要，对位于特殊功能区的污染源制定更为严格的控制标准。

五、环境影响评价中的常用标准

为贯彻《中华人民共和国环境保护法》《中华人民共和国水污染防治法》《中华人民共和国海洋环境保护法》《中华人民共和国大气污染防治法》《中华人民共和国环境噪声污染防治法》《中华人民共和国固体废物污染环境防治法》《中华人民共和国放射性污染防治法》《国务院关于落实科学发展观　加强环境保护的决定》《生物多样性公约》和《濒危野生动植物种国际贸易公约》等法律和法规，保护环境，防治污染，促进工业工艺和污染治理技术的进步，制定了相关环境质量标准、污染物排放标准以及系列工业行业标准，规定了工业生产企业或生产设施水污染物排放限值、监测和监控要求，以及标准的实施与监督等相关内容。在环境影响评价工作中，需要判定区域环境执行的环境质量标准，并根据项目排放的污染物确定执行的排放标准，相关的常用标准如表 1-1 所示。

表1－1　环境影响评价中常用标准列表

环境保护标准	环境质量标准	污染物排放标准	
		国家标准	地方标准
水环境保护标准	地表水环境质量标准（GB 3838—2002） 海水水质标准（GB 3097—1997） 地下水质量标准（GB/T 14848—93） 农田灌溉水质标准（GB 5084—2005） 渔业水质标准（GB 11607—89）等	制革及毛皮加工工业水污染物排放标准（GB 30486—2013） 石油炼制工业污染物排放标准（GB 31570—2015） 合成氨工业水污染物排放标准（GB 13458—2013） 纺织染整工业水污染物排放标准（GB 4287—2012） 钢铁工业水污染物排放标准（GB 13456—2012） 发酵酒精和白酒工业水污染物排放标准（GB 27631—2011） 汽车维修业水污染物排放标准（GB 26877—2011） 磷肥工业水污染物排放标准（GB 15580—2011） 油墨工业水污染物排放标准（GB 25463—2010） 制糖工业水污染物排放标准（GB 21909—2008） 中药类制药工业水污染物排放标准（GB 21906—2008） 医疗机构水污染物排放标准（GB 18466—2005） 汽车维修业水污染物排放标准（GB 26877—2011）等	水污染物排放限值（DB 44/26—2001） 畜禽养殖业污染物排放标准（DB 44/613—2009） 电镀水污染物排放标准（DB 44/1597—2015）等
大气环境保护标准	环境空气质量标准（GB 3095—2012） 室内空气质量标准（GB/T 18883—2002） 乘用车内空气质量评价指南（GB/T 27630—2011）等	大气固定源污染物排放标准 无机化学工业污染物排放标准（GB 31573—2015） 锅炉大气污染物排放标准（GB 13271—2014） 水泥工业大气污染物排放标准（GB 4915—2013） 炼钢工业大气污染物排放标准（GB 28664—2012） 橡胶制品工业污染物排放标准（GB 27632—2011） 火电厂大气污染物排放标准（GB 13223—2011） 加油站大气污染物排放标准（GB 20952—2007）等 大气移动源污染物排放标准 轻型汽车污染物排放限值及测量方法（中国第六阶段）（GB 18352.6—2016） 船舶发动机排气污染物排放限值及测量方法（中国第一、二阶段）（GB 15097—2016） 汽车运输大气污染物排放标准（GB 20951—2007）等	锅炉大气污染物排放标准（DB 44/765—2010） 表面涂装（汽车制造业）挥发性有机化合物排放标准（DB 44/816—2010） 印刷行业挥发性有机化合物排放标准（DB 44/815—2010） 制鞋行业挥发性有机化合物排放标准（DB 44/817—2010） 水泥工业大气污染物排放标准（DB 44/818—2010）等

续上表

环境保护标准	环境质量标准	污染物排放标准	
		国家标准	地方标准
环境噪声与振动标准	声环境质量标准（GB 3096—2008） 机场周围飞机噪声环境标准（GB 9660—88） 城市区域环境振动标准（GB 10070—88）	工业企业厂界环境噪声排放标准（GB 12348—2008） 社会生活环境噪声排放标准（GB 22337—2008） 建筑施工场界环境噪声排放标准（GB 12523—2011）	
土壤环境保护标准	土壤环境质量标准（GB 15618—1995） 食用农产品产地环境质量评价标准（HJ 332—2006） 温室蔬菜产地环境质量评价标准（HJ 333—2006） 展览会用地土壤环境质量评价标准（暂行）（HJ 350—2007）		
固体废物与化学品环境污染控制标准	生活垃圾焚烧污染控制标准（GB 18485—2014） 生活垃圾填埋场污染控制标准（GB 16889—2008） 危险废物贮存污染控制标准（GB 18597—2001） 农用污泥中污染物控制标准（GB 4284—84） 危险废物填埋污染控制标准（GB 18598—2001） 进口可用作原料的固体废物环境保护控制标准——废塑料（GB 16487.12—2005） 进口可用作原料的固体废物环境保护控制标准——废五金电器（GB 16487.10—2005）等		
生态环境保护标准	区域生物多样性评价标准（HJ 623—2011） 生物遗传资源等级划分标准（HJ 626—2011）等		
核辐射与电磁辐射环境保护标准	电磁辐射标准：电磁环境控制限值（GB 8702—2014） 放射性环境标准：核电厂放射性液态流出物排放技术要求（GB 14587—2011）		

第五节 环境影响评价的发展

一、环境影响评价制度的建立

自 20 世纪中叶开始，随着科学技术和世界经济的迅速发展，人类改造自然的行为遍布全球，人类活动逐渐成为地球不能承受之重，由此引发的环境问题逐渐从区域性污染发展成为全球性灾难，引起国际社会的广泛关注。人类对于环境问题的认识也有一个过程，一开始人们觉得环境问题的出现是由于科技的不发达造成的，寄希望于科技进步来消灭环境问题。然而随着科技的进步，老的环境问题解决的同时新的环境问题又摆在了人们面前，并且更复杂和棘手。人们逐渐意识到环境问题不仅是一个科技的问题，也是围绕着政治、经济、哲学等多方面的综合体。基于这种观念，国际社会在经济、政治、科技、贸易等方面形成了广泛的合作关系，以期通过多种手段和渠道来解决日益严重的环境污染和生态破坏等环境问题。在此背景下，环境影响评价应运而生。

在世界范围内，环境影响评价概念的第一次提出是 1964 年在加拿大召开的国际环境质量评价会议上。1969 年美国《国家环境政策法》的颁布标志着世界首个环境影响评价制度的建立。环境影响评价制度是指把环境影响评价工作以法律、法规或行政规章的形式确定下来从而必须遵守的制度。环境影响评价不能代替环境影响评价制度。前者是评价技术，后者是进行评价的法律依据。近 50 年的时间里，环境影响评价在全球迅速普及和发展。目前已有 100 多个国家建立了环境影响评价制度并开展了环境影响评价工作。

二、我国环境影响评价的发展

（一）确立和建设阶段

1973 年，我国由高校首次引入环境影响评价概念，开展一些零星环境质量评价的探索工作。1979 年 9 月颁布的《中华人民共和国环境保护法（试行）》，提出建立环境影响评价制度，明确规定扩建、改建、新建工程必须提出环境影响报告书，标志着环境影响评价从立法上开始建立。

1986 年国务院颁布的《建设项目环境保护管理办法》以及 1998 年 11 月颁布的《建设项目环境保护管理条例》，对环境影响评价制度做了修改、补充及更明确的规定，从而在我国确立了环境影响评价制度。

（二）提高阶段

2002 年，《中华人民共和国环境影响评价法》（简称《环评法》）正式通过并于 2003 年 9 月 1 日起实施，它是我国环境保护管理中的又一部重要法律，是环境保护行政主管部门参与综合决策和对建设项目实施环境保护监督管理的执法依据。《环评法》的颁布，标志着环境影响评价制度和"三同时"管理制度的执行进入了一个新的阶段。《环评法》以法律的形式，将环境影响评价制度的范围，从建设项目扩大到有关的规划，确立了对有关规划进行环境影响评价的法定制度，使我国的环境影响评价制度更趋完善。

（三）拓展阶段

2009年8月17日，国务院公布了《规划环境影响评价条例》（以下简称《条例》），并于2009年10月1日起正式实施。《条例》的颁布实施，是环保立法的重大进展，也是建设生态文明，探索中国环保新道路上取得的一项重大成果。《条例》自实施以来，区域重点产业发展战略环评工作的完成，大大拓展了环境保护参与综合决策的深度和广度，构建了从源头防范布局性环境风险的重要平台，探索了破解区域资源环境约束的有效途径。深入推进了重点领域规划环评，切实加强了流域开发、港口航道、城市发展、轨道交通、产业园区等重点领域的规划环评管理。规划环评强化了环境承载力和资源禀赋对产业发展定位、规模等的约束，成为优化产业结构、促进节能减排的重要手段。

环境影响评价作为行之有效的环境管理制度，在中国环境保护历史上发挥了巨大的作用。我国环境影响评价制度实施近40年来，围绕着产业结构和工业布局调整，坚持污染防治与生态保护并重的方针，切实贯彻清洁生产、达标排放、以新带老、区域削减等原则，有效地控制了新建项目污染物排放总量，在中国经济持续快速发展的情况下，确保了我国环境质量总体没有恶化，局部地区还有所改善，尤其是在预防污染和保护生态方面起到了决定性作用。

2014年4月24日，十二届全国人大常委会第八次会议表决通过了《中华人民共和国环境保护法》修订案，新法已于2015年1月1日施行。至此，这部中国环境领域的"基本法"，完成了25年来的首次修订。这也让环保法律与时俱进，开始服务于公众对依法建设"美丽中国"的期待。

首次修订的《中华人民共和国环境影响评价法》于2016年9月1日起施行。修订重在简政放权和加强规划环评：环评审批不再作为核准的前置条件，不再将水土保持方案的审批作为环评的前置条件；增加了根据规划环评结论和审查意见对规划草案进行修改完善等规定，且规划的环境影响评价结论应当作为建设项目环境影响评价的重要依据；将环境影响登记表审批改为备案、取消行业预审。（按2017年1月1日施行《建设项目环境影响登记表备案管理办法》的要求，建设项目环境影响登记表备案采用网上备案方式）

思考题

1. 什么是环境影响评价？
2. 简述我国环境标准体系的构成。
3. 概述我国环境影响评价的发展。
4. 简述环境影响评价工作程序及每阶段应完成的主要任务。

第二章
环境影响评价技术与方法

第一节 环境现状调查与评价

环境现状调查是建设项目环境影响评价工作不可缺少的重要环节。通过现状调查，可以了解建设项目的社会经济背景和相关产业政策等信息，掌握项目建设地的自然环境概况和环境功能区划；通过现场监测等手段，可以获得建设项目实施前该地区的大气环境、水环境和声环境等质量现状数据，为建设项目的环境影响预测提供科学的背景。

一、环境现状调查的原则和方法

（一）环境现状调查的基本要求

（1）对与建设项目有密切关系的环境要素应全面、详细调查，给出定量的数据并做出分析或评价。对于自然环境的现状调查，可根据建设项目情况进行必要说明。

（2）充分收集和利用评价范围内各例行监测点、断面或站位的近三年环境监测资料或背景值调查资料，当现有资料不能满足要求时，应进行现场调查和测试，现状监测和观测网点应根据各环境要素环境影响评价技术导则要求布设，兼顾均布性和代表性原则。符合相关规划环境影响评价结论及审查意见的建设项目，可直接引用符合时效的相关规划环境影响评价的环境调查资料及有关结论。

（二）环境现状调查的方法

环境现状调查常用收集资料法、现场调查法、遥感和地理信息系统分析法等方法。

1. **收集资料法**

该方法应用范围广，比较节省人力、物力和时间，是首选的方法。但此法只能获得二手资料，而且往往不全面，不能完全满足要求，需要其他方法补充。

2. **现场调查法**

此法可以针对项目评价的需要，直接获得第一手资料，但此法费时、费力，有时还受季节、仪器条件的限制。

3．遥感和地理信息系统分析法

遥感方法可以从整体上了解一个区域的环境特点，可以弄清楚人类无法到达地区的地表环境情况，如森林、海洋、沙漠等。此法一般只作为辅助方法，绝大多数情况不直接使用飞行拍摄的方法，只判读和分析已有的航空或卫星图片。

二、环境现状调查与评价的内容

（一）自然环境现状调查

自然环境现状调查一般包括地理位置、地质、地形地貌、大气环境、地面水环境、地下水环境、声环境、土壤与水土流失、动植物与生态、放射性及辐射（如必要）等内容的调查，具体内容见表 2-1。大气环境、地面水环境、地下水环境、声环境和生态背景调查与评价的要求同时参照各环境要素环境影响评价技术导则。

表 2-1　自然环境现状调查的内容

项目		内　容
地理位置		建设项目所处的经纬度，行政区位置和交通位置，项目所在地与主要城市、车站、码头、港口、机场等的距离和交通条件，并附地理位置图
地质	一般情况	一般情况下，只需根据现有资料，选择下述部分或全部内容，概要说明当地的地质状况，即当地地层概况、地壳构造的基本形式以及与其相应的地貌表现、物理与化学风化情况、当地已探明或已开采的矿产资源情况
	密切相关	评价生态影响类建设项目如矿山以及其他与地质条件密切相关的建设项目的环境影响时，对与建设项目有直接关系的地质构造，如断层、坍塌、地面沉陷等，要进行较为详细的叙述。一些特别有危害的地质现象，如地震，也应加以说明，必要时应附图辅助说明，若没有现成的地质资料，应做一定的现场调查
地形地貌	一般情况	一般情况下，只需根据现有资料，简要说明建设项目所在地区海拔高度、地形特征、周围地貌类型以及岩溶地貌、冰川地貌、风成地貌等地貌的情况。 崩塌、滑坡、泥石流、冻土等有危害的地貌现象，若不直接或间接危害到建设项目时，可概要说明其发展情况
	密切相关	除应比较详细地叙述上述全部或部分内容外，还应附建设项目周围的地形图，特别应详细说明可能直接对建设项目有危害或将被项目建设诱发的地貌现象的现状及发展趋势，必要时还应进行一定的现场调查
大气环境	一般情况	一般情况下，应根据现有资料概要说明大气环境状况，如建设项目所在地的主要气候特征：年平均风速和主导风向、年平均气温、极端气温与月平均气温、年平均相对湿度、平均降水量、降水天数、降水量极值、日照、主要的天气特征等
	密切相关	如需进行建设项目大气环境影响评价，除应详细叙述上面全部或部分内容外，还应按《环境影响评价技术导则—大气环境》中的规定，增加有关内容

续上表

项目		内　　容
地面水环境	一般情况	建设项目不进行地面水环境的单项影响评价时，应根据现有资料选择下述部分或全部内容，即概要说明地面水状况，地表水各部分之间及其与海湾、地下水的联系，地表水的水文特征及水质现状，以及地表水的污染来源
		建设项目建在海边，又无须进行海湾的单项影响评价时，应根据现有资料选择性地叙述部分或全部内容，即概要说明海湾环境状况（海洋资源及利用情况）、海湾的地理概况、海湾与当地面水及地下水之间的联系、海湾的水文特征及水质现状、污染来源等
	密切相关	如需进行建设项目的地面水（包括海湾）环境影响评价，除应详细叙述上面的部分或全部内容外，还应增加水文、水质调查，水文测量及水利用状况调查等有关内容。地面水和海湾的环境质量，以确定的地面水环境质量标准或海水水质标准限值为基准，采用单因子指数法对选定的评价因子分别进行评价
地下水环境	一般情况	当建设项目不进行与地下水直接有关的环境影响评价时，只需根据现有资料，全部或部分地简述下列内容，即包括当地地下水的开采利用情况、地下水埋深、地下水与地面的联系以及水质状况与污染来源
	密切相关	若需进行地下水环境影响评价，除要比较详细地叙述上述内容外，还应选择以下内容进一步调查，即水质的物理、化学特性，污染源情况，水的储量与运动状态，水质的演变与趋势，水源地及其保护区的划分，水文地质方面的蓄水层特性，承压水状况等。当资料不全时，应进行现场采样分析
声环境	—	需根据评价级别、敏感目标分布情况及环境影响预测评价需要等因素，确定声环境现状调查的范围、监测布点与污染源调查工作，如现有噪声源种类、数量及相应的噪声级，现有噪声敏感目标、噪声功能区划分情况，各声环境功能区的环境噪声现状、超标情况、边界噪声超标以及受噪声影响的人口分布
土壤与水土流失	一般情况	当建设项目不进行与土壤直接有关的环境影响评价时，只需根据现有资料全部或部分地简述下列内容，即建设项目周围地区的主要土壤类型及其分布、土壤的肥力与使用情况、土壤污染的主要来源及其质量现状、建设项目周围地区的水土流失现状及原因等
	密切相关	当需要进行土壤环境影响评价时，除应详细叙述上面的部分或全部内容外，还应根据需要选择以下内容进一步调查，即土壤的物理、化学性质，土壤成分与结构，颗粒度，土壤容重，含水率与持水能力，土壤一次、二次污染状况，水土流失的原因、特点、面积、侵蚀模数元素及流失量等，同时要附土壤分布图
动植物与生态	一般情况	当建设项目不进行生态影响评价，但项目规模较大时，应根据现有资料简述下列部分或全部内容，即建设项目周围地区的植被情况，有无国家重点保护的或稀有的、受危害的或作为资源的野生动植物，当地的主要生态系统类型及现状
	密切相关	当需要进行生态影响评价时，除应详细叙述上面的部分或全部内容外，还应根据需要选择以下内容进一步调查，即本地区主要的动植物清单，特别是需要保护的珍稀动植物种类与分布，生态系统的生产力、稳定性状况，生态系统与周围环境的关系，以及影响生态系统的主要环境因素调查

（二）社会环境现状调查

社会环境现状调查一般包括社会经济（人口、工业与能源、农业与土地利用、交通运输）、文物与"珍贵"景观、人群健康状况及其他根据当地环境情况及项目特点而定的内容（如电磁波、振动、地面下沉等）。

1. 社会经济

根据现有资料结合必要的现场调查，简要叙述评价所在地的社会经济状况和发展趋势，主要包括：

（1）人口：居民区的分布情况及分布特点、人口数量、人口密度等。

（2）工业与能源：建设项目周围地区现有厂矿企业的分布状况、工业结构、工业总产值及能源的供给与消耗方式等。

（3）农业与土地利用：包括耕地面积、粮食作物与经济作物构成及产量、农业总产值以及土地利用现状，建设项目环境影响评价应附土地利用图。

（4）交通运输：建设项目所在地区公路、铁路或水路方面的交通运输概况以及与建设项目地理位置之间的关系。

2. 文物与景观

（1）文物：是指遗存在社会上或埋藏在地下的历史文化遗物，一般包括具有纪念意义和历史价值的建筑物、遗址、纪念物，具有历史、艺术、科学价值的古文化遗址、古墓葬、古建筑、石窟、寺庙、石刻等。

（2）景观：一般指具有一定价值必须保护的特定的地理区域或现象，如自然保护区、风景游览区、疗养区、温泉以及重要的政治文化设施等。

如建设项目不需进行文物或景观的环境影响评价，则只需概要说明下述部分或全部内容：建设项目周围具有哪些重要文物与景观；文物或景观相对建设项目的位置和距离，其基本情况以及国家或当地政府的保护政策和规定。

如建设项目需进行文物或景观的环境影响评价，则除应详细地叙述上述内容外，还应根据现有资料结合必要的现场调查，进一步叙述文物或景观对人类活动敏感部分的主要内容。这些内容包括：它们易于受哪些物理的、化学的或生物学因素的影响，目前有无已损害的迹象及其原因，主要的污染影响来源，自然保护区或风景游览区中珍贵的动植物种类以及文物或景观的价值（包括经济的、政治的、美学的、历史的、艺术的和科学的价值等）。

3. 人群健康状况

当建设项目传输某种污染物，且拟排污染物毒性较大时，应进行一定的人群健康调查。调查时，应根据环境中现有污染物及建设项目将排放的污染物的特性选定指标。

4. 其他方面

根据当地环境情况及建设项目特点，决定放射性、光与电磁辐射、振动、地面下沉及其他项目等是否列入调查。

三、环境现状评价方法

（一）大气环境现状评价方法

区域大气环境质量现状评价主要采用对标法，即通过对现状监测资料和区域历史监测资料进行统计分析，对照各污染物相应的环境质量标准，分析其长期浓度（年均浓度、季均浓度、月均浓度）、短期浓度（日平均浓度、小时均浓度）的达标情况。

1. 监测结果统计分析内容

监测结果统计分析内容包括各监测点大气污染物不同取值时间的浓度变化范围，统计年平均浓度最大值、日平均浓度最大值和小时平均浓度最大值与相应的标准限值进行比较分析，给出占标率或超标倍数，评价其达标情况，若监测结果出现超标，应分析其超标率、最大超标倍数以及超标原因，并分析大气污染物浓度的日变化规律，以及分析重污染时间分布情况及其影响因素。此外，还应分析评价范围内的污染水平和变化趋势。

2. 现状监测数据达标分析

采用对标法统计分析监测数据时，先以列表的方式给出各监测点位置、监测内容以及监测方法等内容，详见表2-2。

表2-2　大气环境质量现状监测内容

现状监测点	监测点名称	坐标 x	坐标 y	距污染源距离 m	监测点位代表性描述	监测内容
1						
2						
3						
...						

应反映其原始有效监测数据，小时、日均等监测浓度应是从最小监测值到最大监测值的浓度变化范围值，并分析最大浓度 C_{max} 占标率（即大气污染物排放中污染物最大落地浓度占标准浓度的比率）和监测期间的超标率以及达标情况。参加统计计算的监测数据必须是符合要求的监测数据，见表2-3。

表2-3　现状监测统计与分析

监测点位	监测项目	采样时间	采样个数	浓度范围/（mg/m³）	最大浓度占标率/%	超标率/%	达标情况
1							
2							
3							
...							

对于个别极值，应分析出现的原因，判断其是否符合规范的要求，不符合监测技术规范要求的监测数据不参加统计计算，未检出的点位数计入总监测数据个数。对于国家未颁布标准的监测项目，一般不进行超标率计算。

3. 评价范围内的污染水平和变化趋势分析

根据现场监测数据和收集的例行监测数据，分析评价范围内的各项监测数据的日变化规律以及年变化趋势，绘制污染物日变化图和年变化趋势图。参考同步气象资料分析其变化规律，分析重污染时间分布情况及其影响因素。结合区域大气环境整治方案和近3 年例行监测数据的变化趋势，分析区域环境容量。

（二）地表水环境现状评价方法

水质评价方法采用单因子指数评价法。单因子指数评价是将每个水质因子单独进行评价，利用统计及模式计算得出各水质因子的达标率或超标率、超标倍数、水质指数等项结果。单因子指数评价能客观地反映评价水体的水环境质量状况，可清晰地判断出评价水体的主要污染因子、主要污染时段和主要污染区域。

1. 评价方法

（1）一般水质因子（随水质浓度增加而水质变差的水质因子）。

$$S_{i,j} = \frac{C_{i,j}}{C_{s,i}}$$

式中：$S_{i,j}$——标准指数；

$C_{i,j}$——评价因子 i 在 j 点的实测统计代表值，mg/L；

$C_{s,i}$——评价因子 i 的评价标准限值，mg/L。

（2）特殊水质因子。

① DO——溶解氧。

当 $DO_j > DO_s$，$S_{DOj} = \dfrac{|DO_f - DO_j|}{DO_f - DO_s}$

当 $DO_j < DO_s$，$S_{DOj} = \dfrac{10 - 9DO_j}{DO_s}$

式中：DO_f——某水温、气压条件下的饱和溶解氧浓度；

DO_j——溶解氧实测统计代表值；

DO_s——溶剂氧评价标准限值。

② pH 值——两端有限值。

$$pH\ 有限值，S = \frac{7.0 - pH_j}{7.0 - pH_{sd}}$$

$$pH > 7，S = \frac{pH_j - 7.0}{pH_{su} - 7.0}$$

式中：S——pH 值的标准指数；

pH_j——pH 值的实测统计代表值；

pH_{sd}——评价标准中 pH 值的下限值；

pH$_{su}$——评价标准中 pH 值的上限值。

水质因子的标准指数≤1 时，表明该水质因子在评价水体中的浓度符合水域功能及水环境质量标准的要求。

2．实测统计代表值的获取方法

（1）极值法：适用于某水质因子的监测数据量少，水质浓度变幅较大。

（2）均值法：适用于某水质因子的监测数据量多，水质浓度变幅较小。

（3）内梅罗法：适用于某水质因子有一定的监测数据量，水质浓度变幅较大。

常采用内梅罗法计算水质现状评价因子的监测统计代表值，其计算公式为：

$$C = \sqrt{\frac{C_{极}^2}{C_{均}^2}}$$

式中：C——某水质监测因子的内梅罗值，mg/L；

　　　$C_{极}$——某水质监测因子的实测极值，mg/L；

　　　$C_{均}$——某水质监测因子的算术平均值，mg/L。

极值的选取主要考虑水质监测数据中反映水质状况最差的一个数据值。举例如下：某监测断面三天水质监测得到一组 CODcr 数据：23 mg/L、28 mg/L、18 mg/L、21 mg/L、23 mg/L、24 mg/L。计算结果：$C_{极}$=28 mg/L，$C_{均}$=22.8 mg/L，内梅罗值 C=25.5 mg/L。

（三）地下水环境现状评价方法

地下水质量评价以地下水水质调查分析资料或水质监测资料为基础，可采用标准指数法、污染指数法。

1．标准指数法

标准指数法与地表水水质的评价标准指数计算公式相同。评价时标准指数 >1，表明该水质参数已超过了规定的水质标准，指数值越大，超标越严重。

2．污染指数法

（1）对于对照值为定值的水质参数，其污染指数为：

$$P_i = \frac{C_i}{S_i'}$$

式中：P_i——污染指数；

　　　C_i——水质参数 i 的检测浓度值；

　　　S_i'——水质参数 i 的对照浓度值。

（2）对于地下水污染对照值为区间值的水质参数，如 pH 值，其污染指数为：

$$P_{pH} = \frac{7.0 - pH_i}{7.0 - pH_{sd}}, \ pH_i \leqslant 7$$

$$P_{pH} = \frac{pH_i - 7.0}{pH_{sd} - 7.0}, \ pH_i > 7$$

（四）环境噪声现状评价方法

环境噪声现状评价包括噪声源现状评价和声环境质量现状评价，评价方法可采用超标值法，即对照相关标准评价达标或超标情况，并分析其原因，同时评价受到噪声影响的人口分布情况。超标值法计算公式为：

$$P = L_A - L_0$$

式中：P——噪声超标值，dB（A）；

$\quad L_A$——测点等效 A 声级，dB（A）；

$\quad L_0$——执行的噪声排放标准值，dB（A）。

（1）对于噪声源现状评价，应当评价在评价范围内现有噪声源的种类、数量及相应的噪声级、噪声特性，进行主要噪声源分析等。

（2）对于环境噪声现状评价，应当就现有噪声敏感区、保护目标的分布情况、噪声功能区的划分情况等评价范围内环境噪声现状，对各边界噪声级、超标状况及主要噪声源进行分析，并说明受影响的人口分布。

（3）环境噪声现状评价结果应当用表格和图示来表达清楚。说明主要噪声源位置、各边界点和环境敏感目标点位置，给出距离和地面高差。

（五）生态环境现状评价方法

生态环境现状评价常用的方法同生态环境影响预测方法，主要有列表清单法、图形叠置法、生态机理分析法、景观生态学法（发展最快，应用最广泛）、指数法、类比分析法、系统分析法、生物多样性评价法等（详见第七章"生态环境影响评价"第五节"三、生态环境影响预测的基本方法及应用"相关介绍）。

（六）土壤环境质量现状评价方法

1. 标准指数法

以各监测项目的监测结果 C_i 对照该项目的分类标准 S_i，得出污染指数 P_i。若 $P_i \leqslant 1$，则表示调查区土壤污染物 i 未超标；若 $P_i > 1$，则表示调查区土壤污染物 i 已超标；P_i 越大，表示受污染程度越重。

2. 综合污染指数法

综合污染指数表示多项污染物对环境产生综合影响的程度。它以单污染指数为基础，通过各种数学关系综合获得。它兼顾了单因子污染指数的平均值和最高值，能较全面地反映环境质量，而且可以突出污染较重的污染物的作用。其表达式为：

$$P_{综} = \sqrt{\frac{P_{i\,max} + \overline{P_i}^2}{2}}$$

式中：$P_{综}$——地表水综合污染指数；

$\quad P_{i\,max}$——表示各单项组分评分值 P_i 中的最大值；

$\quad \overline{P_i}$——表示各单项组分评分值 P_i 中的平均值。

四、污染源调查与评价

要了解环境污染的历史和现状，预测环境污染的发展趋势，污染源调查是一项必不可少的工作，是环境评价的基础。

（一）污染源与污染物

污染源是环境污染物的发生源，即向环境排放污染物或对环境产生有害影响的场所、工艺、装置和设备的总称。

环境污染物是在开发建设和生产过程中，以不适当的浓度、数量、速率、形态和途径进入环境系统而产生污染或降低环境质量的物质和能量。

1. 污染源的分类

（1）按污染源的属性，可分为天然污染源和人为污染源。天然污染源指自然界自行向环境排放有害物质或造成有害影响的场所，如正在活动的火山、地震、泥石流等。人为污染源是指人类社会活动所形成的污染源。后者是环境保护研究和控制的主要对象。人为污染源又分为生产性污染源和生活性污染源。

（2）按污染的主要对象，可分为大气污染源、水体污染源、土壤污染源、噪声污染源和辐射污染源等。

（3）按人类活动功能，可分为工业污染源、农业污染源、生活污染源和交通污染源等。

（4）按污染源几何形状，可分为点源、线源和面源。

（5）按污染源的运动特性，可分为固定源和移动源。

（6）按污染源的时间特点，可分为恒定源、间歇变动源和瞬时污染源。

2. 污染物的分类

（1）按污染物的理化性质和生物学特性，可分为物理污染物（如声、光、热、放射性、电磁波等）、化学污染物（如无机污染物、有机污染物、重金属等）、生物污染物（如病菌、病毒、霉菌、寄生虫卵等）、综合污染物（如烟尘、废渣、致病有机体等）。

（2）按环境要素，可分为大气污染物、水环境污染物和土壤污染物。

大气、水和土壤这三类污染物没有绝对的界限，三者是可以相互转化的。大气污染物通过降水转变为水污染物和土壤污染物；水污染物通过灌溉转变为土壤污染物，进而通过蒸发或挥发转变为大气污染物；土壤污染物通过扬尘转变为大气污染物，通过径流转变为水污染物。

（3）根据污染物污染范围的广度，可分为局地污染物、区域污染物和全球污染物。

（二）污染源调查的方法

1. 区域或流域的污染源调查

区域或流域的污染调查分为普查和详查两个阶段，目的是为了在污染源调查工作中做到了解一般，突出重点。采用的基本方法是社会调查。

（1）普查。

对于工业污染源普查，即从有关部门查清区域或流域内的污染企业名单，采用发放调查表法对企业的规模、性质和排放污情况做概略调查。对于农业污染源普查，也可到主管部门收集农业、渔业和禽畜饲养业的基础资料，人口统计资料，供排水和生活垃圾排放等方面的资料，通过分析和推算得出本区域和流域内污染物排放的基本情况。

（2）详查。

对重点污染源的调查，应选择污染物排放种类多的污染源，特别是含危险污染物、排放量大、影响范围广、危害程度大的污染源。一般来说，重点污染源排放的主要污染物量占调查区域或流域内总排放量的60%以上。在详查工作中，调查人员要深入现场实地调查和开展监测，并通过计算取得翔实和完整的数据。

经过详查和普查资料的综合，总结出区域污染源调查的情况。

2. 具体项目的污染调查

对具体项目的污染调查，方法类似上述的区域或流域污染源的详查，应该在调查基础上进行项目剖析。其内容包括：

① 排放方式和排放规律；

② 污染物的物理、化学及生物特性，并提出需进行评价的主要污染物；

③ 对主要污染物进行追踪分析；

④ 污染物流失原因的分析。

（三）污染物排放量的确定方法

污染物排放量（污染源强）的计算通常采用三种方法，即物料衡算法、经验计算法和实测法。

1. 物料衡算法

根据物质守恒定律，在生产过程中投入的物料量等于产品重量和物料流失量的总和。

2. 经验计算法

根据生产过程中单位产品的经验排污系数与产品产量，求得污染物排放量的方法。排污系数是在用实测、物料衡算和经验估算三种方法所获得的原始产污和排污系数的基础上，采用加权法计算出来的。用经验计算方法时，若计算结果低于理论计算结果时，应以理论计算结果为准。

例如，燃烧1吨油，排放1.0万~1.8万标立方米废气，柴油取小值，重油取大值。燃烧1吨柴油，产生1.2千克烟尘；燃烧1吨重油，产生2.7千克烟尘。注意计算烟尘排放量时要考虑除尘设施的去除率 η。

3. 实测法

实测法是使用国家有关部门认定的计算设施和仪表现场连续测定污染物的排放浓度和流量，直接确定污染物的排放量。该方法只适用于已投产的污染源，计算时注意单位。由于实测法是从实地测定中得到的数据，因而比其他方法更接近实际，而且更准确，这是实测法的最主要优点。但是实测法必须解决好实测时测样具有代表性的问题。

（四）污染源评价

1. 评价目的

污染源评价是以判别主要污染源和主要污染物为目的。污染源评价以污染源调查为基础，是制定区域污染控制规划和污染源治理规划的依据。

2．评价项目

原则上要求应使污染源排放出来的大多数种类的污染物都进入评价范围，但如果区域环境中污染源和污染物数量大、种类多，参加评价的项目可根据调查区域的实际情况确定。

3．评价标准

评价标准的选择主要根据污染源评价的目的和环境功能选取。一般采用对应的环境质量标准或污染物排放标准。

4．评价方法

污染源评价方法有等标污染负荷法、排毒系数法、等标排放量法、潜在污染能力指数法和环境影响潜在指数法。在对一个系统中的多个污染源及其排放的多种污染物进行评价，以确定主要污染源和主要污染物时，通常采用等标污染负荷作为统一比较的尺度，对各污染源和各污染物的环境影响大小进行比较。下文主要分析用最常用的等标污染负荷法来进行污染源（物）的评价。

等标污染负荷法通过确定等标污染负荷、等标污染负荷比，最终得出主要污染源和主要污染物。具体计算过程如下：

（1）计算等标污染负荷，即等标污染指数与介质（即载体，如污水、废气）排放量的乘积。反映污染物总量排放指标。

某污染物的等标污染负荷等于污染物排放量（单位为 t/a）除以其对应的环境质量标准限值再乘以 10^9，如：

$$P_i = \frac{q_i}{C_{oi}} \times 10^9$$

式中：P_i——i 污染物的等标污染负荷，m^3/a；

　　　q_i——污染物排放量，t/a；

　　　C_{oi}——i 污染物的环境质量标准限值，mg/m^3（废气）或 mg/L（污水）。

某污染源的等标污染负荷是该污染源排放的各种污染物的等标污染负荷的总和。某系统的等标污染负荷是该系统各污染源等标污染负荷的总和。

$$P_{总} = \sum P_i$$

（2）计算污染源（物）的污染负荷比，即某个污染源（物）在总体中的分数。

$$R_i = \frac{P_i}{P_{总}} \times 100\%$$

式中：$P_{总}$——污染物总等标污染负荷，m^3/a；

　　　R_i——污染物单项污染负荷比。

（3）按污染负荷比的大小对污染源和污染物由大至小排序，通常给定一特征百分数（如 80% 左右），按污染负荷比由大至小叠加，当其达到或超过该数时的污染源和污染物称为主要污染源或主要污染物。

第二节　工程分析

　　建设项目环境影响评价中的工程分析,简单讲就是对工程全部组成、一般特征和污染特征的全面分析,从环境保护角度分析项目性质和影响及其程度、清洁生产水平、工程环境保护措施方案以及总图布置、选址选线方案等,并提出要求和建议,确定项目在建设期、运营期以及服务期满后主要污染源源强、排放总量等内容,最终为环境影响预测与评价工作提供数据,为建设项目环境管理提供依据。

　　根据建设项目对环境影响的方式和途径不同,环境影响评价中常把建设项目分为污染型项目和生态影响型项目两大类。污染型项目主要以污染物排放对大气环境、水环境、土壤环境或声环境的影响为主,其工程分析是以对项目的工艺过程分析为重点,核心是确定工程污染源;生态影响型项目主要是以建设期、运营期对生态环境的影响为主,其工程分析以对建设期的施工方式及运营期的运行方式分析为重点,核心是确定工程主要生态影响因素。

　　根据实施过程的不同阶段,可将建设项目分为建设期、生产运营期、服务期满后三个阶段进行工程分析。所有建设项目都应分析运行阶段所产生的环境影响,包括正常工况和非正常工况两种情况;有的建设项目如大型资源开发和水利工程等建设周期长、影响因素复杂且影响区域广,因此需进行建设期的工程分析;有的建设项目由于运营期的长期影响、累积影响或毒害影响,会造成项目所在区域的环境发生质的变化,如垃圾填埋场项目、核设施退役或矿山退役等,因此需要进行服务期满后的工程分析。

一、概述

(一) 工程分析的作用

1. 是决策项目环境可行性的重要依据之一

　　污染型项目通过工程分析确定工程建设和运行过程中的产污环节、核算污染源源强、计算排放总量,从而分析其技术经济的先进性、污染治理措施的可行性、总图布置的合理性、达标排放的可能性。结合对建设项目是否符合国家产业政策、环境保护政策和相关法律法规的要求的衡量,确定建设该项目的环境可行性。

2. 为各专题预测评价提供基础数据

　　工程分析专题是环境影响评价的基础,工程分析给出的产污节点、污染源坐标、源强、污染物排放方式和排放去向等技术参数是大气环境、水环境、噪声环境影响预测计算的依据,为定量评价建设项目对环境影响的程度和范围提供可靠的保证,为评价污染防治对策的可行性提出完善改进建议,从而为实现污染物排放总量控制创造条件。

3. 为环保设计提供优化建议

　　项目的环境保护设计是在已知生产工艺过程中产生污染物的环节和数量的基础上,

采用必要的治理措施，实现达标排放。环境影响评价中的工程分析需要对生产工艺进行优化论证，提出满足清洁生产要求的清洁生产工艺方案，实现"增产不增污"或"增产减污"的目标，使环境质量得以改善或不使环境质量恶化，起到对环保设计优化的作用。

4．为环境的科学管理提供依据

工程分析筛选的主要污染因子是项目生产单位和环境管理部门日常管理的对象，所提出的环境保护措施是工程验收的重要依据，为保护环境所核定的污染物排放总量是开发建设活动进行污染控制的目标。

（二）工程分析的基本要求

1．应用的数据资料要真实、准确、可信

对建设项目的规划，可行性研究和初步设计等技术文件中提供的资料、数据、图件等，应进行分析后引用；引用现有资料进行环境影响评价时，应分析其时效性；类比分析数据、资料应分析其相同性或者相似性。

2．应满足"全过程、全时段、全方位、多角度"的技术要求

"全过程"指对项目的分析应包括施工期、运营期以及服务期满后等；"全时段"指不但要考虑正常生产状态，同时要考虑异常、紧急等非正常状态；"全方位"指不但要考虑主体生产装置，同时应考虑配套、辅助设施；"多角度"指在着重考虑环保设施的情况下，同时应从清洁生产角度、节约能源资源角度出发，对项目的污染物源强进行深入细致的分析。

3．工程分析应突出重点

工程分析应在对建设项目选址选线、设计建设方案、运行调度方式等进行充分调查的基础上进行。根据各类型建设项目的工程内容及其特征，对环境可能产生较大影响的主要因素要进行深入分析。

4．工程分析应把握项目的合理合法性

随着环境影响评价的不断发展，在实际的环境影响评价工作中，对工程分析的要求越来越高，除符合以上要求外，还要求贯彻执行我国环境保护的法律、法规和方针、政策，如产业政策、能源政策、土地利用政策、环境技术政策、节约用水要求以及清洁生产、污染物排放总量控制、污染物达标排放、"以新带老"原则等，进行综合分析论证，进一步提出合理布局和合理工程设计的相关建议。

（三）工程分析的方法

根据建设项目的规划、可行性研究和设计等技术资料的详尽程度，其工程分析可以采用不同的方法，目前可供选用的方法有类比法、物料衡算法和资料复用法。

1．类比法

类比法是用与拟建项目类型相同的现有项目的设计资料或实测数据进行工程分析的常用方法。类比分析法要求时间长，工作量大，但所得结果较准确，可信度也较高。在评价工作等级较高、评价时间允许，且有可参考的相同或相似的现有工程时，应采用类

比分析法。

为提高类比数据的准确性，应充分注意分析对象与类比对象间的相似性和可比性，主要包括如下三个方面：

（1）工程一般特征的相似性，包括建设项目的性质、建设项目的规模、车间组成、产品结构、工艺路线、生产方法、原料、燃料成分与消耗量、用水量和设备类型等。

（2）污染物排放特征的相似性，包括污染物排放类型、浓度、强度与数量，排放方式与去向以及污染方式与途径等。

（3）环境特征的相似性，包括气象条件、地貌状况、生态特点、环境功能、区域污染情况。

类比法常用单位产品的经验排污系数去计算污染物的排放量，但应用此法应注意要根据生产规模等工程特征、生产管理及外部因素等实际情况进行修正。

2．物料衡算法

物料衡算法是指在产品方案、工艺路线、生产规模、原材料和能源消耗及治理措施确定的情况下，运用质量守恒定律核算污染物排放量，即在生产过程中投入系统的物料总量必须等于产品数量和物料流失量之和。

物料衡算的基础和依据包括：产品的生产工艺过程；产品形成的化学反应式和反应条件；污染物在产品、副产品、回收物、原料、材料、中间体中的当量关系；产品产量、质量，原材料消耗量及杂质含量，回收物数量及质量，产品收得率、转化率；污染物的净化率、治理量。

在工程分析中，根据分析对象的不同，常用的物料衡算有总物料衡算、有毒有害物料衡算及有毒有害元素物料衡算三个层次，具体评级工作中要做到哪个层次应根据项目建设实际情况确定。

在可研文件提供的基础资料比较翔实或对生产工艺熟悉的条件下，应优先采用物料衡算法计算污染物排放量，虽然该方法从理论上讲数值偏低，但从时间角度和数值准确性角度来讲都要优于其他两种方法。

3．资料复用法

此法是利用同类工程已有的环境影响评价资料或可行性研究报告等资料进行工程分析的方法。虽然此法较为简便，但所得数据的准确性很难保证，所以只能在评价等级较低的建设项目工程分析中使用，或作为前两种方法的补充。

二、污染型建设项目的工程分析

对于环境影响以污染因素为主的建设项目来说，工程分析的主要内容通常包括六个方面，见表2－4。

表 2 - 4　污染型建设项目工程分析基本内容

工程分析项目	工作内容
工程概况	工程一般特征简介 物料与能源消耗定额 项目组成
工艺流程及产污环节分析	工艺流程及污染物产生环节
污染物及源强分析	污染源分布及污染物源强核算 物料平衡与水平衡 无组织排放源统计及分析 非正常排放源强统计及分析 污染物排放总量建议指标
清洁生产水平分析	清洁水平分析
环保措施方案分析	分析环保措施及所选工艺及设备的先进水平和可靠程度 分析与处理工艺有关技术经济参数的合理性 分析环保措施投资构成及其在总投资中占有的比例
总图布置方案分析	分析厂区与周围的保护目标之间所定防护距离的安全性 根据气象、水文等自然条件分析工厂和车间布置合理性 分析环境敏感点处置措施的可行性

（一）工程概况

1. 项目组成情况

项目基本情况应交代清楚建设项目的名称、地点、地理位置、建设性质、工程总投资、建设规模、生产制度、项目组成（包括主体工程、辅助工程、公用工程、配套工程、环保工程等）及厂区或路由平面布置，主要设备装置清单、经济技术指标、产品方案、工艺方法或施工建设方案，主要工程点（段）分布、工程建设进度计划等工程一般特征。项目组成表可参照表 2 - 5。

表 2 - 5　建设项目组成情况

项目名称	建设内容及规模
主体工程	
辅助工程	
公用工程	
配套工程	
环保工程	

对于分期建设项目，应按不同建设期分别说明建设规模。对于改扩建和技术改造项目，还应交代清楚现有工程或在建工程的规模、项目组成、产品方案和主要工艺方法，以及拟建工程与现有/在建工程的依托关系、企业目前存在的环境问题等。

2. 项目原辅材料使用及消耗情况

列出项目原辅材料使用及消耗情况（可参照表2-6），包括主要原料、辅助材料、助剂、能源、用水等的来源、种类、性质、用途、成分、消耗量、贮存和包装等。对于含有毒有害物质的原辅材料，还应给出具体组分。

表2-6 项目原辅材料使用及消耗

序号	名称	单位产品耗量	年耗量	成分	来源	性质
1						
2						
3						
...						

（二）工艺流程及产污环节分析

一般情况下，工艺流程应根据工艺过程的描述及同类项目生产的实际情况进行绘制。环境影响评价工艺流程图有别于工程设计工艺流程图，更关心的是工艺过程中产生污染物的具体部位、污染物的种类和数量。可采用装置流程图或方块流程图等形式表示，同时在工艺流程中标明污染物的产生位置和污染物的种类，必要时列出主要化学方程式和副反应式。如图2-1和图2-2分别为用装置流程图和方块流程图说明某煤制甲醇生产项目和某塑料粒子生产项目的工艺流程及产污位置。

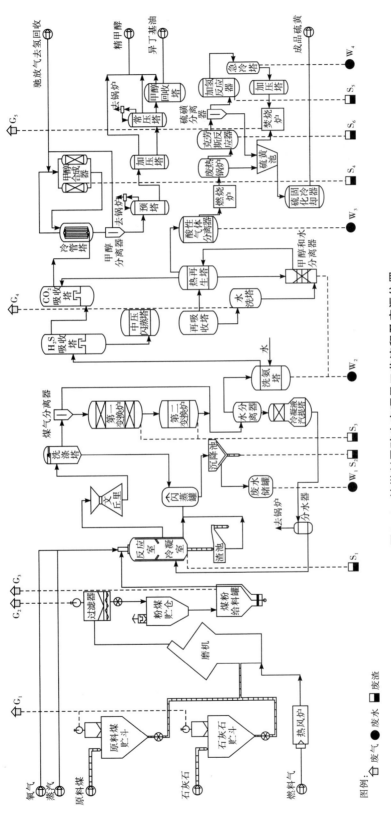

图2-1　某煤制甲醇生产项目工艺流程及产污位置

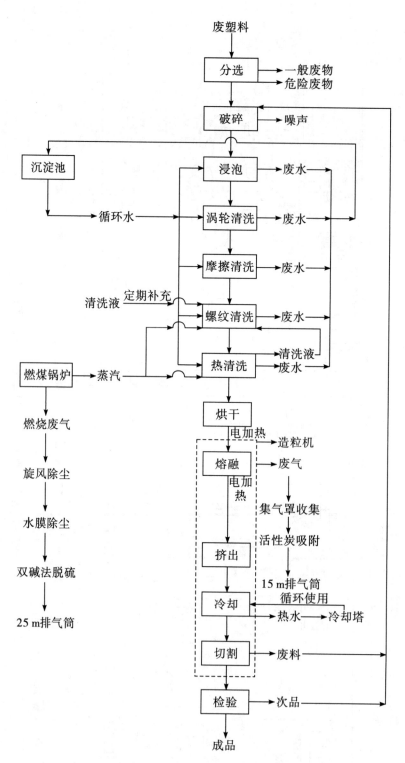

图 2-2　某塑料粒子生产项目工艺流程及产污位置

（三）污染源源强分析及核算

1. 污染源源强核算

污染源源强分析及核算是工程分析的重点，直接关系到环境影响预测分析结果的准确性，进而决定了环境影响评价结论的可信性。

（1）污染源分布和污染物类型及排放量是各专题评价的基础资料，必须按建设期、运营期两个时期详细核算和统计。根据项目评价需要，一些项目还应对服务期满后（退役期）影响源强进行核算，力求完善。

（2）根据已经绘制的生产流程图，按污染排放点标明各污染物排放部位，然后列表逐点统计各种污染物的排放强度、浓度及数量。

（3）对于最终排入环境的污染物，确定其是否达标排放，达标排放必须以项目的最大负荷核算，比如燃煤锅炉二氧化硫、烟尘排放量，必须要以锅炉最大产汽量时所耗的燃煤量为基础进行核算。

对于废气可按点源、线源、面源进行核算，说明源强、排放方式和排放高度及存在的有关问题。废水应说明种类、成分、浓度、排放方式、排放去向。对废物进行分类，废液废渣应说明种类、成分、溶出物浓度、是否属于危险废物、排放量、贮存和处理处置方式。噪声和放射性应列表说明源强、剂量及分布。污染物的源强统计可参照表2－7进行，分别列废水、废气、固体废物排放表，噪声统计比较简单，可单列。

表2－7　污染源源强统计列表

序号	污染源	污染因子	产生量	治理措施	排放量	排放方式	排放去向	达标分析

① 新建项目污染物排放量统计，须按废水和废气污染物分别统计各种污染物排放总量，固体废物按规定统计一般固体废物和危险废物。通过核算列出建设项目的"两本账"，即生产过程中的污染物产生量和实现污染防治措施后的污染物削减量，二者之差为污染物最终排放量，参见表2－8。

表2－8　新建项目污染物排放量统计

类别	污染物名称	产生量	治理削减量	排放量
废气				
废水				

续上表

类别	污染物名称	产生量	治理削减量	排放量
固体废物				

统计时应以车间或工段为核算单元，对于泄漏和放散量部分，原则上要求实测，实测有困难时，可以利用年均消耗定额的数据进行物料平衡推算。

② 技改扩建项目污染物源强，应算清新老污染源"三本账"，即技改扩建前污染物排放量、技改扩建项目污染物排放量、技改扩建完成后（包括"以新带老"削减量）污染物排放量，其相互的关系可表示为：

技改扩建前污染物排放量 – "以新带老"削减量 + 技改扩建项目污染物排放量
= 技改扩建完成后污染物排放量。

可以用表 2-9 的形式列出。

表 2-9　技改扩建项目污染物排放量统计

类别	污染物	现有工程排放量	拟建项目排放量	"以新带老"削减量	工程完成后总排放量	增减量变化
废气						
废水						
固体废物						

2. 物料平衡

物料衡算法主要用于污染型建设项目的工程分析，是计算污染源源强的常规方法，其原理就是投入系统的物料总量等于产出产品总量与物料流失总量之和。其计算通式为：

$$\sum G_{投入} = \sum G_{产品} + \sum G_{流失}$$

式中：$\sum G_{投入}$——投入系统的物料总量；

$\sum G_{产品}$——产出产品总量；

$\sum G_{流失}$——物料流失总量。

当投入的物料在生产过程中发生化学反应时，可按下列总物料衡算公式进行衡算：

$$\sum G_{排放} = \sum G_{投入} - \sum G_{回收} - \sum G_{处理} - \sum G_{转化} - \sum G_{产品}$$

式中：$\sum G_{回收}$——进入回收产品中的某污染物总量；

$\sum G_{处理}$——经净化处理掉的某污染物总量；

$\sum G_{转化}$——生产过程中被分解、转化的某污染物总量；

$\sum G_{排放}$——某污染物的排放量。

其他符号含义同前。

在环境影响评价进行工程分析时，还要根据不同行业的具体特点，选择若干有代表性的物料，主要是针对有毒有害的物料，进行物料衡算。物料平衡分析最终以物料平衡图的形式表达，图2－3为12万吨/年硫铁矿制酸项目生产过程中硫元素平衡分析图，以便分析生产过程中形成的 SO_2、SO_3 等污染物的排放情况。

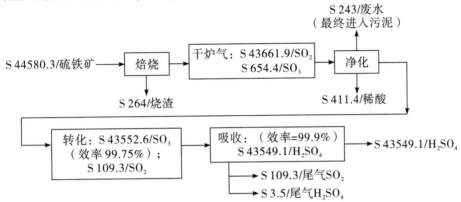

图2-3 某制酸厂硫元素平衡（单位：t/a）

3．水平衡

水作为工业生产中的原料和载体，在任一用水单元内都存在着水量的平衡关系，也同样可以依据质量守恒定律，进行质量平衡计算，这就是水平衡。

根据《工业用水分类及定义》（CJ 19—87）规定，工业用水量和排水量的关系见图2－4。

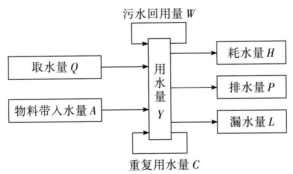

图2-4 工业用水量和排水量的关系

水平衡式如下：

$$Q + A = H + P + L$$

（1）取水量 Q：工业用水的取水量是指取自地表水、地下水、自来水、海水、城市污水及其他水源的总水量。建设项目工业取水量包括生产用水量和生活用水量，生产用水量又包括间接冷却水量、工艺用水量和锅炉给水量，即

工业取水量 = 间接冷却水量 + 工艺用水量 + 锅炉给水量 + 生活用水量

（2）重复用水量 C：指生产厂（建设项目）内部循环使用和循序（串级）使用的总水量。

（3）耗水量 H：指整个工程项目消耗的新鲜水量总和。即：

$$H = Q_1 + Q_2 + Q_3 + Q_4 + Q_5 + Q_6$$

式中：Q_1——产品含水，即由产品带走的水；

Q_2——间接冷却水系统补充水量，即循环冷却水系统补充水量；

Q_3——洗涤用水（包括装置和生产区地坪冲洗水）、直接冷却水和其他工艺用水量之和；

Q_4——锅炉运转消耗的水量；

Q_5——水处理用水量，指再生水处理装置所需的用水量；

Q_6——生活用水量。

水平衡分析最终以水平衡图的形式表达。图 2 - 5 为某铝型材全厂的水平衡图，由图可知：项目总用水量 1482.1 t/d（不含循环冷却水，800 + 682.1），新鲜用水量 682.1 t/d，回用水量 800 t（130 + 53 + 130 + 417 + 70），回用水率 54%（800/1482.1），废水排放量 589 t/d（400 + 189）。

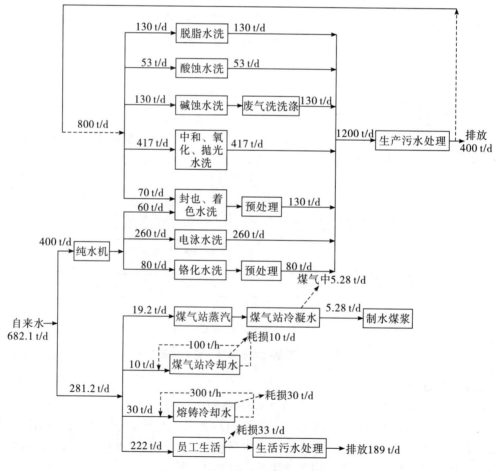

图 2 - 5　某铝型材项目全厂水平衡

4．污染物排放总量控制建议指标

在核算污染物排放量的基础上，按国家对污染物排放总量控制指标的要求，提出工程污染物排放总量控制建议指标，污染物排放总量控制建议指标应包括国家规定的指标和项目的特征污染物，其单位为 t/a。

提出的工程污染物排放总量控制建议指标必须满足以下要求。

（1）满足达标排放的要求。

（2）符合其他相关环保要求（如特殊控制的区域与河段）。

（3）技术上可行。

5．无组织排放源的统计

无组织排放是对应于有组织排放而言的，主要针对废气排放，表现为生产工艺过程中产生的污染物没有进入收集和排气系统，而通过厂房天窗或直接弥散到环境中。工程分析中将没有排气筒或排气筒高度低于 15 m 的排放源定为无组织排放。其确定方法主要有以下三种。

（1）物料衡算法。通过全厂物料的投入产出分析，核算无组织排放量。

（2）类比法。与工艺相近、使用原料相似的同类工厂进行类比，在此基础上，核算本厂无组织排放量。

（3）反推法。通过对同类工厂，正常生产时无组织监控点进行现场监测，利用面源扩散模式反推，以此确定工厂无组织排放量。

6．非正常排污的源强统计与分析

非正常排污包括以下两种情况。

（1）正常开车、停车或部分设备检修时排放的污染物。

（2）其他非正常工况排污是指工艺设备或环保设施达不到设计规定指标运行时的排污。因为这种排污不代表长期运行的排污水平，所以列入非正常排污评价中。此类异常排污分析都应重点说明异常情况产生的原因、发生频率和处置措施。

（四）环保措施方案分析

环保措施方案分析包括两个层次，首先对项目可研报告等文件提供的污染防治措施进行技术先进性、经济合理性及运行的可靠性评价，若所提措施有的不能满足环保要求，则需提出切实可行的改进完善建议，包括替代方案。分析要点如下：

（1）建设项目可研阶段环保措施方案的技术经济可行性。分析建设项目可研阶段所采用的环保设施的技术可行性、经济合理性及运行可靠性，在此基础上提出进一步改进的意见，包括替代方案。

（2）项目采用污染处理工艺、排放污染物达标的可靠性。分析建设项目环保设施运行参数是否合理、有无承受冲击负荷能力、能否稳定运行，确保污染物排放达标的可靠性，并提出进一步改进的意见。

（3）环保设施投资构成及其在总投资中占有的比例。汇总建设项目环保设施的各项投资，分析其投资构成，并计算环保投资在总投资中所占的比例。在分析环保设施投资构成及其在总投资中所占的比例时，一般可按水、气、声、固体废弃物、绿化等列出环

保投资一览表，如表2-10所示，该表是指导建设项目竣工环境保护验收的重要参照依据。对于改扩建项目，环保设施投资一览表中还应包括"以新带老"的环保投资内容。

表2-10　建设项目环保投资情况

项目	建设内容	投资
废气治理		
废水治理		
噪声治理		
固体废弃物		
厂区绿化		
其他		

（4）依托设施的可行性分析。对于此处所提及的依托设施可包括两个方面：一方面，对于改扩建项目，依托设施是指原有工程的环保设施，如现有污水处理厂、固体废弃物填埋厂、焚烧炉等，该部分设施能否满足改扩建后的要求，需要认真核实。另一方面，依托公用环保设施已经成为区域环境污染防治的重要组成部分，对于公用的环保设施与项目有关联时，也要进行可行性分析。如项目产生废水，经过简单处理后排入区域或城市污水处理厂进一步处理排放的项目，除了对其所采用的污染防治技术的可靠性、可行性进行分析评价外，还应对接纳排水的污水处理厂的工艺合理性进行分析，其处理工艺是否能满足本项目排水水质的接纳和处理要求。

（五）清洁生产水平分析

清洁生产是一种新的污染防治战略。项目实施清洁生产，可以减轻项目末端处理的负担，提高项目建设的环境可行性。国家已经公布了部分行业清洁生产标准，包括石油炼制、制革、炼焦等，在建设项目的清洁生产水平分析中，应以这些基础数据与建设项目相应的指标比较，以此衡量建设项目的清洁生产水平。对于没有基础数据可借鉴的建设项目，重点比较建设项目与国内外同类型项目的单位产品或万元产值的物耗、能耗、水耗和排放水平，并论述其差距。有关清洁生产分析指标的确定和工作内容详见本书第十章"清洁生产评述"。

（六）总图布置方案与外环境关系分析

1. 分析厂区与周围的保护目标之间所定卫生防护距离和安全防护距离的可靠性

合理布置建设项目的各构筑物及生产设施，给出总图布置方案与外环境关系图。图中应标明：（1）保护目标与建设项目的方位关系；（2）保护目标与建设项目的距离；（3）保护目标（如学校、医院、集中居住区等）的内容与性质。

确定卫生防护距离和安全防护距离有两种方法：一种是按国家已颁布的某些行业的卫生防护距离，根据建设规模和当地气象资料直接确定卫生防护距离；另一种是尚无行业卫生防护距离标准的，可根据《环境影响评价技术导则—大气环境》（HJ 2.2—2008）

推荐的方法计算大气环境防护距离。

2. 分析项目平面布置的合理性

在充分掌握项目建设地点的气候、水文和地质资料的条件下，认真考虑这些因素对污染物的污染特性的影响，合理布置工厂和车间，尽可能减少对环境的不利影响。

3. 分析对周围环境敏感点处置措施的可行性

分析项目所产生污染物的特点及其污染特征，结合现有的相关资料，确定建设项目对附近环境敏感点的影响程度，在此基础上提出切实可行的处置措施（如搬迁、防护等）。

三、生态影响型建设项目工程分析

（一）生态影响型建设项目工程分析的内容

在实际工作中，针对各类生态影响型建设项目的影响性质和所处的区域环境特点的差异，其关注的工程行为和重要生态影响会有所不同。根据评价项目自身特点、区域的生态特点以及评价项目与影响区域生态系统的相互关系，确定工程分析的重点，分析生态影响的源及其强度。生态影响型建设项目工程分析的内容主要包括六个方面，见表 2-11。

表 2-11　生态影响型建设项目工程分析基本内容

序号	工程分析项目	工作内容	基本要求
1	工程概况	一般特征简介 工程特征 项目组成 施工和运营方案（给出工程布置示意图） 方案比选	工程组成全面，突出重点工程，应给出地理位置图、总平面布置图、施工平面布置图、物料（含土石方）平衡图和水平衡图等工程基本图件
2	项目初步论证	法律法规、产业政策、环境政策和相关规划符合性 选址选线、施工布置和总图布置合理性 清洁生产和区域循环经济可行性	从宏观方面进行论证，必要时提出替代或调整方案
3	影响源识别	工程行为识别 污染源识别 重点工程识别 原有工程识别	从工程本身的环境影响特点进行识别，确定项目环境影响的来源和强度
4	环境影响识别	社会环境影响识别 生态影响识别 环境污染识别	应结合项目自身环境影响特点、区域环境特点和具体环境敏感目标综合考虑

续上表

序号	工程分析项目	工作内容	基本要求
5	环境保护方案分析	施工和营运方案的合理性 工艺和设施的先进性和可靠性 环境保护措施的有效性 环保设施处理效率的合理性和可靠性 环境保护投资的合理性	从经济、环境、技术和管理方面来论证环境保护方案的可行性
6	其他分析	非正常工况分析 事故风险识别和源项分析 防范与应急措施	可在工程分析中专门分析，也可纳入其他部分或专题分析

相关内容具体要求如下：

1．工程概况

一方面，要求工程组成须完全，应包括临时性、永久性，以及勘察期、施工期、运营期、退役期的所有工程；另一方面，要求重点工程应突出，对环境影响范围大、影响时间长的工程和处于环境保护目标附近的工程应重点分析。

该部分内容要把握以下几点。

（1）工程组成须完全。

介绍工程的名称、建设地点、性质、规模，给出工程的经济技术指标；介绍工程特征，给出工程特征表；完全交代工程项目组成，把所有工程活动都纳入分析中，包括主体工程、辅助工程、配套工程、公用工程、环保工程和施工期临时工程以及储运工程，给出完善的项目组成表，一般按以上工程分别说明工程位置、规模、施工和运营设计方案、主要技术参数和服务年限等主要内容；阐述工程施工和运营设计方案，给出施工期和运营期的工程布置示意图；有比选方案时，在上述内容中均应有介绍。

应给出地理位置图、总平面布置图、施工平面布置图、物料（含土石方）平衡图和水平衡图等工程基本图件。

（2）全过程分析。

生态影响型建设项目工程分析的内容应结合工程特点，提出勘察期、施工期、运营期和退役期，即全过程分析，其中以施工期和运营期为调查分析的重点。

勘察设计期主要包括初勘、选址选线和工程可行性（预）研究报告。初勘和选址选线工作在进入环评阶段前已完成，其主要成果在工程可行性（预）研究报告中会有体现；如在评价过程中发现初勘、选址选线和相关工程设计中存在环境影响问题，应提出调整或修改建议，工程可行性（预）研究报告据此进行修改或调整，最终形成科学的工程可行性（预）研究报告与环评报告。

施工期产生的直接生态影响一般属临时性质的，但在一定条件下，其产生的间接影响可能是永久性的。施工期生态影响注重直接影响的同时，也不应忽略可能造成的间接影响。施工期生态影响评价是环评必须重点关注的时段。

运营期由于时间跨度长，该时期的生态和污染影响可能会造成区域性的环境问题，如水库蓄水会使周边区域地下水位抬升，进而可能造成区域土壤盐渍化甚至沼泽化；井工采矿时大量疏干排水可能导致地表沉降和地面植被生长不良甚至荒漠化。运营期生态影响评价也是环评必须重点关注的时段。

退役期不仅包括主体工程的退役，也涉及主要设备和相关配套工程的退役。如矿井（区）闭矿、渣场封闭、设备报废更新等，也可能存在环境影响问题需要解决。

（3）施工规划。

结合工程的建设进度，介绍工程的施工规划，对与生态环境保护有重大关系的规划建设内容和施工进度要做详细介绍。

（4）重点工程明确。

重点工程主要有两类：一类是指工程规模比较大，其影响范围比较大，影响时间比较长；另一类是位于环境敏感区附近，虽然规模不是最大，但是环境影响明显。

重点工程分析既要考虑工程本身的环境影响，也要考虑区域环境特点和区域敏感目标。在各评价时段内，应突出该时段存在主要环境影响的工程；区域环境特点不同，同类工程的环境影响范围和程度可能会有明显的差异；同样的环境影响强度，因与区域敏感目标相对位置关系不同，其环境影响敏感性也会不同。

2．初步论证

主要从宏观上进行项目可行性论证，必要时提出替代或调整方案。介绍工程选点、选线和工程设计过程中就不同方案所做比选工作内容，说明推荐方案理由，以便从环境保护角度分析工程选线、选址推荐方案的合理性。

初步论证主要包括以下三方面内容：

（1）建设项目和法律法规、产业政策、环境政策和相关规划的符合性；

（2）建设项目选址选线、施工布置和总图布置的合理性；

（3）清洁生产和区域循环经济的可行性，提出替代或调整方案。

3．影响源识别

生态影响型建设项目除了主要产生生态影响外，同样会有不同程度的污染影响，其影响源识别主要从工程自身的影响特点出发，通过调查，从生态完整性和资源分配的合理性对项目建设可能造成的生态环境影响源强进行分析，识别可能带来生态影响或污染影响的来源，包括工程行为和污染源。影响源分析时，应尽可能给出定量或半定量数据，如土地征用量、临时用地量、植被破坏量、地表植被破坏面积、取土量、弃渣量、淹没面积、移民数量和水土流失量等均应给出量化数据。

污染源分析时，原则上按污染型建设项目要求进行，从废水、废气、固体废弃物、噪声与振动、电磁等方面分别考虑，明确污染源位置、属性、产生量、处理处置量和最终排放量。

对于改扩建项目，还应分析原有工程存在的环境问题，识别原有工程影响源和源强。

4．环境影响识别

建设项目环境影响识别一般从社会影响、生态影响和环境污染三个方面考虑，在结合项目自身环境影响特点、区域环境特点和具体环境敏感目标的基础上进行识别。

生态影响型建设项目的生态影响识别，不仅要识别工程行为造成的直接生态影响，而且要注意污染影响造成的间接生态影响，甚至要求识别工程行为和污染影响在时间或空间上的累积效应（累积影响），明确各类环境影响的性质（有利/不利）和属性（可逆/不可逆、临时/长期等）。

5．环境保护方案分析

初步论证是从宏观上对项目可行性进行论证，环境保护方案分析要求从经济、环境、技术和管理方面来论证环境保护措施和设施的可行性，必须满足达标排放、总量控制、环境规划和环境管理要求，技术先进且与社会经济发展水平相适宜，确保环境保护目标可达性。环境保护方案分析至少应包括以下五个方面的内容：

（1）施工和运营方案的合理性分析；

（2）工艺和设施的先进性和可靠性分析；

（3）环境保护措施的有效性分析；

（4）环保设施处理效率的合理性和可靠性分析；

（5）环境保护投资的估算及合理性分析。

经过环境保护方案分析，对于不合理的环境保护措施应提出比选方案，进行比选分析后提出推荐方案或替代方案。

对于改扩建工程，应明确"以新带老"环保措施。

6．其他分析

包括非正常工况类型及影响源强、事故风险识别和源项分析以及防范与应急措施说明。

（二）生态影响型建设项目工程分析的技术要点

按建设项目环境影响评价资质的评价范围划分，生态影响型建设项目主要包括交通运输、采掘和农林水利三大类别，征租用地面积大，直接生态影响范围较大和影响程度较为严重，多为一级或二级评价；海洋工程和输变电工程涉及征租用地面积较大，结合考虑直接生态影响范围或直接影响程度，二级评价较为常见；而其他类建设项目征租用地范围有限，直接生态影响一般局限于征租用地范围，直接影响范围和程度有限，一般为三级评价。

根据项目特点（线型/区域型）和影响方式不同，以下选择公路、管线、航运码头、油气开采和水电项目为代表，举例说明工程分析的技术要求（见表2-12）。

表 2-12　生态影响型建设项目工程分析的技术要求例选

项目名称	工程分析的主要内容及技术要求			
	勘察设计期	施工期	运营期	退役期
公路项目	选址选线和移民安置	公路工程产生生态破坏和水土流失，重点考虑工程用地、桥隧工程和辅助工程（施工期临时工程）所带来的环境影响和生态破坏。 工程用地分析中要说明临时租地和永久征地的类型、数量；桥隧工程要说明位置、规模、施工方式和施工时间计划；辅助工程包括进场道路、施工便道、施工营地、作业场地、各类料场和废弃渣料场等，要说明位置、临时用地类型和面积及恢复方案，不要忽略表土保存和利用问题	交通噪声、管理服务区"三废"、线性工程阻隔和景观等方面的影响，同时根据沿线区域环境特点和可能运输货物的种类，识别运输过程中可能产生的环境污染和风险事故	—
管线项目	管线路由和工艺、站场的选择	分析对象包括施工作业带清理（表土保存和回填）、施工便道、管沟开挖和回填、管道穿越（定向钻和隧道）工程、管道防腐和铺设工程、站场建设和监控工程。 重点明确管道防腐、管道铺设、穿越方式、站场建设工程的主要内容和影响源及影响方式，对于重大穿越工程（如穿越大型河流）和处于环境敏感区工程（如自然保护区、水源地等），应重点分析其施工方案和相应的环保措施	主要是污染影响和风险事故。污染影响关注增压站的噪声源强、清管站的废水废渣源强、分输站超压放空的噪声源和排空废气源、站场的生活废水和生活垃圾以及相应环保措施。 风险事故应根据输送物品的理化性质和毒性，一般从管道潜在的各种灾害识别源头，估算事故源强	—
航运码头项目	码头选址和航路选线	航运码头工程产生生态破坏和环境污染，重点考虑填充造陆工程、航道疏浚工程、护岸工程和码头施工对水域环境和生态系统的影响，说明施工工艺和施工布置方案的合理性，从施工全过程识别和估算影响源	陆域生活污水、运营过程中产生的含油污水、船舶污染物和码头、航道的风险事故。特别注意从装卸货物的理化性质及装卸工艺分析，识别可能产生的环境污染和风险事故	—

续上表

项目名称	工程分析的主要内容及技术要求			
	勘察设计期	施工期	运营期	退役期
油气开采项目	以探井作业、选址选线和钻井工艺、井组布设等作为重点。勘探期钻井防渗和探井科学封堵有利于防止地下水串层，保护地下水	土建工程的生态保护应重点关注水土保持、表层保存和回复利用、植被恢复等措施；对钻井工程更应注意钻井泥浆的处理处置、落地油处理处置、钻井套管防渗等措施的有效性，避免土壤、地表水和地下水受到污染	以污染影响和事故风险分析和识别为主。重点分析含油废水、废弃泥浆、落地油、油泥的产生点，说明其产生量、处理处置方式和排放量、排放去向。对滚动开发项目，应按"以新带老"要求，分析原有污染源并估算源强。风险事故应考虑到钻井套管破裂、井场和站场漏油（气）、油气罐破损和油气管线破损等而产生泄漏、爆炸和火灾的情形	主要考虑封井作业
水电项目	以坝体选址选型、电站运行方案设计合理性和相关流域规划的合理性为主。移民安置也是水利工程特别是蓄水工程设计时应考虑的重点	在掌握施工内容、施工量、施工时序和施工方案的基础上，识别可能引发的环境问题	影响源应包括水库淹没高程及范围、淹没区地表附属物名录和数量、耕地和植被类型与面积、机组发电用水及梯级开发联合调配方案、枢纽建筑布置等方面。运营期生态影响识别时应注意，水库、电站运行方式不同，运营期生态影响也有差异。 环境风险主要是水库库岸侵蚀、下泄河段河岸冲刷引发塌方，甚至诱发地震	

第三节　环境影响评价方法与因子筛选

一、环境影响识别、预测与评价方法

（一）环境影响识别方法

环境影响识别是在了解和分析建设项目所在区域发展规划、环境保护规划、环境功能区划、生态功能区划及环境现状的基础上，分析和列出建设项目的直接和间接行为，以及可能受上述行为影响的环境要素及相关参数。

影响识别应明确建设项目在施工过程、生产运行、服务期满后等不同阶段的各种行为与可能受影响的环境要素间的作用效应关系、影响性质、影响范围、影响程度等，定性分析建设项目对各环境要素可能产生的污染影响与生态影响，包括有利与不利影响、长期与短期影响、可逆与不可逆影响、直接与间接影响、累积与非累积影响等。对建设项目实施形成制约的关键环境因素或条件，应作为环境影响评价的重点内容。

环境影响识别方法可采用清单法、矩阵法、地理信息系统（GIS）支持下的叠图法、网络法等。

1. 清单法（核查表法、列表清单法、一览表法）

清单法包括：（1）简单型清单（仅是一个可能受影响的环境因子表，可做定性的环境影响识别分析，但不能作为决策依据）；（2）描述型清单（较上个方法增加了环境因子如何度量的准则）；（3）分级型清单（在描述型清单法的基础上又增加了对环境影响程度进行分级）。

常用的是描述型清单法，目前有两种类型的描述型清单：环境资源分类清单和问卷式清单。比较流行的是环境资源分类清单，即对受影响的环境因素先做简单的划分，以突出有价值的环境因子。通过环境影响识别，将具有显著性影响的环境因子作为后续评价的主要内容。该类清单已按工业类、能源类、水利工程类、交通类、农业工程、森林资源、市政工程等编制了主要环境影响识别表，在《环境评价资源手册》等文件中可查获。这些编制成册的环境影响识别表可供具体建设项目环境影响识别时参考。

另一类描述型清单即传统的问卷式清单。在清单中仔细地列出有关"项目—环境影响"要询问的问题，针对项目的各项"活动"和"环境影响"进行询问，答案可以是"有"或"没有"。如果回答为有影响，则在表中的注解栏说明影响的程度、发生影响的条件以及环境影响的方式，而不是简单地回答某项活动将产生某种影响。

特点：清单法可以鉴别出开发行为可能会对哪一种环境因子产生影响，表示出其影响的好坏及相对大小，但它对环境参数不能进行定量计算。

2. 矩阵法

矩阵法是由清单法发展而来，具有影响识别和影响综合分析评价功能，以定性或半定量的方式说明拟建项目的环境影响。

矩阵法将规划目标、指标以及规划方案与环境因素作为矩阵的行与列，并在相对应位置填写用以表示人为活动与环境因素之间的因果关系的符号、数字或文字。简单矩阵是两个一览表的综合。一个描述拟采用的行动的潜在影响（列），另一个列出包括社会、经济、环境条件等可能受影响的环境因子（行）。一般的在矩阵的后面都附有一个说明，给出每一个单元中数值取得的过程。使用者则应该寻找原始资料从而确定哪些行动的影响最为显著。

优点：矩阵法可以直观地表示交叉或因果关系；可以表示和处理那些由模型、图形叠置和主观评估方法取得的量化结果；可以将矩阵中每个元素的数值，与对各环境资源、生态系统和人类社区的各种行为产生的累积效应的评估很好地联系起来。

缺点：矩阵法对影响产生的机理解释较少，不能表示影响作用是立即发生的还是延后的，长期的还是短期的；难以处理间接影响，也难以反映规划在复杂时空关系上的不同层次的影响。

以某省某改扩建国道主干线高速公路为例，应用矩阵法给出项目在不同阶段的活动和可能产生的环境影响识别表，见表2-13。

表2-13　某省某改扩建国道主干线高速公路环境影响识别表

环境		施工期				服务期			
		占用土地	拆迁	填挖土方	道路施工	车辆通行	运输	服务区	道路
生态环境	水环境	√			√			√	
	空气			√	√	√		√	
	声环境			√	√	√		√	
	土壤土地	√		√	√			√	√
	植被绿地	√	√	√	√				
	自然景观	√	√	√	√			√	
	生物多样性	√	√	√		√			
	生态敏感区			√					
	能源利用			√	√		√		√
经济社会	人群健康					√			
	人文景观	√	√	√	√	√		√	√
	文物保护						√	√	
	经济收入	√	√		√	√		√	
	就业情况	√	√			√	√	√	
	产业发展				√	√	√	√	√
	交通运输				√	√	√	√	√

3．其他方法

（1）叠图法：用于涉及地理空间较大的拟建项目，如公路、铁路、管道等"线型"影响项目及区域开发项目。

优点：直观、形象；可以表现单个影响和复合影响的空间分布；能够得到易于理解的结果，这些结果能够用于公众参与；不需要专家参与就能完成；适用于所有范围。

缺点：只能用于那些可以在地图上表示的影响；耗时且成本高，尤其在采用地理信息系统技术时；如果不采用地理信息系统技术，很难保证信息不过时；无法表达"源"与"受体"的因果关系；无法综合评价环境影响的强度或环境因子的重要性。

以某省某改扩建国道主干线高速公路为例，结合规划的高速公路布局，可选用遥感图像作为底图，叠加行政区划、自然保护区、森林公园和规划路网等，可识别出规划路网区域的生态敏感区将成为道路布局定线的限制因素。

（2）网络法：除具有相关矩阵法的功能外，还可识别间接影响和累积影响。

优点：易于理解、透明，有利于公众参与；快速，成本低；能明确地表述环境因子间的关联性和复杂性；识别有效实施开发规划的环境制约因素；能够为其他方法提供信息。

缺点：无法定量，不能重现；不能反映空间关系和时间跨度的变化影响；图表可能变得非常复杂。

（二）环境影响预测方法

1. 环境影响预测的基本要求

（1）对建设项目的环境影响进行预测，是指对能代表评价区环境质量的各种环境因子变化的预测，分析、预测和评价的范围、时段、内容及方法均应根据其评价工作等级、工程与环境特性、当地的环境保护要求而定。

（2）预测和评价的环境因子应包括反映评价区一般质量状况的常规因子和反映建设项目特征的特性因子两类。

（3）必须考虑环境质量背景与已建的和在建的建设项目同类污染物环境影响的叠加。

（4）对于环境质量不符合环境功能要求的，应结合当地环境整治计划进行环境质量变化预测。

2. 环境影响预测的方法

预测环境影响时应尽量选用通用、成熟、简便并能满足准确度要求的方法。同时应分析所采用的环境影响预测方法的适用性。目前使用较多的预测方法有：数学模式法、物理模型法、类比分析法和专业判断法等。

（1）数学模式法。能给出定量的预测结果，但需一定的计算条件和输入必要的参数、数据。一般情况下，此方法比较简便，应首先考虑。

选用数学模式时要注意模式的应用条件，如实际情况不能很好地满足模式的应用条件而又拟采用时，要对模式进行修正并验证。

（2）物理模型法。定量化程度较高，再现性好，能反映比较复杂的环境特征，但需要有合适的试验条件和必要的基础数据，且制作复杂的环境模型需要较多的人力、物力和时间。在无法利用数学模式法预测而又要求预测结果定量精度较高时，应选用此方法。

（3）类比分析法。预测结果属于半定量性质。如由于评价工作时间较短等原因，无法取得足够的参数、数据，不能采用前述两种方法进行预测时可选用此方法。生态环境影响评价中常用此方法。

（4）专业判断法。定性地反映建设项目的环境影响。建设项目的某些环境影响很难定量估测，如对人文遗迹、自然遗迹与"珍贵"景观的环境影响等，或由于评价时间过短等无法采用以上三种方法时可选用此方法。

（三）环境影响评价方法

环境影响评价方法的选取要求如下：
（1）环境影响评价采用定量评价与定性评价相结合的方法，应以量化评价为主。
（2）评价方法应优先选用成熟的技术方法，鼓励使用先进的技术方法，慎用争议或处于研究阶段尚没有定论的方法。

（3）选用非导则推荐的评价或预测分析方法的，应根据建设项目特征、评价范围、影响性质等分析其适用性。

（4）评价建设项目的环境影响，一般采用两种主要方法，即单项评价法和多项评价法。

① 单项评价方法及其应用原则。单项评价方法是以国家和地方的有关法规、标准为依据，评定与估价各评价项目单个质量参数的环境影响。预测值未包括环境质量现状值（即背景值）时，评价时注意应叠加环境质量现状值。

在评价某个环境质量参数时，应对各预测点在不同情况下该参数的预测值均进行评价。单项评价应有重点，对影响较重的环境质量参数，应尽量评定与估价影响的特性范围、大小及重要程度。影响较轻的环境质量参数则可较为简略。

② 多项评价方法及其应用原则。多项评价方法适用于各评价项目中多个质量参数的综合评价。所采用的方法分见有关各单项影响评价的技术导则。

采用多项评价方法时，不一定包括该项目已预测环境影响的所有质量参数，可以有重点地选择适当的质量参数进行评价。

二、环境影响评价因子筛选

依据环境影响因素识别结果，并结合区域环境功能要求或所确定的环境保护目标，筛选确定评价因子，应重点关注环境制约因素。评价因子必须能够反映环境影响的主要特征、区域环境的基本状况及建设项目的特点和排污特征。

（一）大气环境影响评价因子的筛选方法

1. 筛选原则

（1）该项目等标排放量（评价等级判别参数）P_i较大的污染物（主要污染因子）。

（2）在评价区内已造成严重污染的污染物。

（3）列入国家主要大气污染物总量控制指标的污染物。

2. 等标排放量 P_i（m³/h）的计算

$$P_i = \frac{Q_i}{C_{0i}} \times 10^9$$

式中，Q_i——第 i 类污染物单位时间的排放量，t/h；

C_{0i}——第 i 类污染物空气质量标准，mg/m³。

按《环境空气质量标准》中二级、1 h 平均值计算，该标准中未包括的项目，参照 TJ 36—79 中相应值选用。只有日平均容许浓度限值时，对于一般污染物可取容许浓度限值的 3 倍；对于致癌物、毒性可积累或毒性较大者，如苯、汞、铅等直接取日平均容许浓度限值。

（二）水环境影响评价因子的筛选方法

1. 筛选原则

根据对拟建项目废水排放的特点和水质现状调查的结果，选择其中主要的污染物，对地表水环境危害较大以及国家和地方要求控制的污染物作为评价因子。建设期、运行期、服务期满后各阶段均应根据具体情况确定预测评价因子。水环境影响评价因子从所调查的水质参数中选取。

2. 需要调查的水质参数

（1）常规水质参数：《地表水环境质量标准》（GB 3838—2002）中所列 pH 值、DO（溶解氧）、COD_{Mn}、COD_{Cr}、BOD_5、TN 或 NH_5N、酚、CN^-、As、Hg、Cr^{6+}、TP、水温，根据水域类别、评价等级及污染源状况适当增减。

（2）特殊水质参数：根据项目特点、水域类别及评价等级以及项目所属行业的特征水质参数表选择。

（3）其他方面的参数：针对环境质量要求较高的水域，且评价等级为一、二级时，主要包括水生生物和底质两类。水生生物主要调查浮游动植物、藻类、底栖无脊椎动物的种类和数量、水生生物群落结构等；底质主要调查与建设项目排水水质有关的易积累的污染物。

河流水体，水质参数排序指标：

$$ISE = \frac{C_{pi}Q_{pi}}{(C_{si} - C_{hi})Q_{hi}}$$

式中：C_{pi}——水污染物 i 的排放浓度，mg/L；

Q_{pi}——含水污染物 i 的废水排放量，m^3/s；

C_{si}——水质参数 i 的地面水水质标准，mg/L；

C_{hi}——河流上游水质参数 i 的浓度，mg/L；

Q_{hi}——河流上游来流的流量，m^3/s。

ISE 值是负值或者越大，说明拟建项目对河流中该项水质参数的影响越大。

第四节 环境影响的经济损益分析

一、环境影响经济损益分析概述

环境影响的经济损益分析，也称为环境影响的经济评价，主要是估算某项目、规划或政策所引起环境影响的经济价值，并将环境影响的价值纳入某项目、规划或政策的经济分析（即费用效益分析）中去，以判断这些环境影响对项目、规划或政策的可行性会产生多大的影响。这里，对负面的环境影响，估算出的是环境成本；对正面的环境影响，估算出的是环境效益。

建设项目环境影响经济损益评价包括建设项目环境影响经济评价和环保措施的经济

损益评价两部分。建设项目环境影响经济评价，是以大气、水、声、生态等环境影响评价为基础的，只有在得到各环境要素影响评价结果以后，才可能在此基础上进行环境影响的经济评价。环境保护措施的经济论证，是要估算环境保护措施的投资费用、运行费用、取得的效益，用于多种环境保护措施的比较，以选择费用比较低的环境保护措施。环境保护措施的经济论证不能代替建设项目的环境影响经济损益分析。

二、环境影响经济损益分析方法

理论上，环境影响的经济损益分析分以下四个步骤来进行，在实际中有些步骤可以合并操作。

第1步，筛选环境影响。

第2步，量化环境影响。

第3步，评估环境影响的货币化价值。

第4步，将货币化的环境影响价值纳入项目的经济分析。

（一）环境影响的筛选

需要筛选环境影响，因为并不是所有环境影响都需要或可能进行经济评价。一般从以下四个方面来筛选环境影响。

筛选1：影响是否内部的或已被控抑？

环境影响的经济评价只考虑项目的外部影响，即未被纳入项目财务核算的影响。内部影响将被排除，内部环境影响是已被纳入项目的财务核算的影响。环境影响的经济评价也只考虑项目未被控抑的影响。按项目设计已被环境保护措施治理的影响也将被排除，因为计算已被控抑的环境影响的价值在这里是毫无意义的。

筛选2：影响是小的或不重要的？

项目造成的环境影响通常是众多的、方方面面的，其中小的、轻微的环境影响将不再被量化和货币化。损益分析部分只关注大的、重要的环境影响。环境影响的大小轻重，需要评价者做出判断。

筛选3：影响是否不确定或过于敏感？

有些影响可能是比较大的，但也许这些环境影响本身是否发生存在很大的不确定性，或人们对该影响的认识存在较大的分歧，这样的影响将被排除。另外，对有些环境影响的评估可能涉及政治、军事禁区，在政治上过于敏感，这些影响也将不再进一步做经济评价。

筛选4：影响能否被量化和货币化？

由于认识上的限制、时间限制、数据限制、评估技术上的限制或者预算限制，有些大的环境影响难以定量化，有的环境影响难以货币化，这些影响将被筛选出去，不再对它们进行经济评价。例如，一片森林被破坏引起当地社区在文化、心理或精神上的损失很可能是巨大的，但因为太难以量化，所以不再对此进行经济评价。

经过筛选过程后，全部环境影响将被分成三大类：第一类环境影响是被剔除、不再做任何评价分析的影响，如那些内部的环境影响、小的环境影响以及能被控抑的影响等。

第二类环境影响是需要做定性说明的影响，如那些大的但可能很不确定的影响、显著但难以量化的影响等。第三类环境影响就是那些需要并且能够量化和货币化的影响。

（二）环境影响的量化

虽然环境影响的量化，在前面阶段已经完成，但是，如下情况应重新评估前面的量化结果。

（1）环境影响的已有量化方式，不一定适合于下一步的价值评估。如对健康的影响，可能被量化为健康风险水平的变化，而不是死亡率、发病率的变化。

（2）在许多情况下，前部分环评内容只给出项目排放污染物（如 SO_2，TSP，COD 等）的数量或浓度，而不是这些污染物对受体影响的大小。

因此，在这一阶段里，应重新评估前面的量化结果。

（三）环境影响的价值评估方法

环境影响的价值评估是对量化的环境影响进行货币化的过程。这里简要介绍三组常用环境价值评估方法。

1. 第一组评估方法

该组评估方法的特点是，都有完善的理论基础，是对环境价值（以支付意愿衡量）的正确度量，可称为标准的环境价值评估方法。

（1）旅行费用法。

旅行费用法，一般用来评估户外游憩地的环境价值，如评估森林公园、城市公园、自然景观等的游憩价值。旅行费用法的基本思想是到该地旅游要付出代价，这一代价即旅行费用。旅行费用越高，来该地游玩的人越少；旅行费用越低，来该地游玩的人越多。所以，旅行费用成了旅游地环境服务价格的替代物。据此，可以求出人们在消费该旅游地环境服务时获得的消费者剩余。旅游地门票为零时，该消费者剩余，就是这一景观的游憩价值。

（2）隐含价格法。

可用于评估大气质量改善的环境价值，也可用于评估大气污染、水污染、环境舒适性和生态系统环境服务功能等的环境价值。

（3）调查评价法。

环境的非使用价值，只能使用调查评价法来评估。调查评价法通过构建模拟市场来揭示人们对某种环境物品的支付意愿（WTP），从而评价环境价值的办法。它通过人们在模拟市场中的行为，而不是在现实市场中的行为来进行价值评估，通常不发生实际的货币支付。

（4）成果参照法。

成果参照法是参照把旅行费用法、隐含价格法、调查评价法的实际评价结果，作为参照对象，用于评价一个新的环境物品。该法相似于环评中常用的类比分析法，最大优点是节省时间、费用。环境影响经济评价中最常用的就是成果参照法。成果参照法有三种类型。

① 直接参照单位价值，如引用某人评估某地的游憩价值：15 美元/（人·天）。

② 参照已有案例研究的评估函数，代入要评估的项目区变量，得到项目环境影响价值。

③ 进行 Meta 分析，以环境价值为因变量，以环境质量特性、人口特性、研究模型等为自变量，Meta 回归分析。

2. 第二组评估方法

第二组评估方法的特点都是基于费用或价格的。它们虽然不等于价值，但据此得到的评估结果，通常可作为环境影响价值的低限值。该组方法的优点是，所依据的费用或价格数据比较容易获得、数据变异小、易被管理者理解。缺陷是，在理论上，这组方法评估出的并不是以支付意愿衡量的环境价值。

（1）医疗费用法。

用于评估环境污染引起的健康影响（疾病）的经济价值。如果环境污染引起某种疾病（发病率）的增加，治疗该疾病的费用，可以作为人们为避免该环境影响所具有的支付意愿的底线值。该方法评价健康影响的缺陷是，它无视疾病给人们带来的痛苦。医疗费用法没有捕捉到对健康方面的影响。

（2）人力资本法。

用于评估环境污染的健康影响（收入损失、死亡）。环境污染引起误工、收入能力降低、某种疾病死亡率的增加，由此引起的收入减少，可以作为人们为避免该环境影响所具有的支付意愿的底线值。

如儿童铅中毒可降低智商，减少预期收入（流行病学，社会学），所减少的预期收入可作为这一环境污染造成健康危害的损害价值。

（3）生产力损失法。

用于评估环境污染和生态破坏造成的工农业等生产力的损失。该方法用环境破坏造成的产量损失，乘以该产品的市场价格，来表示该环境破坏的损失价值。这种方法也称市场价值法。

例如，粉尘对作物的影响，酸雨对作物和森林生产景的影响，湖泊富营养化对渔业的影响，常用生产力损失法评估。如据曹洪法等（1994）研究报道，广东、广西两地的酸雨使玉米减产 10% ~ 15%，就用减产量乘以当年玉米价格，作为酸雨的农业危害损失。

（4）恢复或重置费用法。

用于评估水土流失、重金属污染、土地退化等环境破坏造成的损失。该方法是用恢复被破坏的环境（或重置相似环境）的费用来表示该环境的价值。如果这种恢复或重置行为确会发生，则该费用一定小于该环境影响的价值，该费用只能作为环境影响价值的最低估计值。如果这种恢复或重置行为可能不会发生，则该费用可能大于或小于环境影响价值。

（5）影子工程法。

用于评估水污染造成的损失、森林生态功能价值等。该方法是用复制具有相似环境功能的工程的费用来表示该环境的价值，是重置费用法的特例。

如森林具有涵养水源的生态功能，假如一片森林涵养水源量是 100 万立方米，在当地建造一个 100 万立方米库容的水库的费用是 150 万元，那么，可以用这 150 万元的建库费用，来表示这片森林涵养水源生态功能的价值。

（6）防护费用法。

用于评估噪声、危险品和其他污染造成的损失。该方法是用避免某种污染的费用来表示该环境污染造成损失的价值。

如用购买桶装净化水作为对水污染的防护措施，由此引起的额外费用，可视为水污染的损害价值。同样地，购买空气净化器以防大气污染，安装隔音设施以防噪声，都可用相应的防护费用来表示环境影响的损害价值。

3. 第三组评估方法

（1）反向评估。

反向评估不是直接评估环境影响的价值，而是根据项目的内部收益率或净现值反推，算出项目的环境成本不超过多少时，该项目才是可行的（数据严重不足时，可考虑用）。

例如某项目成本是 120 万元，收益是 150 万元，则环境成本不超过 30 万元时，该项目才是可行的。要判断的是，识别出的环境影响的价值，将会大于 30 万元或是小于 30 万元？根据已有文献做出判断。

（2）机会成本法。

机会成本法是种反向评估法。它对项目进行财务分析，先不考虑外部环境影响，计算出该项目的净收益。这时，提出这样一个问题：该项目占用的环境资源的价值，大于或是小于该收益？

上述三组环境价值评估方法的选择优先序（在可能情况下）应为：

首选：第一组评估方法，因其理论基础完善，是标准的环境价值评估方法。

再选：第二组评估方法，可作为低限值，但有时具有不确定性。

后选：第三组评估方法，有助于项目决策。

在环境影响评价实践中，最常用的方法是成果参照法。

（四）环境影响价值纳入项目经济分析

环境影响经济评价的最后一步，是要将环境影响的货币化价值纳入项目的整体经济分析（费用效益分析）当中去，以判断项目的这些环境影响将在多大程度上影响项目、规划或政策的可行性。

对项目进行费用效益分析（经济分析），关键是将估算出的环境影响价值（环境成本或环境效益）纳入经济现金流量表。计算出项目的经济净现值和经济内部收益率后，可以做出判断：将环境影响的价值纳入项目经济分析后计算出的净现值和内部收益率，是否显著改变了项目可行性报告中财务分析得出的项目评价指标，在多大程度上改变了原有的可行性评价指标？将环境成本纳入项目的经济分析后，是否使得项目变得不可行了，并以此判断项目的环境影响在多大程度上影响了项目的可行性。

在费用效益分析之后，通常需要做一个敏感性分析，分析项目的可行性对项目环境计划执行情况的敏感性、对环境成本变动幅度的敏感性、对贴现率选择的敏感性等。

第五节　公众参与

根据《建设项目环境影响评价技术导则—总纲》（HJ 2.1—2016），环境影响评价工作程序将公众参与篇章从环评报告中分离后，既可提高环评审批效率，又可明晰公众参与的责任主体（建设单位将作为环评公众参与的唯一责任主体，由其组织开展环评公众参与），实际上是强化公众参与的实际效果。

环境保护中的公众参与是指在环境保护领域里，公民有权通过一定的程序或途径参与环境利益相关的决策活动，使得该项决策符合公众的切身利益。依法保障公民的知情权、参与权、表达权和监督权，是建立公众参与制度的基础。法定的公众参与程序，有助于促使在环境影响评价中较充分地反映各方的建议，动员公众积极参与环保工作，同时，也有助于进一步促进政府决策的民主化和科学化水平。

一、公众参与的依据

2015 年 1 月 1 日起实施的《中华人民共和国环境保护法》（以下简称"新环保法"）第 56 条规定，对依法应当编制环境影响评价书的建设项目，建设单位应当在编制时向可能受影响的公众说明情况，充分征求意见。新环保法将信息公开和公众参与单独列为一章，首次以法律的形式确认了获取环境信息、参与环境保护和监督环境保护的三项具体环境权利，为完善信息公开和公众参与制度奠定了更为明确和坚实的权利基础。新环保法将公众参与的时间提前，利于发挥公众参与实效；明确对可能受到建设项目影响的公众，要征求其意见；强调了应当充分征求公众意见，并对公众参与的程度做了要求。

《环境影响评价公众参与暂行办法》（环发〔2006〕28 号）、《环境信息公开办法（试行）》（环保总局令第 35 号）、《中华人民共和国环境影响评价法》（2016 年修订）等对信息公开的内容和公众参与的组织形式进行了规范。《环境保护公众参与办法》（以下简称《办法》）于 2015 年 7 月 2 日由环境保护部部务会议通过，自 2015 年 9 月 1 日起施行。作为新环保法公众参与原则的配套规章制度，《办法》为环境保护公众参与的规范化提供了操作细则，与新环保法的规定一同为环境保护公众参与提供保障。

二、公众参与的相关要求

《办法》第 4 条第一款规定，环境保护主管部门可以通过征求意见、问卷调查，组织召开座谈会、专家论证会、听证会等方式，征求公众、法人和其他组织对环境保护相关事项或者活动的意见和建议。《办法》在新环保法的基础上，细化了公众参与的组织形式，吸收了国际上通用的征求意见的形式和程序，方便公众充分表达意见和建议。《办法》第 7 条特别规定，环境保护主管部门拟组织问卷调查征求意见的，应当对相关事项的基本情况进行说明。调查问卷所设问题应当简单明确、通俗易懂。此条款要求，环境保护主管部门在开展问卷调查时，应当公布项目的详细说明和争论焦点，使公众明白调查的目的和意义，以利于民意的表达。

公众参与按照以上办法和其他规定文件中的要求设计，注意事项如下。

1. 公众参与的主体问题

建设单位或者其委托的环境影响评价机构均可以开展此项工作。

2. 环境影响评价信息公示

一般要进行两次环评信息公示，并且建设单位或者其委托的环境影响评价机构征求公众意见的期限不得少于 10 个工作日。同时第二次环评信息公示应包括环评报告书的简本一并公示。

3. 公众意见调查工作

以上文件没有明确说哪个时段可以开展公众意见调查工作，一般情况下，公众意见调查应在公示信息 10 个工作日后开展才符合要求。

4. 公众参与问卷的发放

问卷的发放范围应该与建设项目的影响范围一致，并兼顾到可能影响的人群，具有广泛的代表性，从而保证公众调查的公正性。

以上文件没有规定具体的问卷数量，一般报国审的项目不少于 100 份，重大项目、环境敏感项目应增加问卷发放数量，控制在 300 份左右比较合适，当然也可以到 500 份以上。

5. 环境影响评价信息公示的手段

可以采取网络、海报张贴，或当地报纸的公示方式，保证信息公示的方式永久、可备查，公示面广，公示对象针对性强。

6. 公众参与调查问卷的设计

公众参与调查问卷的设计应该简单明确、通俗易懂，内容符合相关要求，避免涉及可能对公众产生明显诱导的问题，同时要体现具体项目的针对性。

思考题

1. 对建设项目周围环境现状进行现场踏勘应着重调查什么内容？
2. 污染型建设项目工程分析的主要内容是什么？
3. 生态影响型建设项目工程分析的主要内容是什么？
4. 列举环境影响预测方法有哪些？
5. 何谓"环境影响经济损益分析"，在环境影响评价中的作用是什么？
6. 公众调查问卷在设计时应注意哪些问题？

第三章
大气环境影响评价

第一节 概 述

一、大气污染

按照国际标准化组织（ISO）的定义，大气污染通常是指由于人类活动和自然过程引起某些物质进入大气中，呈现出足够的浓度，达到足够的时间，并因此危害了人体的舒适、健康和福利，或危害了环境。

自然过程包括火山活动、山林火灾、海啸、土壤和岩石的风化及大气圈中空气运动等。人类活动包括生产活动和生活活动。一般来说，由于自然环境的自净作用，自然过程造成的大气污染经过一段时间后会自动消除。因此大气污染主要是人类活动造成的，本章节内容也是主要针对人类活动引起的大气污染。

二、大气污染源和大气污染物

（一）大气污染源

大气污染源是指向大气环境排放有害物质或对大气环境产生有害影响的场所、设备和装置。

《环境影响评价技术导则—大气环境》（HJ 2.2—2008）中按预测模式的模拟形式将大气污染源分为点源、面源、线源、体源四类。点源是指通过某种装置集中排放的固定点状源，如烟囱、集气筒等。面源是指在一定区域范围内，以低矮密集的方式自地面或近地面的高度排放污染物的源，如工艺过程中的无组织排放、储存堆、渣场等排放源。线源是指污染物呈线状排放或者由移动源构成线状排放的源，如城市道路的机动车排放源等。体源是指由源本身或附近建筑物的空气动力学作用使污染物呈一定体积向大气排放的源，如焦炉炉体、屋顶天窗等。

（二）大气污染物

根据 ISO 定义，空气污染物是指由于人类活动或自然过程排入大气的，并对人或环境产生有害影响的物质。

大气中的污染物按照其存在状态可以分为颗粒态污染物和气态污染物，其中粒径大于或等于 15 μm 的颗粒物属于颗粒污染物，粒径小于 15 μm 的颗粒物属于气态污染物。按大气污染物的理化性质可分为无机气体污染物和有机气体污染物。按污染物是否为某建设项目特有排放可分为常规污染物和特征污染物。其中常规污染物指的是 GB 3095 中所规定的二氧化硫（SO_2）、颗粒物（TSP、PM10）、二氧化氮（NO_2）、一氧化碳（CO）等污染物；特征污染物是指项目排放的污染物中除常规污染物以外的特有污染物，主要指项目实施后可能导致潜在污染或对周边环境空气保护目标产生影响的特有污染物。

三、大气环境影响评价

大气环境影响评价是以预防大气污染、保护大气环境质量为目的，通过调查、预测等手段，对项目在建设施工期及建成后运营期所排放的大气污染物对环境空气质量影响的程度、范围和频率进行分析、预测和评估，为项目的厂址选择、排污口设置、大气污染防治措施制定以及其他有关的工程设计、项目实施环境监测等提供科学依据或指导性意见。

第二节　大气环境影响评价工作程序与分级

一、大气环境影响评价的工作程序

大气环境影响评价是进行建设项目单要素环境影响评价的必要环节，在进行大气环境影响评价时，一般可按照图 3-1 所示程序开展工作，主要包括以下三个阶段。

第一阶段：研究有关文件，对建设项目进行初步工程分析，开展初步的环境空气质量现状和环境空气敏感区调查、气象特征调查、地形特征调查，在环境空气质量现状调查的基础上，筛选评价因子，确定评价标准、评价工作等级和评价范围，编制大气环境影响评价工作方案。

第二阶段：在第一阶段工作的基础上，对建设项目的污染源进行详细调查与核实、进行环境空气质量现状监测、气象观测资料调查与分析、地形数据收集，选择合适的预测方法对产生的大气环境影响进行预测和分析，同时给出相应的环境防治措施和建议。

第三阶段：给出大气环境影响评价结论与建议，完成环境影响评价文件相应部分的编写。

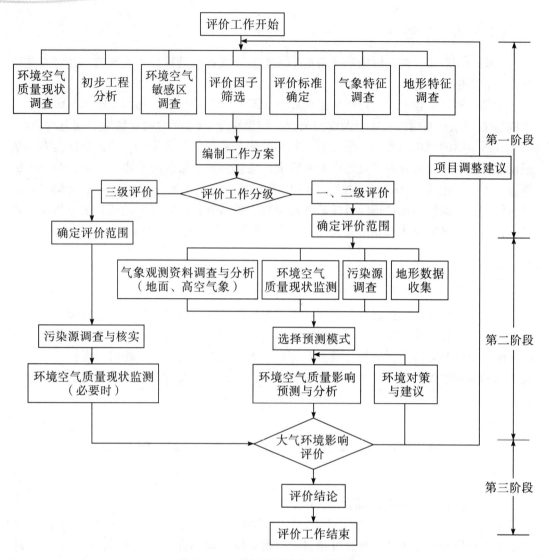

图 3-1 大气环境影响评价工作程序

注：本图引自《环境影响评价技术导则—大气环境》（HJ 2.2—2008）。

二、大气环境影响评价的等级划分

（一）确定评价工作等级的意义

大气环境影响评价工作等级的划分是开展评价工作的基础，评价工作等级的高低直接关系到评价工作的深度和广度。不同的评价工作等级，其评价范围、污染源调查与分析、环境空气质量调查与分析、气象观测资料的调查与分析、大气环境影响预测和评价、报告的编制和基本附图、附件等均有较大差异，所以必须合理确定大气环境影响评价工作的等级。

（二）确定评价工作等级的方法

大气环境影响评价工作等级的确定主要依据《环境影响评价技术导则—大气环境》（HJ 2.2—2008）中规定的方法进行。

该导则中要求使用推荐模式中的估算模式对项目的大气环境评价工作进行分级。结合项目的初步工程分析结果，选择正常排放的主要污染物及排放参数，采用估算模式计算各污染物在简单平坦地形、全气象组合条件下的最大影响程度和最远影响范围，然后按评价工作分级判据进行划分。

1. 估算模式

评价导则所推荐采用的估算模式 SCREEN3 及用户手册可从国家环境保护环境影响评价数值模拟重点实验室网站（http：//www.lem.org.cn/）下载。

2. 确定估算模式所需参数

估算模式需要确定的参数如表 3 - 1 所示。

表 3 - 1 估算模式参数统计

影响环境评价的项目		参数	单位
污染源	点源	点源排放速率	g/s
		烟囱几何高度	m
		烟囱出口内径	m
		烟囱出口处烟气排放速度	m/s
		烟囱出口处的烟气温度	K
	面源	面源排放速率	g/（s·m^2）
		排放高度	m
		长度（矩形面源较长的一边）	m
		宽度（矩形面源较短的一边）	m
	体源	体源排放速率	g/s
		排放高度	m
		初始横向扩散参数	m
		初始垂直扩散参数	m
建筑物的下洗		建筑物高度	m
		建筑物宽度	m
		建筑物长度	m
岸边熏烟		排放源到岸边的最近距离	m
其他		计算点高度	m
		风速计的高度	m

3. 计算最大地面质量浓度占标率 P_i 及最远影响距离 $D_{10\%}$

（1）最大地面质量浓度占标率 P_i。

$$P_i = \frac{C_i}{C_{0i}} \times 100\% \qquad (3-1)$$

式中：

P_i——第 i 个污染物的最大地面质量浓度占标率，%；

C_i——采用估算模式计算出的第 i 个污染物的最大地面质量浓度，mg/m^3；

C_{0i}——第 i 个污染物的环境空气质量浓度标准，mg/m^3。

C_{0i} 一般选用《环境空气质量标准》（GB 3095—2012）中 1 h 平均取样时间的二级标准的质量浓度限值；对于没有小时浓度限值的污染物，可取日平均浓度限值的 3 倍值；对该标准中未包含的污染物，可参照《工业企业设计卫生标准》（TJ 36—79）中的居住区大气中有害物质的最高容许浓度的一次浓度限值。如已有地方标准，应选用地方标准中的相应值。对某些上述标准中都未包含的污染物，可参照国外有关标准选用，但应做出说明，报环保主管部门批准后执行。

（2）最远影响距离 $D_{10\%}$。

第 i 个污染物的地面质量浓度达标准限值 10% 时所对应的 $D_{10\%}$ 为项目大气污染的最远影响距离。

4. 评价工作等级的划分

评价工作等级按表 3-2 的分级判据进行划分。最大地面质量浓度占标率 P_i 按公式（3-1）计算，如污染物个数 i 大于 1，取 P 值中最大者（P_{max}）和其对应的 $D_{10\%}$。

表 3-2　评价工作等级

评价工作等级	评价工作分级判据
一级	$P_{max} \geqslant 80\%$，且 $D_{10\%} \geqslant 5$ km
二级	其他
三级	$P_{max} < 10\%$ 或 $D_{10\%} <$ 污染源距厂界最近距离

注：本表引自《环境影响评价技术导则—大气环境》（HJ 2.2—2008）。

5. 评价工作划分注意事项

（1）同一项目有多个（两个或以上）污染源排放同一种污染物时，则按各污染源分别确定其评价等级，并取评价级别最高者作为项目的评价等级。

（2）对于高耗能行业的多源（两个或以上）项目，评价等级应不低于二级。

（3）对于建成后全厂的主要污染物排放总量都有明显减少的改扩建项目，评价等级可低于一级。

（4）如果评价范围内包含一类环境空气质量功能区，或者评价范围内主要评价因子的环境质量已接近或超过环境质量标准，或者项目排放的污染物对人体健康或生态环境有严重危害的特殊项目，评价等级一般不低于二级。

（5）对于以城市快速路、主干路等城市道路为主的新建、扩建项目，应考虑交通线源对道路两侧的环境保护目标的影响，评价等级应不低于二级。对于公路、铁路等项目，应分别按项目沿线主要集中式排放源（如服务区、车站等大气污染源）排放的污染物计算其评价等级。

（6）可以根据项目的性质，评价范围内环境空气敏感区的分布情况，以及当地大气污染程度，对评价工作等级做适当调整，但调整幅度上下不应超过一级。调整结果应征得环保主管部门同意。

例 3 - 1 某农村地区拟建一食品加工项目，该项目有一蒸汽锅炉，使用 0# 柴油为燃料。项目排气筒高度为 45 m，排放口内径为 0.8 m，烟气排放温度为 150 ℃，烟气量为 5.79 m^3/s。SO_2、NO_2 和 PM10 的排放量分别为 3.25 kg/h、11.14 kg/h 和 3.02 kg/h。该地区 20 年的年均温度为 22.3 ℃。试确定该项目的大气环境影响评价工作等级。

解：根据《环境空气质量标准》（GB 3095—2012）规定：SO_2、NO_2 执行二级标准中 1 h 平均浓度限值，分别为 0.50 mg/m^3、0.2 mg/m^3；PM10 参照执行其日均浓度的 3 倍，即 0.45 mg/m^3。

采用导则推荐的估算模式计算该项目主要大气污染物的最大地面质量浓度占标率 P_i 和地面质量浓度达标准限值 10% 时所对应的最远距离 $D_{10\%}$，结果见表 3 - 3。

表 3 - 3 估算模式估算结果

估算因子	最大小时地面浓度/ （mg/m^3）	最大小时浓度占标率 P_{max}/%	最大小时浓度离源距离 /m	$D_{10\%}$ /m
SO_2	0.012 3	2.46	459	—
NO_2	0.042 1	17.56	459	1 984
PM10	0.011 4	2.54	459	—

从估算结果中可知：本项目大气污染中只有 NO_2 的最大占标率 P_{max} = 17.56%，大于 10%，出现在下风向 1 984 m 处。根据表 3 - 2 可判定本项目大气环境影响评价等级为二级。

第三节 大气环境调查与分析

一、环境空气质量现状调查与评价

环境影响评价中环境空气质量现状调查与评价指的是按照一定的原则、方法和评价标准，对建设项目所在地的环境空气质量进行调查、监测和评价，为大气环境影响预测和评价提供背景数据，为大气环境质量管理提供依据。

（一）空气质量现状调查方法

空气质量现状调查方法有三种途径，可根据不同评价等级对数据的要求选择采用：① 收集评价范围内及邻近评价范围的各例行空气质量监测点的近 3 年与项目有关的监测资料。② 收集近 3 年与项目有关的历史监测资料。③ 进行现场监测。

（二）现有监测资料分析

如果评价区内及其界外设有常规大气监测点（站），或在评价区内有与项目有关的监测数据，应该对各监测点的数据进行统计分析。

收集资料时应注意资料的时效性和代表性，监测资料要能反映评价范围内的空气质量状况和主要敏感点的空气质量状况。一般来说，评价范围内区域污染源变化不大的情况下，监测资料三年内有效。

对收集到的现有监测资料，应主要进行以下的分析：① 对照各污染物有关的环境质量标准，分析其长期质量浓度（年平均质量浓度、季平均质量浓度、月平均质量浓度）、短期质量浓度（日平均质量浓度、小时平均质量浓度）的达标情况。② 若监测结果出现超标，应分析其超标率、最大超标倍数及其超标原因。③ 分析评价范围内的污染水平和变化趋势。

在没有常规监测资料或需要获得更具体的现状监测数据的情况下，需要进行专门的环境空气质量监测。

（三）环境空气质量现状监测

1. 监测因子的确定

现状监测因子的筛选应根据建设项目的特点和当地大气污染状况确定，是反映建设项目特点的主要污染因子及评价区域内已造成严重污染的污染物。

（1）凡项目排放的污染物属于常规污染物的应筛选为监测因子。常规污染物主要指《环境空气质量标准》（GB 3095—2012）中规定的二氧化硫（SO_2）、颗粒物（TSP、PM10）、二氧化氮（NO_2）、一氧化碳（CO）等。

（2）凡项目排放的特征污染物（指项目排放的污染物中除常规污染物以外的特征污染物）有国家或地方环境质量标准的，或者有《工业企业设计卫生标准》（TJ 36—2010）中的居住区大气有害物质的最高容许浓度的，应筛选为监测因子；对于没有相应环境质量标准的污染物，且属于毒性较大的，应按照实际情况，选取有代表性的污染物作为监测因子，同时应给出参考标准值和出处。

2. 监测点布设的要求

（1）监测点数量设置。

在设置监测点数量的时候，应综合考虑项目的规模和性质、地形复杂性、污染源及环境空气保护目标的布局。

① 一级评价项目，监测点应包括评价范围内有代表性的环境空气保护目标，点位不少于 10 个。二级评价项目，监测点应包括评价范围内有代表性的环境空气保护目标，点位不少于 6 个。对于地形复杂、污染程度空间分布差异较大，环境空气保护目标较多的区域，可酌情增加监测点数目。三级评价项目，若评价范围内已有例行监测点位，或评价范围内有近三年的监测资料，且其监测数据有效，并能满足项目评价要求，可不再进行现状监测，否则应设置 2~4 个监测点。

若评价范围内没有其他污染源排放同种特征污染物的，可适当减少监测点位。

② 对于公路、铁路等项目，应分别在各主要集中式排放源（如服务区、车站等大气污染源）评价范围内，选择有代表性的环境空气保护目标设置监测点位。

③ 城市道路项目，可不受上述监测点设置数目限制，根据道路布局和车流量状况，并结合环境空气保护目标的分布情况，选择有代表性的环境空气保护目标设置监测点位。

（2）监测点位设置。

现状监测点位的布设要求尽量全面、客观、真实地反映评价范围内的环境空气质量，依据项目评价等级和污染源布局的不同，按照以下原则进行监测点布设（见表3-4）。

表3-4　现状监测布点原则

布设要求	一级评价	二级评价	三级评价
监测点数	≥10	≥6	2~4
布点方法	极坐标布点法	极坐标布点法	极坐标布点法
布点方位	在约0°、45°、90°、135°、180°、225°、270°、315°等方向布点并且在下风向加密，也可根据局地地形条件、风频分布特征以及环境功能区、环境空气保护目标所在方位做适当调整	至少在约0°、90°、180°、270°等方向布点并且在下风向加密，也可根据局地地形条件、风频分布特征以及环境功能区、环境空气保护目标所在方位做适当调整	至少在约0°、180°等方向布点并且在下风向加密，也可根据局地地形条件、风频分布特征以及环境功能区、环境空气保护目标所在方位做适当调整
布点要求	各个监测点要有代表性，环境监测值应能反映各环境敏感区域、各环境功能区的环境质量，以及预计受项目影响的高浓度区的环境质量		

注：本表引自《环境影响评价技术导则—大气环境》（HJ 2.2—2008）。

① 一级评价项目。以监测期间所处季节的主导风向为轴向，取上风向为0°，至少在约0°、45°、90°、135°、180°、225°、270°、315°等方向上各设置1个监测点，在主导风向下风向距离中心点（或主要排放源）不同距离，加密布设1~3个监测点。具体监测点位可根据局地地形条件、风频分布特征以及环境功能区、环境空气保护目标所在方位做适当调整。各个监测点要有代表性，环境监测值应能反映各环境空气敏感区、各环境功能区的环境质量，以及预计受项目影响的高浓度区的环境质量。

各监测期环境空气敏感区的监测点位置应重合。预计受项目影响的高浓度区的监测点位，应根据各监测期所处季节主导风向进行调整。

② 二级评价项目。以监测期间所处季节的主导风向为轴向，取上风向为0°，至少在约0°、90°、180°、270°等方向上各设置1个监测点，主导风向下风向应加密布点。具体监测点位根据局地地形条件、风频分布特征以及环境功能区、环境空气保护目标所在方位做适当调整。各个监测点要有代表性，环境监测值应能反映各环境空气敏感区、各环境功能区的环境质量，以及预计受项目影响的高浓度区的环境质量。

如需要进行2期监测，应与一级评价项目相同，根据各监测期所处季节主导风向调整监测点位。

③ 三级评价项目。以监测期所处季节的主导风向为轴向，取上风向为0°，至少在约0°、180°等方向上各设置1个监测点，主导风向下风向应加密布点，也可根据局地地形条件、风频分布特征以及环境功能区、环境空气保护目标所在方位做适当调整。各个监测点要有代表性，环境监测值应能反映各环境空气敏感区、各环境功能区的环境质量，以及预计受项目影响的高浓度区的环境质量。

如果评价范围内已有例行监测点可不再安排监测。

④ 对于无主导风向的区域，监测布点应考虑全方位的影响，在四个方位均匀布设监测点。

⑤ 城市道路评价项目。对于城市道路等线源项目，应在项目评价范围内，选取有代表性的环境空气保护目标设置监测点。监测点的布设还应结合敏感点的垂直空间分布进行设置。

（3）监测点位置的周边环境条件。

环境空气监测点位置周边环境应符合相关环境监测技术规范的规定。监测点周围应开阔，采样口水平线与周围建筑物的高度夹角小于30°；监测点周围应有270°采样捕集空间，空气流动不受任何影响；避开局地污染源的影响，原则上20 m范围内应没有局地排放源；避开树木和吸附力较强的建筑物，一般在15～20 m范围内没有绿色乔木、灌木等。应注意监测点的可到达性和电力保证。

3．监测制度的制定

一级评价项目应进行2期（冬季、夏季）监测；二级评价项目可取1期不利季节进行监测，必要时应做2期监测；三级评价项目必要时可做1期监测。一般将北方的不利季节定为采暖期，对于南方，不利季节应在对建设项目所在地多年环境质量监测结果及污染源排放现状分析的基础上，选择污染最严重的季节作为不利季节进行现状监测。

每期监测时间，至少应取得有季节代表性的7天有效数据，采样时间应符合监测资料的统计要求。对于评价范围内没有排放同种特征污染物的项目，可减少监测天数。

一级评价项目每天监测时段，应至少获取当地时间02、05、08、11、14、17、20、23时8个小时质量浓度值，二级和三级评价项目每天监测时段，至少获取当地时间02、08、14、20时4个小时质量浓度值。

对于部分无法进行连续监测的特殊污染物，可监测其一次质量浓度值，监测时间须满足所用评价标准值的取值时间要求。

4．环境空气采样监测

环境空气采样监测中的采样点、采样环境、采样高度、采样时间和频率、监测方法及数据统计按相关环境监测技术规范执行。

5．同步气象资料收集

在环境空气质量现状监测时应同步收集建设项目所在地区域内有代表性，且与各环境空气质量现状监测时间相对应的常规地面气象观测资料。

6．环境空气质量现状评价

环境空气质量现状评价内容及方法见本书第二章"环境影响评价技术与方法"中"大气环境现状评价方法"。

二、气象观测资料调查与分析

建设项目所在地各类气象要素对大气污染物的迁移、扩散和转化有着直接影响。因此，在进行大气环境质量现状调查和监测的同时，需同时对建设项目所在地的气象资料进行收集、观测和分析。在污染源调查和分析、大气环境现状调查与评价、气象观测资料调查与分析等工作的基础上才能进行大气环境影响预测。

（一）气象观测资料调查的基本原则

气象观测资料的调查要求与项目的评价等级有关，还与评价范围内地形复杂程度、水平流场是否均匀一致、污染物排放是否连续稳定有关。在进行气象观测资料调查的时候应遵循以下基本原则。

（1）常规气象观测资料包括常规地面气象观测资料和常规高空气象探测资料。

（2）对于各级评价项目，均应调查评价范围 20 年以上的主要气候统计资料，包括年平均风速和风向玫瑰图、最大风速与月平均风速、年平均气温、极端气温与月平均气温、年平均相对湿度、年均降水量、降水量极值、日照等。

（3）对于一级、二级评价项目，还应调查逐日、逐次的常规气象观测资料及其他气象观测资料。

（二）气象观测资料的调查要求

1．一级评价项目气象观测资料调查要求

对于一级评价项目，气象观测资料调查基本要求分两种情况：如评价范围小于 50 km，须调查地面气象观测资料，并按选取的模式要求，补充调查必需的常规高空气象探测资料；如评价范围大于 50 km，须调查地面气象观测资料和常规高空探测资料。

（1）地面气象观测资料调查要求：调查距离项目最近的地面气象观测站近 5 年内的至少连续 3 年的常规地面气象观测资料；如果地面气象观测站与项目的距离超过 50 km，并且地面站与评价范围的地理特征不一致，还需要按照规定进行补充地面气象观测。

（2）常规高空气象探测资料调查要求：调查距离项目最近的地面气象观测站近 5 年内的至少连续 3 年的常规高空气象探测资料；如评价范围大于 50 km，高空气象资料可采用中尺度气象模式模拟的 50 km 内的格点气象资料。

2．二级评价项目气象观测资料调查要求

对于二级评价项目，气象观测资料调查基本同一级评价项目。

（1）地面气象观测资料调查要求：调查距离项目最近的地面气象观测站近 3 年内的至少连续 1 年的常规地面气象观测资料；如果地面气象观测站与项目的距离超过 50 km，并且地面站与评价范围的地理特征不一致，还需要按照规定进行补充地面气象观测。

（2）常规高空气象探测资料调查要求：调查距离项目最近的地面气象观测站近 3 年内的至少连续 1 年的常规高空气象探测资料；如果高空气象探测站与项目的距离超过 50 km，高空气象资料可采用中尺度气象模式模拟的 50 km 内的格点气象资料。

3．三级评价项目气象观测资料调查要求

对于三级评价仅需调查距离项目最近的地面气象观测站所取得的20年以上的主要气候统计资料。这部分资料是一、二、三级评价都必须调查的。

（三）气象观测资料调查内容

1．20年以上的主要气候统计资料

20年以上的主要气候统计资料是一、二、三级评价都必须调查的，一般来说应是最近20年的，主要气候统计资料包括年平均风速和风向玫瑰图、最大风速与月平均风速、年平均气温、极端气温与月平均气温、年平均相对湿度、年均降水量、降水量极值、日照等。

2．地面气象观测资料

根据所调查地面气象观测站的类别，并遵循先基准站、次基本站、后一般站的原则，收集每日实际逐次观测资料。应尽量收集每日实际观测记录次数最多的气象资料，即首先考虑收集每日24小时的各气象要素资料，如果没有，再考虑收集每日8次（02、05、08、11、14、17、20、23时）的，如果没有，再考虑收集每日4次（02、08、14、20时）的各气象要素资料，对个别要素不能满足以上原则性要求的，按实际观测记录次数收集，如总云量、低云量只有每日3次（08、14、20时）的情况，并应按有关规范要求在进行模式计算前对数据进行插值处理。

观测资料包括常规调查项目和选择调查项目，见表3-5。

地面气象观测资料的常规调查项目包括：时间（年、月、日、时）、风向（以角度或按16个方位表示）、风速、干球温度、低云量、总云量。这也是AERMET气象预处理模式所需气象资料的最基本内容。

地面气象观测资料可选择的调查项目包括：根据不同评价等级预测精度要求及预测因子特征，选择调查的观测资料的内容。主要有：湿球温度、露点温度、相对湿度、降水量、降水类型、海平面气压、观测站地面气压、云底高度、水平能见度等。

表3-5　地面气象观测资料内容

名称	单位	资料的需求性	名称	单位	资料的需求性
年	—	必需	湿球温度	℃	可选
月	—	必需	露点温度	℃	可选
日	—	必需	相对湿度	%	可选
时	—	必需	降水量	mm/h	可选
风向	°（方位）	必需	降水类型	—	可选
风速	m/s	必需	海平面气压	hPa（百帕）	可选

续上表

名称	单位	资料的需求性	名称	单位	资料的需求性
总云量	十分量	必需	观测站地面气压	hPa（百帕）	可选
低云量	十分量	必需	云底高度	km	可选
干球温度	℃	必需	水平能见度	km	可选

3. 常规高空气象探测资料

常规高空气象探测资料调查内容包括：时间（年、月、日、时）、探空数据层数、每层的气压、高度、干球温度、露点温度、风速、风向（以角度或按 16 个方位表示），这也是 AERMET 气象预处理模式所需气象资料的最基本内容。

观测资料的时次根据所调查常规高空气象探测站的实际探测时次确定，一般应至少调查每日 1 次（北京时间 08 时）距地面 1 500 m 高度以下的高空气象探测资料。

（四）常规气象资料分析

根据《环境影响评价技术导则—大气环境》（HJ 2.2—2008）所推荐的进一步预测模式（包括 ADMS、AERMOD、CALPUFF）要求对气象观测资料各要素进行收集及处理后，即可对气象资料进行统计分析，现行的多种商业预测软件（AermodSystem、EIAPro2008）均可以帮助完成相关分析和图表绘制。

1. 温度

（1）温度统计量。

对于一级、二级评价项目，需统计长期地面气象资料中每月平均温度的变化情况，并绘制年平均温度月变化曲线图。

（2）温廓线。

温度是决定烟气抬升的一个因素，温廓线反映温度随高度的变化影响热力湍流的能力。其横坐标一般是气温值，纵坐标一般是高度值，曲线自身表示了自地面到某一高度层等各高度层上的温度值。

对每日 08 时的观测记录，可以绘制出一条温廓线，如果有逆温出现，则可自图上很直观地看到，自地面到某一高度层（HF）气温随高度的增加而升高，而在此高度层（HF）以上，则变为气温随高度的增加而递减。对应的逆温幅度除以高度（HF），则得到拟温强度（度/100 m）；对应的高度（HF）则为逆温层高度。逆温层是非常稳定的气层，阻碍烟流向上和向下扩散，只在水平方向有扩散，在空中形成一个扇形的污染带，一旦逆温层消退，会有短时间的熏烟污染。

对季节、年的每天的逆温强度、高度求长期平均值，则得到平均逆温强度和平均逆温层高度。

对于一级评价项目，需酌情对污染较严重时的高空气象探测资料做温廓线的分析，分析逆温层出现的频率、平均高度范围和强度。

2. 风速

（1）风速统计量。

统计月平均风速随月份的变化和季小时平均风速的日变化。即根据长期气象资料统计每月平均风速、各季每小时的平均风速变化情况，并绘制平均风速的月变化曲线图和季小时平均风速的日变化曲线图。

（2）风廓线。

风廓线是风速随高度的变化曲线，用以研究大气边界层内的风速规律。随着高度的增加，风速逐渐增大。测出距离地面 1 500 m 的高度以下风速随高度的变化关系，可通过风速高度指数模式［见式（3-2）］推算出该区域内某高度处的风速。

$$u = u_i \left(\frac{Z}{Z_i} \right)^p \tag{3-2}$$

式中：u，u_i——分别为 Z 及 Z_i 高度处的平均风速；

p——风速高度指数，依赖于大气稳定度和地面粗糙度。应根据观测结果，利用统计学方法求出。可参照表 3-6 选取。

表 3-6　各稳定度等级的 p 值

稳定度等级	A	B	C	D	E、F
城市	0.1	0.15	0.20	0.25	0.30
乡村	0.07	0.07	0.10	0.17	0.25

一般气象台（站）测得的地面风速均为 10 m 高度的风速，要求其他高度的风速可用式（3-3）。

$$u = u_{10} \left(\frac{Z}{10} \right)^p \tag{3-3}$$

对于一级评价项目，需酌情对污染较严重时的高空气象探测资料做风廓线的分析，分析不同时间段大气边界层内的风速变化规律。

（3）风向、风频。

① 风频统计量。

风向指风的来向。气象台站风向通常用 16 个风向来表示：北风（N）、东北偏北风（NNE）、东北风（NE）、东北偏东风（ENE）、东风（E）、东南偏东风（ESE）、东南风（SE）、东南偏南风（SSE）、南风（S）、西南偏南风（SSW）、西南风（SW）、西南偏西风（WSW）、西风（W）、西北偏西风（WNW）、西北风（NW）、西北偏北风（NNW）。静风用 C 表示。

风频即某一风向的出现频率，指的是某一风向的次数占总的观测统计次数的百分比。具体可用下式计算：

$$风频 = \frac{某时段内某风向出现的次数}{该时段内各风向出现次数的总和} \times 100\% \tag{3-4}$$

风频统计是指所收集的长期地面气象资料中，对每月、各季及长期平均各风向风频变化情况进行统计分析。

② 风向玫瑰图。

风向玫瑰图是表示风向频率的图，是在长期地面气象资料中16个风向出现频率统计的基础上，在极坐标中按16个风向标出其出现的频率大小，将相邻风向线上的频率点用直线连接成闭合的折线，其中静风频率单独统计。风向玫瑰图可以直观地表示某地年、各季节不同时段内各风向出现的频率，是环境影响评价工作中必备的图件之一。

表3-7及图3-2分别为某地的风频统计资料及风向玫瑰图。

表3-7　某地年均风频的季节变化及年均风频

单位：%

风向	风向频率				
	春	夏	秋	冬	年平均
N	13.13	10.05	29.76	19.83	18.16
NNE	2.54	1.36	4.49	6.64	3.74
NE	8.97	4.08	10.81	14.94	9.67
ENE	3.35	1.63	3.02	7.29	3.81
E	3.62	2.54	3.39	3.23	3.19
ESE	0.54	0.54	0.92	0.55	0.64
SE	1.81	1.54	1.10	0.55	1.25
SSE	2.72	1.99	0.73	0.74	1.55
S	15.94	22.55	4.30	4.34	11.84
SSW	3.26	4.98	2.75	1.38	3.10
SW	8.97	16.03	3.30	1.94	7.60
WSW	1.63	2.45	0.64	0.83	1.39
W	1.27	2.81	0.55	0.46	1.28
WNW	0.63	0.72	1.10	0.92	0.84
NW	4.71	5.34	7.97	6.37	6.09
NNW	4.98	2.36	9.98	9.78	6.75

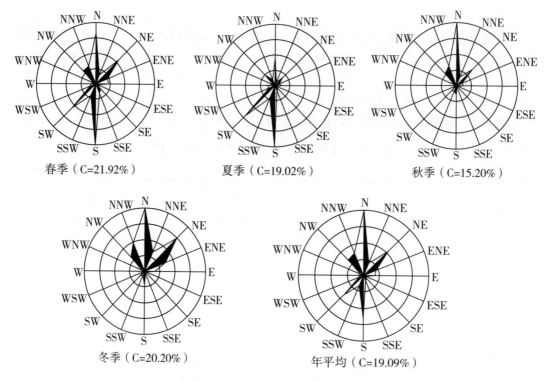

图 3-2 某地各季节及年平均风向玫瑰图

③ 主导风向。

风向角就是风向与正北的夹角，就是从正北向顺时针转到风向转过的角度。风向角范围一般在连续45°左右，主导风向指风频最大的风向角的范围。对于以 16 个方位角表示的风向，主导风向一般是指连续 2～3 个风向角的范围。某区域的主导风向应有明显的优势，其主导风向角风频之和应≥30%，否则可称该区域没有主导风向或主导风向不明显。

在大气环境影响评价中，环境空气质量现状监测布点和大气环境影响预测评价中对有主导风向、无主导风向的有不同的要求。对于无主导风向时，应考虑项目对全方位的环境空气敏感区的影响。

第四节 大气环境影响预测

大气环境影响预测是大气环境影响评价的基础，本部分的主要工作是利用数学模型或模拟试验，计算或估计项目建成后对评价范围大气环境影响的程度和范围，在此基础上对项目的建设方案、环保措施及项目的可行性等进行论证，优化城市或区域的污染源布局及对其实行总量控制。

一、大气环境影响预测的方法

大气环境影响预测方法大体上可分为三大类：扩散模式预测法、物理模拟法和经验法。

扩散模式预测法是以大气扩散理论和实验研究结果为基础，将各种污染源、气象条件和下垫面条件模式化（抽象化、理想化），从而描述污染物在大气中输送、扩散、转化过程的预测方法。

扩散模式预测法是目前在大气环境影响预测中使用最多的预测方法，也是《环境影响评价技术导则—大气环境》（HJ 2.2—2008）推荐的预测方式，即通过建立数学模型来模拟各种气象条件和地形条件下的污染物在大气中输送、扩散、转化和清除等物理和化学机制。

二、大气环境影响预测的步骤

在对项目进行污染源调查与分析、环境空气质量现状调查与评价、气象观测资料调查与分析等工作的基础上，根据环境影响评价技术导则规定的大气环境影响预测的 10 个步骤和具体评价技术方法开展工作。

（一）确定预测因子

预测因子应根据评价工作等级、项目的特征污染物、区域大气特征污染物综合考虑，通常依据评价因子而定，选取有环境空气质量标准的评价因子作为预测因子。

（二）确定预测范围

预测范围应与评价范围基本一致，并包含所有的环境空气现状监测点位，同时必须考虑污染源的排放高度、地形因素、高浓度落区、主导风向以及周围环境空气敏感点的分布情况，并进行适当调整。

计算污染源对评价范围的影响时，一般取东西向为 X 坐标轴、南北向为 Y 坐标轴，项目位于预测范围的中心区域。

（三）确定计算点

大气环境影响预测计算主要包括：环境空气敏感区内的环境空气保护目标、预测范围内的网格点和区域最大地面浓度点。对存在无组织排放的项目还需同时评价厂界浓度贡献及达标情况，则此时计算点还应包括第四类：场界受体。

1. 环境空气保护目标的确定

预测范围内的环境空气保护目标，应根据建设项目污染源的特点和影响范围、程度等，选择其中的部分或全部作为计算点。项目近距离范围内和区域最大地面浓度点附近区域的环境空气敏感区，必须作为重点预测和影响评价的计算点，其中所有的环境空气保护目标都应被选为计算点。

2. 预测网格点的确定

预测网格点的设置应具有足够的分辨率以尽可能精确预测污染源对评价范围的最大影响，预测网格可以根据具体情况采用直角坐标网格或极坐标网格，并应覆盖整个评价范围。预测网格点设置方法见表 3-8。

表 3-8　预测网格点设置方法

预测网格方法		直角坐标网格	极坐标网络
布点原则		网格等间距或近密远疏法	径向等间距或距源中心近密远疏法
预测网格点网格距	距离源中心≤1 000 m	50~100 m	50~100 m
	距离源中心>1 000 m	100~500 m	100~500 m

注：本表引自《环境影响评价技术导则—大气环境》（HJ 2.2—2008）。

（四）确定污染源清单

预测计算的污染源的资料主要是通过项目的工程分析获得。在预测模式中，污染源按两种类型进行统计，一种是按照几何形状分为点源、面源、体源和线源（统计内容见表 3-9 至表 3-14）。另一种是按污染物的存在形态分为颗粒污染物和气态污染物（其中颗粒物粒径分布统计内容见表 3-15）。

表 3-9　点源参数调查清单

参数	点源编号	点源名称	X坐标	Y坐标	排气筒底部海拔高度	排气筒高度	排气筒内径	烟气出口速度	烟气出口温度	年排放小时数	排放工况	评价因子源强	
单位			m	m	m	m	m	m/s	K	h		g/s	
数据													

注：本表引自《环境影响评价技术导则—大气环境》（HJ 2.2—2008）。

表 3-10　矩形面源参数调查清单

参数	面源编号	面源名称	面源起始点		海拔高度	面源长度	面源宽度	与正北夹角	面源初始排放高度	年排放小时数	排放工况	评价因子源强	
			X坐标	Y坐标									
单位			m	m	m	m	m	(°)	m	h		g/ (s·m^{-2})	
数据													

注：本表引自《环境影响评价技术导则—大气环境》（HJ 2.2—2008）。

表 3-11　多边形面源参数调查清单

参数	面源编号	面源名称	顶点1坐标		顶点2坐标		其他顶点坐标	海拔高度	面源初始排放高度	年排放小时数	排放工况	评价因子源强	
			X坐标	Y坐标	X坐标	Y坐标							
单位			m	m	m	m		m	m	h		g/ (s·m^{-2})	
数据													

注：本表引自《环境影响评价技术导则—大气环境》（HJ 2.2—2008）。

表 3 – 12 近圆形面源参数调查清单

参数	面源编号	面源名称	中心坐标		海拔高度	近圆形半径	定点数或边数	面源初始排放高度	年排放小时数	排放工况	评价因子源强
			X坐标	Y坐标							
单位			m	m	m	m		m	h		g/（s·m^{-2}）
数据											

注：本表引自《环境影响评价技术导则—大气环境》（HJ 2.2—2008）。

表 3 – 13 体源参数调查清单

参数	体源编号	体源名称	体源中心坐标		海拔高度	体源边长	体源高度	年排放小时数	排放工况	初始扩散参数		评价因子源强
			X坐标	Y坐标						横向	垂直	
单位			m	m	m	m	m	h		m	m	g/s
数据												

注：本表引自《环境影响评价技术导则—大气环境》（HJ 2.2—2008）。

表 3 – 14 线源参数调查清单

参数	线源编号	线源名称	分段坐标1		分段坐标2		分段坐标	道路高度	道路宽度	街道窄谷高度	平均车速	车流量	车型/比例	各车型污染物排放速率
			X坐标	Y坐标	X坐标	Y坐标								
单位			m	m	m	m		m	m	m	km/h	辆/h		g/（km·s^{-1}）
数据														

注：本表引自《环境影响评价技术导则—大气环境》（HJ 2.2—2008）。

表 3 – 15 颗粒物粒径分布调查清单

项目	粒径分级	分级粒径	颗粒物质量密度	所占比例
单位		μm	g/cm^3	%
数据				

注：本表引自《环境影响评价技术导则—大气环境》（HJ 2.2—2008）。

（五）确定气象条件

1. 典型小时气象条件的确定

计算小时平均质量浓度需采用长期气象条件（一级评价收集三年、二级评价收集 1 年），进行逐时或逐次计算。选择污染最严重的（针对所有计算点）小时气象条件和对各环境空气保护目标影响最大的若干个小时气象条件（可视对各环境空气敏感区的影响程度而定）作为典型小时气象条件。

2. 典型日气象条件的确定

计算日平均质量浓度需采用长期气象条件（一级评价收集三年、二级评价收集1年），进行逐日平均计算。选择污染最严重的（针对所有计算点）日气象条件和对各环境空气保护目标影响最大的若干个日气象条件（可视对各环境空气敏感区的影响程度而定）作为典型日气象条件。

（六）确定地形数据

在非平坦的评价范围内，地形的起伏对污染物的传输、扩散会有一定的影响。对于复杂地形下的污染物扩散模拟需要输入地形数据。

《环境影响评价技术导则—大气环境》（HJ 2.2—2008）规定：复杂地形指的是距污染源中心5 km内的地形高度（不含建筑物）等于或超过排气筒高度。如果评价区域属于复杂地形，应该根据模式需要收集地形数据。地形数据除包括预测范围内各网格点高度外，还应包括各污染源、预测关心点、监测点的地面高程。此外，对于不同的预测范围，地形数据应该满足一定的分辨率要求。地形数据的来源应予以说明，地形数据的精度应结合评价范围及预测网格点的设置进行合理选择。不同的评价范围所对应的地形数据精度，可参考表3-16。

表3-16 不同评价范围建议地形数据精度

评价范围	5～10 km	10～30 km	30～50 km	>50 km
地形数据网格距	≤100 m	≤250 m	≤500 m	500～1 000 m

资料来源：环境保护部环境工程评估中心. 环境影响评价技术方法［M］. 北京：中国环境科学出版社，2016.

（七）确定预测内容

大气环境影响预测的主要内容根据评价工作等级和项目的特点而定，以图、表、文字的形式反映大气环境影响预测的结果。

一、二级评价主要预测内容应当包括以下各项内容的部分或全部。

（1）全年逐时或逐次小时、逐日气象条件下，环境空气保护目标、网格点处的地面浓度和评价范围内的最大地面小时、日均质量浓度。

（2）长期气象条件下，环境空气保护目标、网格点处的地面质量浓度和评价范围内的最大地面年平均质量浓度。

（3）非正常排放情况，全年逐时或逐次小时气象条件下，环境空气保护目标的最大地面小时质量浓度和评价范围内的最大地面小时质量浓度。

（4）对于施工期超过一年，并且施工期排放的污染物影响较大的项目，还应预测施工期的大气环境质量。

（5）对没有配给总量控制指标的项目，提出总量控制建议指标。

（6）计算项目的大气环境防护距离。

三级评价可以不预测上述内容，直接采用估算模式的结果作为预测结果。

（八）设定预测情景

根据预测内容设定预测情景，一般考虑五个方面的内容，即污染源类别、排放方案、预测因子、气象条件和计算点。常规预测情景组合见表 3 – 17。

表 3 – 17　常规预测情景组合

序号	污染源类别	排放方案	预测因子	计算点	常规预测内容
1	新增污染源（正常排放）	现有方案/推荐方案	所有预测因子	环境空气保护目标 网格点 区域最大地面浓度点	小时平均质量浓度 日平均质量浓度 年平均质量浓度
2	新增污染源（非正常排放）	现有方案/推荐方案	主要预测因子	环境空气保护目标 区域最大地面浓度点	小时平均质量浓度
3	削减污染源（若有）	现有方案/推荐方案	主要预测因子	环境空气保护目标	日平均质量浓度 年平均质量浓度
4	被取代的污染源（若有）	现有方案/推荐方案	主要预测因子	环境空气保护目标	日平均质量浓度 年平均质量浓度
5	其他在建、拟建项目相关污染源（若有）		主要预测因子	环境空气保护目标	日平均质量浓度 年平均质量浓度

注：本表引自《环境影响评价技术导则—大气环境》（HJ 2.2—2008）。

污染源类别分为新增污染源、削减污染源和被取代的污染源及其他在建、拟建项目相关污染源。新增污染源分为正常排放和非正常排放两种情况。其中，非正常排放指非正常工况下的污染物排放，如点火开炉、设备检修、污染物排放控制措施达不到应有效率、工艺设备运转异常等情况下的排放。

排放方案分工程设计或可行性研究报告中现有排放方案和环境影响评价报告所提出的推荐排放方案，排放方案内容根据项目选址、污染源的排放方式以及污染控制措施等进行选择。

（九）预测模式的选择

采用《环境影响评价技术导则—大气环境》（HJ 2.2—2008）附录 A 推荐的模式进行大气环境影响预测，并说明选择理由。选择模式时，应结合模式的适用范围和对参数的具体要求进行合理选择。

《环境影响评价技术导则—大气环境》（HJ 2.2—2008）中推荐的预测模式包括估算模式（SCREEN3）、进一步预测模式和大气环境防护距离计算模式等。进一步预测模式共有三种：AERMOD 模式系统、ADMS 模式系统和 CALPUFF 模式系统。各种预测模式有其特定的适用范围，需根据项目的具体情况进行选定。

1. 估算模式

（1）SCREEN3 模式系统。

估算模式是一种单源预测模式，是基于 ISC3 模型的估算模式。估算模式采用了单源高斯烟羽扩散模式，适合模拟小尺度范围内流场一致的气态污染物的传输与扩散。SCREEN3 模式基本公式见式 3-5。

$$C = \frac{Q}{2\pi U \sigma_y \sigma_z} \left\{ \exp\left[-\frac{(z-H_e)^2}{2\sigma_z^2}\right] + \exp\left[-\frac{(z+H_e)^2}{2\sigma_z^2}\right] + \sum_{n=1}^{k} \left\{ \exp\left[-\frac{(2nh-H_e-z)^2}{2\sigma_z^2}\right] + \exp\left[-\frac{(2nh+H_e-z)^2}{2\sigma_z^2}\right] + \exp\left[-\frac{(2nh+H_e+z)^2}{2\sigma_z^2}\right] + \exp\left[-\frac{(2nh-H_e-z)^2}{2\sigma_z^2}\right] \right\} \right\}$$

$$(3-5)$$

式中：C——接受点的污染物落地质量浓度，mg/m³；

Q——污染源排放强度，g/s；

U——排气筒出口处的风速，m/s；

σ_y、σ_z——y 和 z 方向扩散参数，m；

z——接受点离地面的高度，m；

H_e——排气筒有效高度，m；

h——混合层高度，m；

k——烟羽从地面到混合层之间的反射次数，一般 ≤4。

面源模式则是通过把每个面源单元简化为一个"等效点源"，用点源公式来计算面源造成的污染浓度，或者通过面源积分的方法得到全部面源造成的浓度分布。

该预测模式可计算点源、面源和体源等污染源的最大地面浓度，以及建筑物下洗和熏烟等特殊条件下的最大地面浓度。经估算模式计算出的最大地面质量浓度大于进一步预测模式的计算结果。

（2）SCREEN3 模式需要主要参数。

该预测模式运行时所需输入的基本参数见表 3-1。

估算模式中嵌入了多种预设的气象组合条件，包括一些最不利的气象条件，在某个地区有可能发生，也有可能没有此种不利气象条件。

（3）SCREEN3 模式适用范围。

估算模式适用于评价等级和评价范围的确定，三级评价项目的大气环境影响预测。对于小于 1 h 的短期非正常排放，也可采用估算模式进行预测。

2. AERMOD 模式系统

（1）AERMOD 模式系统概述。

AERMOD 模式是稳态烟羽扩散模式，它以扩散统计理论为出发点，假设污染物的浓度分布在一定程度上服从高斯分布。AERMOD 模式系统包括 AERMOD（AERMIC 扩散模式）、AERMAP（AERMOD 地形预处理）和 AERMET（AERMOD 气象预处理）三个模块。AERMET 模拟 AERMOD 需要的边界层参数数据和廓线数据，AERMAP 在输入地形标准化数据后，模拟 AERMOD 需要的地表高程，用于模拟烟羽的浓度扩散情况。其基本模式系统如图 3-3 所示。

AERMOD 考虑了建筑物尾流的影响，即烟羽下洗。模式使用每小时连续预处理气象数据模拟大于等于 1 h 平均时间的浓度分布。

AERMOD 是目前用得最多的预测模式系统，也是目前我国环境影响评价市场绝大多数商业软件所采用的模式系统。

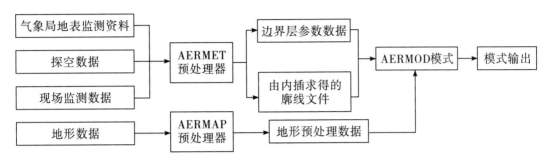

图 3 - 3　AERMOD 模式系统结构

AERMOD 模式在考虑地形（包括地面障碍物）对污染物浓度分布的影响时，使用了分界流线的概念，即将扩散流场分为两层的结构，下层的流场保持水平绕过障碍物，而上层的流场则抬升越过障碍物，任一网点的浓度值就是这两种烟羽浓度加权之后的和。

假定一网格点 (x, y, z) 在平坦地形上（即不考虑地形影响时）的质量浓度为 $C(x, y, z)$（水平烟羽的质量浓度的表达式），则考虑地形（或障碍物）影响的总质量浓度 $C_T(x_r, y_r, z_r)$ 公式为：

$$C_T(x,y,z) = f \cdot C(x,y,z) + (1-f)C(x,y,z) \qquad (3-6)$$

$$f = 0.5(1 + \theta) \qquad (3-7)$$

$$\theta = \frac{\int_0^H C(x,y,z)\,\mathrm{d}z}{\int_0^\infty C(x,y,z)\,\mathrm{d}z} \qquad (3-8)$$

$$C(x,y,z) = \frac{Q}{U}P_y(y,x)P_z(z,x) \qquad (3-9)$$

式中：f——两种烟羽状态的权函数，无量纲；

　　　H——分界流线高度，m；

　　　Q——污染源排放率，g/s；

　　　U——有效风速，m/s；

　　　P_y、P_z——水平方向和垂直方向浓度分布的概率分布函数。

（2）AERMOD 模式系统需要主要参数。

AERMET 输入数据包括每小时云量、地面气象观测资料和一天 2 次的探空资料，输出文件包括地面气象观测数据和一些大气参数的垂直分布数据。在没有现场观测数据情况下，可输入近期常规气象资料（地面气象、探空气象）。

AERMAP 是 AERMOD 的地形预处理模式，仅需输入标准的地形数据，输入数据包括计算点地形高度数据。地形数据可以是数字化地形数据格式。输出文件包括每一个计算点的位置和高度，计算点高度用于计算山丘对气流的影响。

（3）AERMOD 模式适用范围。

AERMOD 可基于大气边界层数据特征模拟点源、面源、体源等排放出的污染物（气态污染物、颗粒物）在短期（小时平均、日平均）、长期（年平均）的浓度分布，适用于农村或城市地区、简单或复杂地形。该预测模式适用于评价范围小于等于 50 km 的一级、二级评价项目。

3. ADMS 模式系统

（1）ADMS 模式系统概述。

ADMS 模式烟羽扩散的计算利用常规气象要素定义边界层结构，化学模块中使用了远处传输的轨迹模式和箱式模式。可模拟计算点源、面源、线源和体源，模式考虑了建筑物下洗、复杂地形、湿沉降、重力沉降和干沉降以及化学反应、烟气抬升、喷射和定向排放等影响，可计算各取值时段的浓度值，并有气象预处理程序。

ADMS 模式将大气边界层划分为稳定、近中性和不稳定三大类，采用了连续性的普适函数或无量纲表达式的形式，在不稳定条件下采用 PDF 模式及小风对流尺度模式，模拟计算点源、面源、体源所产生的浓度，ADMS 模式特别适用于对高架点源的大气扩散模拟。

ADMS 模式如下：

① PDF 模式。

在不稳定条件下，对低浮力烟羽采用 PDF 模式计算地面浓度：

$$C = \frac{C_y}{\sqrt{2\pi}\sigma_y}\exp\left\{-\frac{1}{2}\left[\frac{y - y_F}{\sigma_y}\right]^2\right\} \tag{3-10}$$

σ_y 由下式确定：

$$\sigma_y = \begin{cases} (\sigma_z X_m/u)/\left[1 + 0.5X_m/(\mu T_{xr})\right]^2 & (F_m < 0.1) \\ 1.6F_m^{1/3}X_m^{2/3}Z_i & (F_m > 0.1, \mu/\omega \geqslant 2) \\ 0.8F_m^{1/3}X_m^{2/3}Z_i & (F_m > 0.1, \mu/\omega < 2) \end{cases} \tag{3-11}$$

C_y 由下式确定：

$$\frac{C_y\mu h}{Q_s} = \frac{2F_1}{\sqrt{2\pi}\sigma_{z1}}\exp\left[-\frac{h_1^2}{2\sigma_{z1}}\right] + \frac{2F_2}{\sqrt{2\pi}\sigma_{z2}}\exp\left[-\frac{h_2^2}{2\sigma_{z2}}\right] \tag{3-12}$$

式中：C——污染源下风向任一点的污染物浓度，mg/m^3；

y——预测点 y 轴方向的距离，m；

y_F——烟羽中线水平宽度，m；

σ_y——水平方向扩散参数，m；

C_y——地面横风向积分浓度，mg/m^2；

σ_z——垂直方向扩散参数，m；

X_m——下风向距离，m；

μ——烟气速度，m/s；

T_{xr}——计算 x 方向扩散的采样时间，h；

F_m——垂直动能通量，W/m^2；

Z_i——地表粗糙度，m；

ω——地面摩擦速度，m/s；

h——烟羽高度，m；

Q_s——源强，g/s；

F_1、F_2——上升和下沉气流所对应的权重系数，$F_1 + F_2 = 1$；

h_1、h_2——上升和下沉气流的扩散速度与平均速度差，m/s；

σ_{z1}、σ_{z2}——上升和下沉气流所对应的垂直速度标准差。

② 小风对流模式。

不稳定条件下，高浮力烟羽采用小风对流模式如下：

当 $X_m < 10F/\omega^3$ 时

$$C = 0.021Q_s\omega^3 X_m X^{1/3}(F^{4/3}Z_i)\exp\left[-\frac{1}{2}\left(\frac{y-y_F}{\sigma_y}\right)^2\right] \qquad (3-13)$$

$$\sigma_y = 1.6F_m^{1/3}X_m^{2/3}Z_i \qquad (3-14)$$

当 $X_m \geqslant 10F/\omega^3$ 时

$$C = \left[Q_s/(\omega X_m h)\right]\exp\left[-\left(\frac{7F_P}{Z_i\omega^3}\right)^{2/3}\right]\exp\left[-\frac{1}{2}\left(\frac{y-y_F}{\sigma_y}\right)^2\right] \qquad (3-15)$$

$$\sigma_y = 0.6X_m Z_i \qquad (3-16)$$

式中：F——总热通量，W/m^2；

F_P——垂直浮力通量，W/m^2。

其他含义同上。

③ loft 模式。

对近中性条件下的高浮力烟羽，采用如下模式：

$$C = \frac{Q_s}{\sqrt{2\pi}Z_i\sigma_y\mu}[1 - \mathrm{erf}(\varphi)]\exp\left[-\frac{1}{2}\left(\frac{y-y_F}{\sigma_y}\right)^2\right] \qquad (3-17)$$

$$\sigma_y = \begin{cases} 1.6F_m^{1/3}X_m^{2/3\mu-1} & (L > 0 \text{ 或 } L < 0, \text{且} \mu/\omega \geqslant 2) \\ 0.8F_m^{1/3}X_m^{2/3\mu-1} & (L > 0, \text{且} \mu/\omega < 2) \end{cases} \qquad (3-18)$$

式中：L——M－O 长度，m；

φ——误差函数积分下限。

其他含义同上。

（2）ADMS 模式系统需要主要参数。

ADMS 有气象预处理程序，可以用地面的常规观测资料、地表状况以及太阳辐射等参数模拟基本气象参数的廓线值。在简单地形条件下，使用该模式模拟计算时，可以不调查探空观测资料。

除了模拟平坦地形，模拟山地时可输入适当的地形数据，地表粗糙度、太阳高度角、项目所在位置维度、最小 M－O 长度、街谷的高度、道路宽度和位置等。

（3）ADMS 模式适用范围。

ADMS 可模拟点源、面源、线源和体源等排放出的污染物在短期（小时平均、日平均）、长期（年平均）的浓度分布，还包括一个街道窄谷模式，适用于农村或城市地区、简单或复杂地形。ADMS－EIA 版适用于评价范围小于等于 50 km 的一级、二级评价项目。

4．CALPUFF 模式系统

（1）CALPUFF 模式系统概述。

CALPUFF 是一个多层、多种非定场烟团扩散模式，可模拟三维流场随时间和空间发生变化时污染物的输送、转化和清除过程。CALPUFF 模式系统包括三部分：CALMET（诊断风场模式）、CALPUFF 扩散模式、CALPOST（后处理软件）以及一系列对常规气象、地理数据做预处理的程序。CALMET 是气象模式，用于在三维网格模型区域生成 CALPUFF 所需的三维气象场、风场和温度场等；CALLPUFF 是非稳态三维拉格朗日烟团输送模式，利用 CALMET 生成的风场和温度场文件，输送污染源排放的污染物烟团，模拟污染物的传输、扩散、干湿沉降以及化学转化过程；CALPOST 通过处理 CALPUFF 输出的文件，生成所需浓度文件用于后处理。

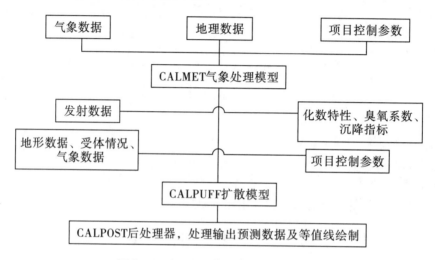

图 3 - 4　CALPUFF 模式系统程序组成

CALPUFF 基本原理为高斯烟团模式，是基于 MESOPUFF 模式的综合采样函数。烟云抬升采用 Briggs 抬升公式，考虑稳定层结中部分烟云穿透、过渡烟云抬升等因素。

① 积分烟云（puff）计算方程：

$$C = \frac{Q}{2\pi\sigma_y\sigma_z}g\exp[-d_a^2/(2\sigma_x^2)]\exp[-d_c^2/(2\sigma_y^2)] \tag{3-19}$$

$$g = \frac{2}{(2\pi)^{1/2}\sigma_z}\sum_{n-\infty}^{\infty}\exp[-(H_e+2nh)^2/(2\sigma_y^2)] \tag{3-20}$$

式中：C——地面质量浓度，g/m^3；

Q——污染源源强，g；

σ_x——x 方向扩散系数，m；

σ_y——y 方向扩散系数，m；

σ_z——z 方向扩散系数，m；

d_a——受体点到污染源之间 x 方向的距离，m；

d_c——受体点到污染源之间 y 方向的距离，m；

H_e——烟团中心距地面的有效高度，m；

h——混合层高度，m。

② 烟片（slug）计算方程：

用 q 表示源强，一个烟片的质量为：$q \times dt$、长度为 $u \times \Delta t_e$，Δt_e 为污染扩散时间，则一个烟片的地面落地点浓度描述为：

$$C(t) = \frac{Fq}{(2\pi)^{1/2} u' \sigma_y} g \exp\left(\frac{-d_c^2 u^2}{2\sigma_y^2 u'^2}\right) \tag{3-21}$$

$$F = \frac{1}{2}\left[erf\left(\frac{d_{a2}}{\sqrt{2}\sigma_{y2}}\right) - erf\left(\frac{d_{a1}}{\sqrt{2}\sigma_{y1}}\right)\right] \tag{3-22}$$

式中：q——污染源源强，g；

　　　n——区域内平均风矢量；

　　　u'——风速大小，m/s；

　　　F——"causality" 函数；

　　　g——高斯方程的垂直项，m^{-1}；

　　　erf——误差函数，$erf(x) = \frac{2}{\sqrt{\pi}}\int_0^x e^{-\eta^2} d\eta$。

③ 地面平均浓度计算方程：

$$\overline{C} = \frac{\overline{F}q}{\sqrt{2\pi} u' \sigma_y} g \exp\left(\frac{-d_c^2 u^2}{2\sigma_y^2 u'^2}\right) \tag{3-23}$$

$$\overline{F} = \frac{1}{2} erf(\varphi_2) + \frac{1}{2}\frac{\sqrt{2}\sigma_y}{u\Delta t_s}\{[\xi_e erf(\xi_e) - \xi_b erf(\xi_b)]\}$$

$$+ \frac{1}{2}\frac{\sqrt{2}\sigma_y}{u\Delta t_s}\{[\xi_e erf(\xi_e^2) - \xi_b erf(\xi_b^2)]\} \tag{3-24}$$

其中：

$\varphi_2 = \dfrac{d_{a2}}{\sqrt{2}\sigma_{y2}}$，用于描述污染源处的大气稳定情况；

$\xi_e = \dfrac{d_{a2} - u\Delta t_s}{\sqrt{2}\sigma_y}$，用于描述时间步长结束时刻的情形；

$\xi_b = \dfrac{d_{a2}}{\sqrt{2}\sigma_y}$，用于描述开始时刻的情形。

（2）CALPUFF 模式系统需要主要参数。

由于 CALPUFF 模式使用源高处的高空风向风速计算浓度，实际工作中应尽可能使用实测探空观测资料。所需要的气象资料主要有逐时风场、混合层高度、大气稳定度（PGT 分类）、各种微气象参数等。模式中气象资料的需求和参数设置要比 AERMOD 和 ADMS 模式复杂得多。

该模式需要的地理数据有：地表粗糙度、土地使用类型、反射率、土壤热通量、地形高程、植被代码等。

CALMET/CALPUFF 模式中参数非常多，大部分参数都有默认推荐值。美国环保署（EPA）在 1998 年对 CALPUFF 模式参数推荐了一系列参考值。

（3）CALPUFF 模式适用范围。

CALPUFF 适用于从 50 km 到几百千米的模拟范围，包括次层网格尺度的地形处理，如复杂地形的影响；还包括长距离模拟的计算功能，如污染物的干沉降、湿沉降、化学转化，以及颗粒物浓度对能见度的影响。CALPUFF 适用于评价范围大于 50 km 的区域和规划环境影响评价等项目。

5. 大气环境防护距离计算模式

大气防护距离是指在项目厂界以外设置的环境防护距离，设置的主要作用是减少正常排放条件下大气污染物对居住区的环境影响，保护人群健康。

（1）设置环境防护距离的前提条件是：① 无组织排放源场界监控点处排放达标；② 无组织排放源场界外存在一次浓度超过环境质量标准。

（2）大气环境防护距离确定的方法：大气环境防护距离采用推荐模式中的大气环境防护距离模式（基于 SCREEN3）计算各无组织排放源环境空气质量最远达标距离。计算出的距离是以污染源中心点为起点的控制距离，并结合厂区平面布置图，确定控制距离范围，超出厂界外的范围，即为大气环境防护区域。

（3）计算参数。

污染源参数：当无组织源排放多种污染物时，应分别计算，并按计算结果的最大值确定其大气环境防护距离。对于属于同一生产单元（生产区、车间或工段）同种污染物的无组织排放源，应合并作为单一面源计算再确定其大气环境防护距离。污染源参数需输入面源有效高度（m）、面源宽度（m）、面源长度（m）、污染源排放速率（m/s）等。

环境质量标准选择：大气防护距离模式中采用的评价标准同确定评价等级时使用的评价标准要求相同。应选择《环境空气质量标准》（GB 3095—2012）中的 1 h 浓度标准或《工业企业设计卫生标准》（TJ 36—2010）中居住区最高容许浓度一次浓度标准的规定。

（4）通过大气环境防护距离模式计算出的结果有两种：一种为"无超标点"，代表该面源可不需设置大气环境防护距离；一种为具体的数据，该数据即为项目需设置的大气环境防护距离。大气环境防护距离一般不超过 2 000 m，如果计算无组织排放源超标距离大于 2 000 m，则应建议削减源强后重新计算大气环境防护距离。

（5）大气环境防护距离管理要求：在大气环境防护距离内不应有长期居住的人群。当计算确定的大气环境防护距离范围内有环境空气敏感保护目标时，可考虑采取的措施包括：① 降低源强。采取更严格可行和有效的无组织排放污染控制措施，削减排放源强，重新计算大气环境防护距离至符合要求。② 优化总平面布置。调整无组织排放源与敏感目标的相对位置，避免不利影响。③ 另选厂址。另选大气环境防护距离范围内无敏感点的厂址。④ 落实敏感目标搬迁方案。结合被影响敏感目标公众参与意见，制定完善的搬迁方案（搬迁计划、搬迁去向、搬迁时限、资金保障等），确保建设项目试运行前搬迁完毕。

6. 卫生防护距离

卫生防护距离是指在正常生产条件下，无组织排放的有害气体（大气污染物）自生产单元（生产区、车间或工段）边界，到居住区满足《环境空气质量标准》（GB 3095—

2012）与《工业企业设计卫生标准》（TJ 36—2010）规定的居住区容许浓度限值所需的最小距离。

《制定地方大气污染物排放标准的技术方法》（GB/T 3840—1991）规定：无组织排放的有害气体进入呼吸带大气层时，其浓度如超过 GB 3095 与 TJ 36 规定的居住区容许浓度限值，则无组织排放源所在的生产单元（生产区、车间或工段）与居住区之间应设置卫生防护距离。在卫生防护距离内不得设置经常居住的房屋，并应做好绿化措施。可根据《制定地方大气污染物排放标准的技术方法》（GB/T 3840—1991）中推荐的公式进行卫生防护距离计算，或者根据部分行业单独制定的行业卫生防护距离确定。

卫生防护距离计算公式如下：

$$\frac{Q_c}{C_m} = \frac{1}{A}(BL^C + 0.25r^2)^{0.05}L^D \qquad (3-25)$$

式中：C_m——标准浓度限值；

L——工业企业所需卫生防护距离，m；

r——有害气体无组织排放源所在生产单元的等效半径，m。根据该生产单元占地面积 S（m²）计算。

A、B、C、D——卫生防护距离计算系数，无因次，根据工业企业所在地区近 5 年平均风速及工业企业大气污染源构成类别从表 3-18 查取。

Q_c——工业企业有害气体无组织排放量可以达到的控制水平。Q_c 取同类企业中生产工艺流程合理、生产管理与设备维护处于先进水平的工业企业，在正常运行时的无组织排放量。当计算的 L 值在两级之间时，取偏宽的一级。

表 3-18　卫生防护距离计算系数

计算系数	工业企业所在地区近 5 年平均风速/(m/s)	卫生防护距离 L/m								
		$L \leqslant 1\,000$			$1\,000 < L \leqslant 2\,000$			$L > 2\,000$		
		工业企业大气污染源构成类别[①]								
		Ⅰ	Ⅱ	Ⅲ	Ⅰ	Ⅱ	Ⅲ	Ⅰ	Ⅱ	Ⅲ
A	<2	400	400	400	400	400	400	80	80	80
	2~4	700	470	350	700	470	350	380	250	190
	>4	530	350	260	530	350	260	290	190	140
B	<2	0.01			0.015			0.015		
	>2	0.021			0.036			0.036		
C	<2	1.85			1.79			1.79		
	>2	1.85			1.77			1.77		
D	<2	0.78			0.78			0.57		
	>2	0.84			0.84			0.76		

注：① 工业企业大气污染源构成分为三类。

Ⅰ类：与无组织排放源共存的排放同种有害气体的排气筒的排放量，大于标准规定的允许排放量的 2/3 者。

Ⅱ类：与无组织排放源共存的排放同种有害气体的排气筒的排放量，小于标准规定的允许排放量的1/3，或虽无排放同种大气污染物之排气筒共存，但无组织排放的有害物质的容许浓度指标是按急性反应指标确定者。

Ⅲ类：无排放同种有害物质的排气筒与无组织排放源共存，且无组织排放的有害物质的容许浓度是按慢性反应指标确定者。

确定卫生防护距离时需注意以下几点。

（1）卫生防护距离在100 m以内时，级差为50 m；超过100 m但小于1 000 m时，级差为100 m；超过1 000 m时，级差为200 m。

（2）无组织排放多种有害气体的工业企业，按Q_c/C_m的最大值计算其所需卫生防护距离；当按两种或两种以上的有害气体的Q_c/C_m值计算的卫生防护距离在同一级别时，该类工业企业的卫生防护距离级别应该高一级。

（3）在确定卫生防护距离时，如有行业标准应首先从严执行相应的行业标准。卫生防护距离的计算结果与行业标准相比较，如果计算结果小于行业标准，执行行业标准；如果计算结果大于行业标准，则必须进一步降低无组织排放源强，或实施搬迁方案等，使该项目卫生防护距离达到行业标准的要求。

（十）大气环境影响预测

按照设计的各种预测情景分别进行模拟计算。

第五节　大气环境影响分析与评价

一、大气环境影响分析与评价内容

对按照设计的各种预测情景的预测结果进行如下分析和评价。

（1）分析典型小时气象条件下，项目对环境空气敏感区和评价范围的最大环境影响，分析是否超标、超标程度、超标位置，分析小时平均质量浓度超标概率和最大持续发生时间，并绘制评价范围内出现区域小时平均质量浓度最大值时所对应的质量浓度等值线分布图。

（2）分析典型日气象条件下，项目对环境空气敏感区和评价范围的最大环境影响，分析是否超标、超标程度、超标位置，分析日平均质量浓度超标概率和最大持续发生时间，并绘制评价范围内出现区域日平均质量浓度最大值时所对应的质量浓度等值线分布图。

（3）分析长期气象条件下，项目对环境空气敏感区和评价范围的环境影响，分析是否超标、超标程度、超标范围及位置，并绘制预测范围内的质量浓度等值线分布图。

（4）分析评价不同排放方案对环境的影响，即从项目的选址、污染源的排放强度与排放方式、污染控制措施等方面评价排放方案的优劣，并针对存在的问题（如果有）提出解决方案。

（5）对解决方案进行进一步预测和评价，并给出最终的推荐方案。

二、大气环境影响评价范围的确定

大气环境影响评价范围的确定与评价工作等级划分同时进行，根据估算模式计算建设项目排放大气污染物的地面质量浓度达标准限制 10% 时对应的最远距离 $D_{10\%}$ 进行确定。

根据项目排放污染物的最远影响范围确定项目的大气环境影响评价范围。即以排放源为中心点，以 $D_{10\%}$ 为半径的圆或 $2 \times D_{10\%}$ 为边长的矩形作为大气环境影响评价范围；当最远距离（$D_{10\%}$）超过 25 km 时，确定评价范围为半径 25 km 的圆形区域，或为边长 50 km 的矩形区域。评价范围的直径或边长一般不应小于 5 km。

对于以线源为主的城市道路等项目，评价范围可设定为线源中心两侧各 200 m 的范围。

当建设项目建成后总体工程废气污染物排放量较大，项目区地面风场较为复杂，或评价范围边界外有环境保护敏感点时，应适当扩大评价范围。

三、大气环境影响评价方法

对项目产生的大气环境影响程度可采用占标率进行评价，具体步骤如下。

（一）拟建项目营运后的大气中第 i 种污染物浓度（C_i）

拟建项目营运后大气中第 i 种污染物浓度可通过式（3-26）计算，即采用模式预测得到的拟建项目对预测点浓度（C_{pi}）贡献值叠加建设项目所在地该大气污染物现状浓度值（C_{bi}），即

$$C_i = C_{pi} + C_{bi} \qquad (3-26)$$

式中：C_i——拟建项目营运后大气中第 i 种污染物浓度，mg/m³；

C_{pi}——采用模式预测得到的拟建项目对预测点浓度（C_{pi}）贡献值；

C_{bi}——建设项目所在地第 i 种大气污染物现状浓度值，通常取最大现状监测浓度，mg/m³。

叠加现状背景值，分析项目建成后最终的区域环境质量状况时，新增污染源预测值＋现状监测值－削减污染源计算值（若有）－被取代污染源计算值（若有）＝项目建成后最终的环境影响。若评价范围内还有其他在建项目、已批复环境影响评价文件的拟建项目，也应考虑其建成后对评价范围的共同影响。

（二）占标率 P_i

按式（3-27）计算拟建项目建成后第 i 个污染物的占标率。

$$P_i = \frac{C_i}{C_{0i}} \times 100\% \qquad (3-27)$$

式中：P_i——占标率，%；

C_i——拟建项目营运后大气中第 i 种污染物浓度，mg/m³；

C_{0i}——第 i 个污染物的环境空气质量标准，mg/m³。

如果 $P_i > 100$，表示 i 污染物已超标，说明项目影响重大，否则为未超标。

第六节 大气环境保护与污染防控对策

一、大气环境保护措施

环境影响报告中需要拟定的大气环境保护对策与措施应根据项目所在地的环境特征，在对影响大气环境影响因素分析的基础上，综合运用各种防治大气污染的技术措施，并在这些措施的基础上制定最佳的防治措施，以达到控制区域性大气环境质量、消除或减轻大气污染的目的。主要包括以下几个方面。

（一）清洁生产措施

《中华人民共和国清洁生产促进法》指出，清洁生产是指不断采取改进设计、使用清洁的能源和原料、采用先进的工艺技术与设备、改善管理、综合利用等措施，从源头削减污染，提高资源利用效率，减少或者避免生产、服务和产品使用过程中污染物的产生和排放以减轻或者消除对人类健康和环境的危害。

从清洁生产角度来说，建设项目环境影响评价应从以下四个方面考虑采取大气环境保护对策措施：① 优化生产工艺，采用清洁生产工艺；② 改革能源构成，采用清洁燃料与能源；③ 选择高能效设备，提高能源综合利用效率；④ 处理、回收利用废气中的有效成分，降低大气污染物排放浓度。

（二）大气污染治理措施

对于项目产生的废气必须采取适当治理措施，确保污染物排放浓度达标和排放总量达标。根据项目废气污染物性质及排放特点，选择合适的治理工艺流程和设备，确保污染物稳定达标排放。

（三）大气环境风险应急措施

根据项目大气环境风险的特点，建立相应的应急反应系统，制定事故应急预案。

（四）大气污染防治监控管理措施

在项目各项大气污染防控措施建立的基础上，项目的经营管理者和相关监管部门必须配套建立相应的污染防治监控管理体系，从而保障各类大气污染防治措施正常运行。

二、大气环境保护措施分析

大气环境影响评价过程中，对于项目拟采取的大气环境污染防治措施需要进行经济技术可行性分析。一般主要针对大气污染治理措施的技术先进性、经济合理性和运行可靠性，满足环境质量与污染物排放总量控制要求的可行性进行分析。

（一）污染治理方案经济技术可行性分析

根据项目大气污染物产生和排放的特点，对拟采用的污染治理方案的技术可行性进行分析。在分析过程中，需明确给出废气治理的工艺流程，并说明采用的工艺原理，对该处理措施与项目产生废气污染物净化处理要求（污染物特性、浓度和排放特点）的技术符合性进行分析。依据拟采取的防治措施方案，对项目建成运行以后可能的财务、经济效益及社会环境影响进行分析。

（二）污染处理工艺稳定达标排放可靠性分析

在项目大气污染物产生和排放的特点，拟采用的污染治理方案及现有同类大气污染防治设施的运行情况、运行效果、技术经济指标等调查的基础上，对项目大气治理设施运行的可控性、稳定性、抗冲击性等方面进行分析论证，确保项目在投产运营后各类污染物可稳定达标排放。

（三）依托的废气治理措施可行性分析

对于改扩建项目，如需要利用原有环保设施，对于对原有废气污染治理设施的治理能力是否能够满足技改扩建后的要求进行认真调查核实，分析拟建部分与依托设施的适应性，对依托设施的可靠性进行分析论证。

对于项目依托的公用环保设施，也应分析依托设施的接纳可行性及工艺合理性。对于依托处理设施尚未运行的，要说明依托设施会在项目投产运营前或同时启用。

思考题

1. 简述大气三级评价项目污染源调查分析的内容。
2. 简述大气环境影响评价中点源调查的主要内容。
3. 大气环境影响评价工作等级及评价范围是如何划分的？
4. 简述在确定大气环境影响评价工作等级时，选取评价标准的原则。
5. 某间位于农村地区的发电厂，拟建 120 m 高的排气筒，出口内径为 6 m，排烟量为 55 m^3/s，排气筒出口处烟气温度为 120 ℃，当地气象台（站）测得的多年平均气温为 15 ℃。PM10、NO_2 和 SO_2 的排放量为 1.65 g/s、22 g/s 和 5.39 g/s。请根据导则相关要求确定该项目的评价等级。
6. 简述进行大气环境影响预测的基本工作程序。
7. 设置环境防护距离的前提条件是什么？如何设置大气环境防护距离范围？
8. 试对某三级评价项目的大气环境影响评价工作的主要评价内容进行简述。

第四章
水环境影响评价

第一节 概　　述

一、水环境

水环境是指自然界中水的形成、分布和转化所处空间的环境，是指围绕人群空间及可直接或间接影响人类生活和发展的水体。也指相对稳定的、以陆地为边界的天然水域所处空间的环境。在地球表面，水体面积约占地球表面积的 71%，水的总量约为 $14 \times 10^8 \ km^3$，其中海水约占 97.28%，陆地水约占 2.72%。而与人类关系密切又较易开发利用的淡水储量约为 $400 \times 10^4 \ km^3$，仅占地球总水量的 0.3%。自然界中的水处于不断循环运动中。天然水的基本化学成分和含量，反映了它在不同自然环境循环过程中的原始物理化学性质，是研究水环境中元素存在、迁移、转化和环境质量（或污染程度）与水质评价的基本依据。水环境主要由地面水环境和地下水环境两部分组成。地面水环境包括河流、湖泊、水库、海洋、池塘、沼泽、冰川等，地下水环境包括泉水、浅层地下水、深层地下水等。水环境是构成环境的基本要素之一，是人类社会赖以生存和发展的重要场所，也是受人类干扰和破坏最严重的领域。水环境的污染和破坏已成为当今世界主要的环境问题之一。

二、水体污染

水是人类维系生命的基本物质，也是工农业生产和城市发展不可缺少的重要资源。人类习惯于把水看成是取之不尽、用之不竭的最廉价的自然资源，但随着人口的增长和经济的发展，水资源短缺现象逐渐出现，水污染更加剧了水资源的紧张，并对人类的生命健康形成威胁。

水体污染是指排入水体的污染物在数量上超过该物质在水体中的本底含量和水体的自净能力，从而导致水体的物理、化学及卫生性质发生变化，使水体的生态系统和水体功能受到破坏。造成水体污染的因素是多方面的，向水体排放未达标的城市污水和工业废水、含有化肥和农药的农业排水，含有地面污染物的暴雨初期径流、随大气扩散的有毒有害物质通过重力沉降或降水过程进入水体等，都会造成水体污染。

水体污染的类别从排放形式上可分为点源污染和非点源污染两类。点源污染是指有固定排放点的污染源由排放口集中汇入江河湖泊等水体，如工业废水及城市生活污水。非点源污染是相对点源污染而言，指溶解的或固体的污染物从非特定的地点，在降水（或融雪）冲刷作用下，通过径流过程而汇入受纳水体（包括河流、湖泊、水库和海湾等）并引起的污染，如农业生产施用的化肥，经雨水冲刷流入水体而造成农业非点源污染。与点源污染相比，非点源污染起源分散、多样，地理边界和发生的位置难以识别和确定，随机性强、成因复杂，且潜伏周期长，因而防治十分困难。

切实防治水污染、保护水资源已成为当今人类的迫切任务。国际和国内的经验表明，为防止水体污染对我们的生存环境产生危害，对有关的建设项目进行水环境影响评价是十分必要的。

三、水环境影响评价

水环境影响评价包括地面水环境影响评价和地下水环境影响评价，是建设项目环境影响评价的主要内容之一。水环境影响评价是指在准确、全面的工程分析和充分的水环境质量现状调查的基础上，利用合理的预测方法对建设项目给水环境带来的可能影响进行计算、预测、分析和论证，确定环境影响的程度和范围，比较项目建设前后水质指标的变化情况，并结合当地的水环境功能区划，得出是否满足使用功能的结论，并进一步提出建设项目影响区域主要污染物的控制和防治对策。

水环境影响评价的目的是根据水环境影响预测与评价的结果，分析和论证建设项目在拟采取的水环境保护措施下，污水达标排放和满足环境功能区划质量要求的可行性，提出避免、消除和减少水体影响的防治措施，并根据国家和地方的总量控制要求、区域总量控制的实际情况及建设项目主要污染物排放指标的分析情况，提出污染物排放总量控制指标和满足指标要求的环境保护措施。

第二节　地面水环境影响评价工作程序与分级

一、地面水环境影响评价的工作程序

地面水环境影响评价工作大体分为三个阶段：第一阶段为准备阶段，主要工作为研究有关文件，进行初步的工程分析和地面水环境现状调查，筛选出地面水环境重点评价项目，确定各单项环境影响评价的工作等级，编制评价大纲；第二阶段为正式工作阶段，其主要工作为进一步做工程分析和环境现状调查，并进行地面水环境影响预测和评价环境影响；第三阶段为报告书编制阶段，其主要工作为汇总、分析第二阶段工作所得的各种资料、数据，提出环保建议和措施，给出结论，完成地面水环境影响报告书的编制。地面水环境影响评价的工作程序如图4-1所示。

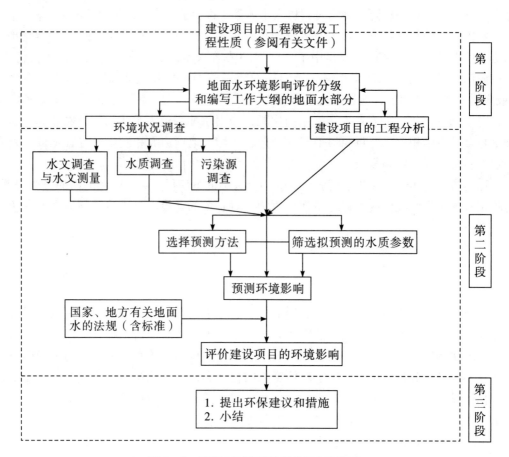

图 4－1　地面水环境影响评价的工作程序

二、地面水环境影响评价的等级划分

（一）地面水环境影响评价工作等级的划分依据

根据建设项目的污水排放量、污水水质的复杂程度、各种受纳污水的地面水域的规模及其水质要求可将地面水环境影响评价工作分为三个级别。内陆水体分级判据见表4－1。海湾环境影响评价分级判据见表4－2。

表 4-1 地面水环境影响评价分级判据（内陆水体）

建设项目污水排放量/（m³/d）	建设项目污水水质的复杂程度	一级 地面水域规模（大小规模）	一级 地面水水质要求（水质类别）	二级 地面水域规模（大小规模）	二级 地面水水质要求（水质类别）	三级 地面水域规模（大小规模）	三级 地面水水质要求（水质类别）
≥20 000	复杂	大	Ⅰ～Ⅲ	大	Ⅳ、Ⅴ		
		中、小	Ⅰ～Ⅳ	中、小	Ⅴ		
	中等	大	Ⅰ～Ⅲ	大	Ⅳ、Ⅴ		
		中、小	Ⅰ～Ⅳ	中、小	Ⅴ		
	简单	大	Ⅰ、Ⅱ	大	Ⅲ～Ⅴ		
		中、小	Ⅰ～Ⅲ	中、小	Ⅳ、Ⅴ		
<20 000 ≥10 000	复杂	大	Ⅰ～Ⅲ	大	Ⅳ、Ⅴ		
		中、小	Ⅰ～Ⅳ	中、小	Ⅴ		
	中等	大	Ⅰ、Ⅱ	大	Ⅲ、Ⅳ	大	Ⅴ
		中、小	Ⅰ、Ⅱ	中、小	Ⅲ～Ⅴ		
	简单			大	Ⅰ～Ⅲ	大	Ⅳ、Ⅴ
		中、小	Ⅰ	中、小	Ⅱ～Ⅳ	中、小	Ⅴ
<10 000 ≥5 000	复杂	大、中	Ⅰ、Ⅱ	大、中	Ⅲ、Ⅳ	大、中	Ⅴ
		小	Ⅰ、Ⅱ	小	Ⅲ、Ⅳ	小	Ⅴ
	中等			大、中	Ⅰ～Ⅲ	大、中	Ⅳ、Ⅴ
		小	Ⅰ	小	Ⅱ～Ⅳ	小	Ⅴ
	简单			大、中	Ⅰ～Ⅲ	大、中	Ⅲ～Ⅴ
				小	Ⅰ～Ⅲ	小	Ⅳ、Ⅴ
<5 000 ≥1 000	复杂			大、中	Ⅰ～Ⅲ	大、中	Ⅳ、Ⅴ
		小	Ⅰ	小	Ⅱ～Ⅳ	小	Ⅴ
	中等			大、中	Ⅰ、Ⅱ	大、中	Ⅲ～Ⅴ
				小	Ⅰ～Ⅲ	小	Ⅳ、Ⅴ
	简单					大、中	Ⅰ～Ⅳ
				小	Ⅰ	小	Ⅱ～Ⅴ
<1 000 ≥200	复杂					大、中	Ⅰ～Ⅳ
						小	Ⅰ～Ⅴ
	中等					大、中	Ⅰ～Ⅳ
						小	Ⅰ～Ⅴ
	简单					中、小	Ⅰ～Ⅳ

表 4 - 2　海湾环境影响评价分级判据

污水排放量/（m³/d）	污水水质的复杂程度	一级	二级	三级
≥20 000	复杂	各类海湾		
	中等	各类海湾		
	简单	小型封闭海湾	其他各类海湾	
<20 000 ≥5 000	复杂	小型封闭海湾	其他各类海湾	
	中等		小型封闭海湾	其他各类海湾
	简单		小型封闭海湾	其他各类海湾
<5 000 ≥1 000	复杂		小型封闭海湾	其他各类海湾
	中等或简单			各类海湾
<1 000 ≥500	复杂			各类海湾

（二）分级判据的基本内容

1. 污水排放量

在地面水环境影响评价工作级别判定中，污水排放量不包括间接冷却水、循环水以及其他含污染物极少的清净下水的排放量，但包括含热量大的冷却水排放量。污水排放量 Q（m³/d）划分为五个等级，分别是：$Q \geq 20\ 000$，$20\ 000 > Q \geq 10\ 000$，$10\ 000 > Q \geq 5\ 000$，$5\ 000 > Q \geq 1\ 000$，$1\ 000 > Q \geq 200$。

2. 污染物分类

根据污染物在水环境中输移、衰减的特点以及它们的预测模式，可将污染物分为四类。

① 持久性污染物（其中还包括在水环境中难降解、毒性大、易长期积累的有毒物质），如重金属、DDT（一种有效的杀虫剂）等。

② 非持久性污染物，如生物需氧量、化学需氧量、氨氮、氰化物等。

③ 酸和碱（以 pH 表征），如废酸、废碱等。

④ 热污染（以温度表征），如锅炉废水、冷却水等。

3. 污水水质的复杂程度

污水水质的复杂程度按污水中拟预测的污染物类型以及某类污染物中水质参数［水的混浊度、透明度、色度、嗅、味、水温、pH 值、BOD（COD）、DO、微量有害化学元素含量、农药及其他无机或有机化合物含量、大肠杆菌数、细菌含量等］的多少划分为复杂、中等和简单三类。

① 复杂：污染物类型数 ≥3，或者只含有两类污染物，但需预测其浓度的水质参数数目 ≥10；

② 中等：污染物类型数 =2，且需预测其浓度的水质参数数目 <10；或者只含有一类污染物，但需预测其浓度的水质参数数目 ≥7；

③ 简单：污染物类型数 =1，需预测其浓度的水质参数数目 <7。

4．受纳水体的规模

各类地面水域的规模是指污水排入的地面受纳水体的规模大小，导则中规定：

① 河流与河口，按建设项目排污口附近河段的多年平均流量或平水期平均流量划分为：

表 4 - 3　河流的规模划分依据

河流	河口
大河	$\geqslant 150 \ m^3/s$
中河	$15 \sim 150 \ m^3/s$
小河	$< 15 \ m^3/s$

② 湖泊和水库，按枯水期湖泊或水库的平均水深以及水面面积划分为：

表 4 - 4　湖泊和水库的规模划分依据

平均水深 $\geqslant 10 \ m$		平均水深 $< 10 \ m$	
大湖（库）	$\geqslant 25 \ km^2$	大湖（库）	$\geqslant 50 \ km^2$
中湖（库）	$2.5 \sim 25 \ km^2$	中湖（库）	$5 \sim 50 \ km^2$
小湖（库）	$< 2.5 \ km^2$	小湖（库）	$< 5 \ km^2$

应用上述划分原则时，具体情况可根据我国南方、北方以及干旱、湿润地区的特点进行适当调整。

5．受纳水体水质功能区划

对地面水域的水质要求（即水质类别）以 GB 3838 为依据，地面水环境质量可分为五类：Ⅰ、Ⅱ、Ⅲ、Ⅳ和Ⅴ。当受纳水域的实际功能与该标准的水质分类不一致时，由当地环保部门对其水质提出具体要求。

此外，应用表 4 - 1 和表 4 - 2 进行水环境影响分析与评价时，可根据建设项目及受纳水体的具体情况适当调整评价等级。

第三节　地面水环境质量现状调查

一、环境现状的调查范围与时间

环境现状的调查范围应能包括建设项目对周围地面水环境影响较显著的区域。在此区域内进行的调查，能全面说明与地面水环境相联系的环境基本状况，并能充分满足环境影响预测的要求。在确定某项具体工程的地面水环境调查范围时，应尽量按照将来污染物排放后可能的达标范围（参考表 4 - 4 至表 4 - 6），并考虑评价等级的高低（评价等级高时可取调查范围略大，反之略小）后决定。

表4-5　不同污水排放量时河流环境现状调查范围*参考表

（单位：km）

污水排放量/（m³/d）	河流规模		
	大河	中河	小河
>50 000	15~30	20~40	30~50
50 000~20 000	10~20	15~30	25~40
20 000~10 000	5~10	10~20	15~30
10 000~5 000	2~5	5~10	10~25
<5 000	<3	<5	5~15

注：*指排污口下游应调查的河段长度。

表4-6　不同污水排放量时湖泊（水库）环境现状调查范围参考表

污水排放量/（m³/d）	调查范围	
	调查半径/km	调查面积*/km²（按半圆计算）
>50 000	4~7	25~80
50 000~20 000	2.5~4	10~25
20 000~10 000	1.5~2.5	3.5~10
10 000~5 000	1~1.5	2~3.5
<5 000	≤1	≤2

注：*以排污口为圆心，以调查半径为半径的半圆形面积。

表4-7　不同污水排放量时海湾环境现状调查范围参考表

污水排放量/（m³/d）	调查范围	
	调查半径/km	调查面积*/km²（按半圆计算）
>50 000	5~8	40~100
50 000~20 000	3~5	15~40
20 000~10 000	1.5~3	3.5~15
<5 000	≤1.5	≤3.5

注：*以排污口为圆心，以调查半径为半径的半圆形面积。

　　环境现状的调查时间应根据当地的水文资料初步确定河流、河口、湖泊、水库的丰水期、平水期、枯水期，同时确定最能代表这三个时期的季节或者月份。对于海湾，应确定评价期间的大潮期和小潮期。评价等级不同，对各类水域调查时期的要求也不同。表4-8列出了各类水域在不同评价等级时水质的调查时期。

表4-8　各类水域在不同评价等级时水质的调查时期

水域	一级	二级	三级
河流	一般情况，为一个水文年的丰水期、平水期和枯水期；若评价时间不够，至少应调查平水期和枯水期	如条件许可，可调查一个水文年的丰水期、平水期和枯水期；一般情况，可只调查枯水期和平水期；若评价时间不够，可只调查枯水期	一般情况，可只在枯水期调查
河口	一般情况，为一个潮汐年的丰水期、平水期和枯水期；若评价时间不够，至少应调查平水期和枯水期	一般情况，应调查平水期和枯水期；若评价时间不够，可只调查枯水期	一般情况，可只在枯水期调查
湖泊（水库）	一般情况，为一个水文年的丰水期、平水期和枯水期；若评价时间不够，至少应调查平水期和枯水期	一般情况，应调查平水期和枯水期；若评价时间不够，可只调查枯水期	一般情况，可只在枯水期调查
海湾	一般情况，应调查评价工作期间的大潮期和小潮期	一般情况，应调查评价工作期间的大潮期和小潮期	一般情况，应调查评价工作期间的大潮期和小潮期

当调查区域面源污染严重，丰水期水质劣于枯水期时，一、二级评价的各类水域应调查丰水期，若时间允许，三级评价也应调查丰水期。对冰封期较长的水域（且作为生活饮用水、食品加工用水的水源或渔业用水时），应调查冰封期的水质、水文情况。

二、地面水环境现状调查的内容

（一）水文调查与水文测量

应尽量从有关的水文测量和水质监测等部门中收集现有资料，当上述资料不足时，应进行一定的水文调查与水质调查同步的水文测量。一般情况下，水文调查与水文测量在枯水期进行。必要时，其他时期（丰水期、平水期、冰封期等）可进行补充调查。水文测量的内容与拟采用的环境影响预测方法密切相关。与水质调查同时进行的水文测量，原则上只在一个时期内进行。它与水质调查的次数不要求完全相同，在能准确求得所需水文要素及环境水力学参数（主要指水体混合输移参数及水质模式参数）的前提下，尽量精简水文测量的次数和天数。

（二）现有污染源调查

在调查范围内对地面水环境产生影响的主要污染源均应进行调查。污染源包括两类：点污染源（简称点源）和非点污染源（简称非点源或面源）。

1. 点污染源

点源可以根据评价工作的需要选择下述全部或部分内容进行调查。有些调查内容可以列成表格。

（1）点源的排放：排放口的平面位置（附污染源平面位置图）及排放方向；排放口在断面上的位置；排放形式是分散排放还是集中排放。

（2）排放数据：根据现有的实测数据、统计报表以及各厂矿的工艺路线等选定的主要水质参数，调查现有的排放量、排放速度、排放浓度及其变化等数据。

（3）用排水状况：主要调查取水量、用水量、循环水量及排水总量等。

（4）厂矿企业、事业单位的废水和污水处理状况：主要调查废水和污水的处理设备、处理效率、处理水量及事故状况等。

2. 非点污染源

非点源根据评价工作的需要选择下述全部或部分内容进行调查。

（1）概况：原料、燃料、废弃物的堆放位置（即主要污染源，要求附污染源平面位置图）、堆放面积、堆放形式（几何形状、堆放厚度）、堆放点的地面铺装及其保洁程度、堆放物的遮盖方式等。

（2）排放方式、排放去向与处理情况：应说明非点源污染物是有组织的汇集还是无组织的漫流；是集中后直接排放还是处理后排放；是单独排放还是与生产废水或生活污水共同排放等。

（3）排放数据：根据现有实测数据、统计报表，根据引起非点源污染的原料、燃料、废料，根据废弃物的物理、化学、生物化学性质选定调查的主要水质参数，并调查有关排放季节、排放时期、排放量、排放浓度及其他变化等的数据。

（三）水质调查

1. 水质参数的选择

所选择的水质参数包括两类：一类是常规水质参数，它能反映水域水质一般状况；另一类是特征水质参数，它能代表建设项目将来排放的水质。常规水质参数以《地表水环境质量标准》（GB 3838—2002）中所提出的 pH、DO、高锰酸盐指数、五日生化需氧量、凯氏氮或非离子氨、酚、氰化物、砷、汞、铬（六价）、总磷以及水温为基础，根据水域类别、评价等级、污染源状况适当删减。特征水质参数根据建设项目特点、水域类别及评价等级选定。

2. 各类水域布设水质取样断面及取样点的原则与方法

（1）河流。

① 水质取样断面设置原则。在表 4 - 5 推荐的调查范围的两端应布设取样断面，调查范围内重点保护对象附近水域应布设取样断面。水文特征突然化（如支流汇入处等）、水质急剧变化处（如污水排入处等）、重点水工构筑物（如取水口、桥梁涵洞等）附近、水文站附近等应布设取样断面，并适当考虑水质预测关心点。在拟建成排污口上游 500 m 处应设置一个取样断面。

② 取样断面上水质取样点垂线设置原则。如断面形状十分不规则时，应结合主流线的位置，适当调整取样垂线的位置和数目。当河流面形状为矩形或相近于矩形时，可按下列原则布设。

小河：在取样断面的主流线上设一条取样垂线。

大、中河：河宽小于50 m者，在取样断面上各距岸边1/3水面宽处设一条取样垂线（垂线应设在有较明显水流处），共设两条取样垂线；河宽大于50 m者，在取样断面的主流线上及距两岸不少于0.5 m处，以及有明显水流的地方，各设一条取样垂线。

特大河（例如长江、黄河、珠江、黑龙江、淮河、松花江、海河等）：由于河流过宽，取样断面上的取样垂线数应适当增加，而且主流线两侧的垂线数目不必相等，拟设置排污口一侧可以多一些。

③ 垂线上取样水深的确定。在一条垂线上，水深大于5 m时，在水面下0.5 m水深处及在距河底0.5 m处，各取样一个；水深为1~5 m时，只在水面下0.5 m处取一个样；在水深不足1 m时，取样点距水面不应小于0.3 m，距河底也不应小于0.3 m。对于三级评价的小河不论河水深浅，只在一条垂线上一个点取一个样，一般情况下取样点应在水面下0.5 m处，距河底不应小于0.3 m。

④ 水样的对待。三级评价：需要预测混合过程段水质的场合，每次应将该段内各取样断面中每条垂线上的水样混合成一个水样。其他情况每个取样断面每次只取一个混合水样，即在该断面上同各处所取的水样混匀成一个水样。

二级评价：同三级评价。

一级评价：每个取样点的水样均应分析，不取混合样。

⑤ 调查取样次数。在所规定的不同规模河流、不同评价等级的调查时期中（参照表4-8），每期调查一次，每次调查三四天；至少有一天对所有已选定的水质参数取样分析；其他天数根据预测需要，配合水文测量对拟预测的水质参数取样；在不预测水温时，只在采样时测水温；在预测水温时，要测日平均水温，一般可采用每隔6小时测一次的方法求平均水温；一般情况，每天每个水质参数只取一个样，在水质变化很大时，应采用每间隔一定时间采样一次的方法。

（2）河口。

① 取样断面的布设原则。当排污口拟建于河口感潮段内时，其上游需设置取样断面的数目与位置应根据感潮段的实际情况决定。

② 取样断面上取样点的布设和水样的对待与河流部分相同。

③ 调查取样次数。在所规定的不同规模河口、不同评价等级的调查时期中（参照表4-8），每次调查三四天，至少有一次在大潮期，一次在小潮期；每个潮期的调查，均应分别采集同一天的高、低潮水样；各监测断面的采样，尽可能同步进行；两天调查中，要对已选定的所有水质参数取样；在不预测水温时，只在采样时测水温；在预测水温时，要测日平均水温，一般可采用每隔4~6小时测一次的方法求平均水温。

（3）湖泊、水库。

① 取样位置的布设原则、方法和数目。在湖泊、水库中布设的取样位置应尽量覆盖整个调查范围，并且能切实反映湖泊、水库的水质和水文特点（如进水区、出水区、深水区、浅水区、岸边区等）。取样位置可以采用以建设项目的排放口为中心，沿放射线布设的方法。每个取样位置的间隔可参考表4-9的数据。

表4-9　湖泊和水库取样位置的间隔参考值

类型	评价等级	当建设项目污水排放量 小于 50 000 m³/d 时	当建设项目污水排放量 大于 50 000 m³/d 时
大、中型 湖泊和水库	一级评价	每 1 ~ 2.5 km² 布设一个取样位置	每 3 ~ 6 km² 布设一个取样位置
	二级评价	每 1.5 ~ 3.5 km² 布设一个取样位置	每 1 ~ 2 km² 布设一个取样位置
	三级评价	每 2 ~ 4 km² 布设一个取样位置	每 1 ~ 2 km² 布设一个取样位置
小型湖泊和 水库	一级评价	每 0.5 ~ 1.5 km² 布设一个取样位置	每 0.5 ~ 1.5 km² 布设一个取样位置
	二、三级 评价	每 1 ~ 2 km² 布设一个取样位置	每 0.5 ~ 1.5 km² 布设一个取样位置

② 取样位置上取样点的确定。对于大、中型湖泊和水库,当平均水深小于 10 m 时,取样点设在水面下 0.5 m 处,但此点距底不应小于 0.5 m。平均水深大于等于 10 m 时,首先要根据现有资料查明此湖泊(水库)有无温度分层现象,如无资料可供调查,则先测水温。在取样位置水面下 0.5 m 处测水温,以下每隔 2 m 水深测一个水温值,如发现两点间温度变化较大时,应在这两点间酌量加测几点的水温,目的是找到斜温层。找到斜温层后,在水面下 0.5 m 及斜温层以下,距底 0.5 m 以上处各取一个水样。

对于小型湖泊和水库,当平均水深小于 10 m 时,在水面下 0.5 m 并距底不小于 0.5 m 处设一取样点;当平均水深大于等于 10 m 时,在水面下 0.5 m 处和水深 10 m 并距底不小于 0.5 m 处各设一取样点。

③ 水样的对待。对于小型湖泊和水库,如水深小于 10 m 时,每个取样位置取一个水样;如水深大于等于 10 m 时则一般只取一个混合样,在上下层水质差距较大时,可不进行混合。

对于大、中型湖泊和水库,各取样位置上不同深度的水样均不混合。

④ 调查取样次数。在所规定的不同规模湖泊、不同评价等级的调查时期中(参照表4-8),每期调查一次,每次调查三四天;至少有一天对所有已选定的水质参数取样分析;其他天数根据预测需要,配合水文测量对拟预测的水质参数取样;表层溶解氧和水温每隔 6 小时测一次,并在调查期内适当检测藻类。

(4)海湾。

① 取样位置的布设原则、方法和数目。在海湾中布设取样位置时,应尽量覆盖整个调查范围,并且切实反映海湾的水质和水文特点。取样位置可以采用以建设项目的排放口为中心,沿放射线布设的方法或方格网布点的方法,每个取样位置的间隔可参考表4-10 的数据。

表4-10　海湾取样位置的间隔参考值

评价等级	当建设项目污水排放量小于 50 000 m³/d 时	当建设项目污水排放量大于 50 000 m³/d 时
一级评价	每 1.5 ~ 3.5 km² 布设一个取样位置	每 4 ~ 7 km² 布设一个取样位置
二级评价	每 2 ~ 4.5 km² 布设一个取样位置	每 5 ~ 8 km² 布设一个取样位置
三级评价	每 3 ~ 5.5 km² 布设一个取样位置	每 5 ~ 8 km² 布设一个取样位置

② 取样位置上取样点的确定。一般情况，在水深小于等于 10 m 时，只在海面下 0.5 m 处取一个水样，此点与海底的距离不应小于 0.5 m；在水深大于 10 m 时，在海面下 0.5 m 处和水深 10 m 并距海底不小于 0.5 m 处分别设取样点。

③ 水样的对待。每个取样位置一般只有一个水样，即在水深大于 10 m 时，将两个水深所取的水样混合成一个水样，但在上下层水质差距较大时，可不进行混合。

④ 调查取样次数。在所规定的不同评价等级的海湾水质调查时期中（参照表 4 - 8），每期调查一次，每次调查三四天；至少有一天在大潮期，一天在小潮期，对所有已选定的水质参数取样分析；其他天数根据预测需要，配合水文测量对拟预测的水质参数取样；所有的水质参数每天在高潮和低潮时各取样一次；在不预测水温时，只在采样时测水温；在预测水温时，每间隔 2 ~ 4 小时测水温一次。

（四）水利用状况的调查

水利用状况调查，可根据需要选择下述全部或部分内容：城市、工业、农业、渔业、水产养殖业等各类的用水情况（其中包括各种用水的用水时间、用水地点等），以及各类用水的供需关系、水质要求和渔业及水产养殖业等所需的水面面积等。此外，对用于排泄污水或灌溉退水的水体也应调查。在水利用状况调查时还应注意地面水与地下水之间的水力联系。

三、地面水环境现状评价

（一）评价的原则

现状评价是水质调查的继续。评价水质现状主要采用文字分析与描述，并辅之以数学表达式。在文字分析与描述中，有时可采用检出率、超标率等统计值。数学表达式分两种：一种用于单项水质参数评价，另一种用于多项水质参数综合评价。单项水质参数评价简单明了，可以直接了解该水质参数现状与标准的关系，一般均可采用。多项水质参数综合评价只在调查的水质参数较多时方可应用。此方法只能了解多个水质参数的综合现状与相应标准的综合情况之间的某种相对关系。

（二）评价依据

地面水环境质量标准和有关法规及当地的环保要求是评价的基本依据。地面水环境质量标准应采用《地表水环境质量标准》（GB 3838—2002）或相应的地方标准，海湾水质标准应采用《海水水质标准》（GB 3097—1997），有些水质参数国内尚无标准，可参照国外或建立临时标准，所采用的国外标准应按国家环保部规定的程序报有关部门批准。评价区内不同功能的水域应采用不同类别的水质标准。综合水质的分级应与《地表水环境质量标准》（GB 3838—2002）中水域功能的分类一致，其分级判据与所采用的多项水质参数综合评价方法有关。

第四节　地面水环境影响预测

一、预测原则

地面水环境影响预测是指在经过地面水环境影响识别，确定可能是重大环境影响之后，预测建设项目相关各种活动对地面水环境产生的具体影响，包括环境质量或环境价值的变化量、空间变化范围、时间变化阶段等。对于季节性河流，应依据当地环保部门所定的水体功能，结合建设项目的特性确定其预测的原则、范围、时段、内容及方法。当水生生物保护对地面水环境要求较高时（如珍贵水生生物保护区、经济鱼类养殖区等），应简要分析建设项目对水生生物的影响。

二、预测范围和预测点布设

地面水环境的预测范围与地面水环境现状调查的范围相同或略小（特殊情况也可以略大）。在预测范围内布设适当的预测点，通过预测这些点受环境影响的程度来全面反映建设项目对该范围内地面水环境的影响。预测点的数量和布设应根据受纳水体和建设项目的特点、评价等级以及当地的环保要求确定。虽然在预测范围以外，但有可能受到影响的重要用水地点，也应设立预测点，如自来水取水点、饮用水源保护区等。此外，水文特征突然变化和水质突然变化处的上、下游，重要水工建筑物附近，水文站附近等也应布设预测点。当需要预测河流混合过程段的水质时，应在该段河流中布设若干预测点。当拟预测 DO 时，应预测最大亏氧点的位置及该点的浓度，但是分段预测的河段不需要预测最大亏氧点。排放口附近常有局部超标区，如有必要可在适当水域加密预测点，以便确定超标区的范围。

三、预测时期与时段

建设项目对地面水环境影响一般包括施工期和生产运营期。所有建设项目均应预测生产运行阶段对地面水环境的影响。该阶段的地面水环境影响应按正常排放和不正常排放两种情况进行预测。

大型建设项目应根据该项目建设过程阶段的特点和评价等级、受纳水体特点以及当地环保要求决定是否预测施工期的环境影响。施工期对水环境的影响主要来自水土流失和堆积物的流失。同时具备以下三个特点的大型建设项目应预测施工期的环境影响：①地面水水质要求较高，如要求达到Ⅲ类以上；②可能进入地面水环境的堆积物较多或土方量较大；③施工期时间较长，如超过一年。

根据建设项目的特点、评价等级、地面水环境特点和当地环保要求，个别建设项目应预测服务期满后对地面水环境的影响。如矿山开发项目一般应预测服务期满后的环境影响，服务期满后地面水环境影响主要来源于水土流失所产生的悬浮物和各种来源于废渣、废矿的污染。

　　地面水环境影响预测应考虑纳污水体自净能力不同的各个时段。通常可将其划分为自净能力最小、一般、最大三个时段，分别对应于枯水期、平水期和丰水期。当纳污水域面源污染严重时，其自净能力最小阶段也可能在丰水期。海湾的自净能力与时期的关系不明显，可以不分时段。评价等级为一、二级时应分别预测建设项目在纳污水体自净能力最小和一般两个时段的环境影响。冰封期的自净能力很小，情况特殊，如果冰封期较长可单独考虑，尤其当水体功能为生活饮用水、食品工业用水或渔业用水时，还应预测此时段的环境影响。评价等级为三级或评价等级为二级但评价时间较短时，可以只预测自净能力最小时段的环境影响。

四、水质参数的筛选

　　建设项目实施过程各阶段拟预测的水质参数应根据工程分析和环境现状、评价等级、当地的环保要求筛选和确定。拟预测水质参数的数目应既说明问题又不过多。一般应少于环境现状调查水质参数的数目。建设过程、生产运行（包括正常和不正常排放两种）、服务期满后各阶段均应根据各自的具体情况决定其拟预测水质参数，彼此不一定相同。

　　在环境现状调查水质参数中选择拟预测水质参数。对一般河流，分别计算各水质参数的排序指标，并按从大到小选取，计算公式如下：

$$\text{ISE} = \frac{C_p Q_p}{(C_s - C_h) Q_h} \qquad (4-1)$$

式中：ISE——水质参数的排序指标；

　　　C_p——建设项目水污染物的排放浓度，mg/L；

　　　C_s——水污染物的评价标准限值，mg/L；

　　　C_h——评价河段的水质浓度，mg/L；

　　　Q_p——建设项目的废水排放量，m^3/s；

　　　Q_h——评价河段的流量，m^3/s。

　　ISE 越大，说明建设项目对河流中该项水质参数的影响越大。

五、水体和污染源简化

（一）地面水环境的简化

　　地面水环境简化包括边界几何形状的简化和水文、水力要素时空分布的简化等。这种简化应根据水文调查与水文测量的结果和评价等级等进行。

　　1. 河流的简化

　　河流可以简化为矩形平直河流、矩形弯曲河流和非矩形河流。河流的断面宽深比≥20时，可视为矩形河流。对于大、中河流，预测河段弯曲较大（如其最大弯曲系数＞1.3）时，可视为弯曲河流，否则可以简化为平直河流。大、中河流预测河段的断面形状沿程变化较大时，可以分段考虑。大、中河流断面上水深变化很大且评价等级较高（如一级评价）时，应视为非矩形河流并调查其流场，其他情况均可简化为矩形河流。小河一般情况下可以简化为矩形平直河流。河流水文特征或水质有急剧变化的河段，可在急剧变化之处分段，各段分别进行环境影响预测。河网应分段进行环境影响预测。

评价等级为三级时，江心洲、浅滩等均可按无江心洲、浅滩的情况对待。江心洲位于充分混合段，评价等级为二级时，可以按无江心洲对待；评价等级为一级且江心洲较大时，可以分段进行环境影响预测；江心洲较小时可不考虑。江心洲位于混合过程段，可分段进行环境影响预测，评价等级为一级时也可采用数值模式进行环境影响预测。

人工控制河流根据水流情况可视其为水库，也可视其为河流，分段进行环境影响预测。

2. 河口的简化

河口包括河流汇合部、河流感潮段、河口外滨海段、河流与湖泊及水库汇合部。河流感潮段是指受潮汐作用影响较明显的河段。可以将落潮时最大断面平均流速与涨潮时最小断面平均流速之差等于 0.05 m/s 的断面作为其与河流的界限。除个别要求很高（如评价等级为一级）的情况外，河流感潮段一般可按潮周平均、高潮平均和低潮平均三种情况简化为稳态进行预测。河流汇合部可以分为支流、汇合前主流、汇合后主流三段分别进行环境影响预测。小河汇入大河时可以把小河看成点源。河流与湖泊、水库汇合部可以按照河流、湖泊和/或水库两部分分别预测其环境影响。河口断面沿程变化较大时，可以分段进行环境影响预测。河口外滨海段可视为海湾。

3. 湖泊、水库的简化

在预测建设项目对湖泊、水库的环境影响时，可以将湖泊、水库简化为大湖（库）、小湖（库）和分层湖（库）等三种情况进行。评价等级为一级时，中湖（库）应按大湖（库）对待，停留时间较短时可以按小湖（库）对待。评价等级为二级时，如何简化可视具体情况而定。评价等级为三级时，中湖（库）可以按小湖（库）对待，停留时间很长时也可以按大湖（库）对待。水深 >10 m 且分层期较长（如 >30 天）的湖泊、水库可视为分层湖（库）。珍珠串湖泊可以分为若干区，各区分别按上述情况简化。不存在大面积回流区和死水区，且流速较快、停留时间较短的狭长湖泊可简化为河流。其岸边形状和水文要素变化较大时还可以进行分段。不规则形状的湖泊、水库可根据流场的分布情况和几何形状分区。自顶端入口附近排入废水的狭长湖泊或循环利用湖水的小湖，可以分别按各自的特点考虑。

4. 海湾的简化

预测建设项目实施对海湾水质的影响时一般只考虑潮汐作用，不考虑波浪作用。评价等级为一级且海流（主要指风海流）作用较强时，应该考虑海流对水质的影响。潮流可以简化为平面二维非恒定流场。当评价等级为三级时可以只考虑周期的平均情况。较大的海湾交换周期很长，可以视为封闭海湾。在注入海湾的河流中，大河以及评价等级为一、二级的中河，应考虑其对海湾流场和水质的影响；小河以及评价等级为三级的中河可视为点源，忽略其对海湾流场的影响。

（二）污染源和排放口的简化

污染源简化包括排放形式的简化和排放规律的简化。根据污染源的具体情况，排放形式可简化为点源和面源（非点源），排放规律可简化为连续恒定排放和非连续恒定排放。

在进行地面水环境影响预测时，对排放口的简化一般遵循以下原则：

1. 河流排放口的简化

当排入河流的两个排放口的间距较近时，可以简化为一个，其位置假设在两个排放口之间，其排放量为两者之和。两个排放口间距较远时，可分别单独考虑。

2. 湖（库）排污口的简化

排入小湖（库）的所有排放口可以简化为一个，其排放量为所有排放量之和。排入大湖（库）的两个排放口间距较近时，可以简化成一个，其位置假设在两个排放口之间，其排放量为两者之和。两个排放口间距较远时，可分别单独考虑。

3. 海湾排污口的简化

当评价等级为一、二级并且排入海湾的两个排放口间距小于沿岸方向差分网格的步长时，可以简化成一个，其排放量为两者之和，如不是这种情况，可分别单独考虑。评价等级为三级时，海湾排放口简化与大湖（库）相同。

无组织排放可以简化成面源。从多个间距很近的排放口排水时，也可以简化为面源。

六、地面水环境影响预测

地面水环境影响预测可以采用定性分析法（专业判断、类比调查）和定量预测法（物理模型、数学模型）。其中数学模型应用较多，水质预测数学模型按来水和排污随时间的变化情况，划分为动态、稳态和准稳态（或准动态）模式；按水质分布状况，划分为零维、一维、二维和三维模式；按模拟预测的水质组分，划分为单一组分和多组分耦合模式；按水质数学模式的求解方法及方程形式，划分为解析解和数值解两种模式。

水质影响预测模式的选用主要考虑纳污水体类型和排污状况、环境水文条件及水力学特征、污染物的性质及水质分布状态、评价等级要求等内容。水质预测数学模型选用的原则如下：

（1）在水质混合区进行水质影响预测时，应选用二维或三维模式；在水质分布均匀的水域进行水质影响预测时，可以选用零维或一维模式。

（2）对上游来水或排放污水水质、水量随时间变化显著情况下的水质影响预测，应选用动态或准稳态模式；其他情况选用稳态模式（对上游来水或排放污水的水质、水量随时间有一定变化的情况，可先分段统计平均水质和水量状况，然后选用稳态模式进行水质影响预测）。

（3）矩形河流、水深变化不大的湖（库）及海湾，对于连续恒定排污点源排污的水质影响预测，二维以下一般采用解析解模式，三维或非连续恒定点源排污（瞬时排放、有限时段排放）的水质影响预测，一般采用数值解模式。

（4）稳态数值解水质预测模式适用于非矩形河流、水深变化较大的湖（库）和海湾水域的连续恒定点源排污的水质影响预测。

（5）动态数值解水质预测模式适用于各类恒定水域中的非连续恒定排放，或非恒定水域中的各类污染源排放。

（6）单一组分的水质预测模式可模拟的污染物类型包括：持久性污染物、非持久性污染物和废热（水温变化预测）；多组分耦合模式模拟的水质因子彼此间均存在一定的关联，如 Streeter – Phelps（S – P）模式模拟的生化需氧量和溶氧量。

（一）河流影响预测常用数学模式

1. 完全混合模式

$$C = \frac{C_p Q_p + C_h Q_h}{Q_p + Q_h} \qquad (4-2)$$

式中：C——污染物浓度（垂向平均浓度，断面平均浓度），mg/L；

C_p——污染物的排放浓度，mg/L；

C_h——河流来水污染物浓度，mg/L；

Q_p——废水排放量，m^3/s；

Q_h——河流来水流量，m^3/s。

适用条件：① 预测河段处于充分混合段；② 持久性污染物；③ 河流为恒定流动；④ 废水连续稳定排放。

2. 一维稳态模式

$$C = C_0 \times \exp\left[-(K_1 + K_3) \frac{x}{86\,400u} \right] \qquad (4-3)$$

式中：C——计算断面的污染物浓度，mg/L；

C_0——计算初始点污染物浓度，mg/L；

K_1——耗氧系数，1/d；

K_3——污染物的沉降系数，1/d；

u——河流流速，m/s；

x——从计算初始点到下游计算断面的距离，m。

适用条件：① 预测河段处于充分混合段；② 非持久性污染物；③ 河流为恒定流动；④ 废水连续稳定排放。对于持久性污染物，在沉降作用明显的河流中，可以采用综合消减系数 K 替代上式中的（$K_1 + K_3$）来预测污染物浓度沿程变化。

3. 二维稳态混合模式

① 岸边排放。

$$C(x,y) = C_h + \frac{C_p Q_p}{H\sqrt{\pi M_y x u}}\left\{ \exp\left(-\frac{uy^2}{4M_y x} \right) + \exp\left[-\frac{u(2B-y)^2}{4M_y x} \right] \right\} \qquad (4-4)$$

② 非岸边排放。

$$C(x,y) = C_h + \frac{C_p Q_p}{H\sqrt{\pi M_y x u}}\left\{ \exp\left(-\frac{uy^2}{4M_y x} \right) + \exp\left[-\frac{u(2a+y)^2}{4M_y x} \right] + \exp\left[-\frac{u(2B-2a-y)^2}{4M_y x} \right] \right\}$$

$$(4-5)$$

式中：C（x, y）——（x, y）点污染物垂向平均浓度，mg/L；

  H——平均水深，m；

  B——河流宽度，m；

  a——排放口与岸边的距离，m；

  M_y——横向混合系数，m²/s；

  x, y——笛卡尔坐标系的坐标，m。

适用条件：① 平直、断面形状规则的河流混合过程段；② 持久性污染物；③ 河流为恒定流动；④ 连续稳定排放；⑤ 对于非持久性污染物，需采用相应的衰减模式。

4. 二维稳态混合累积流量模式

① 岸边排放。

$$C(x,y) = C_h + \frac{C_p Q_p}{\sqrt{\pi M_q x}}\left\{ \exp\left(- \frac{q^2}{4M_q x} \right) + \exp\left[- \frac{(2Q_h - q)^2}{4M_q x} \right] \right\} \qquad (4-6)$$

② 非岸边排放。

$$C(x,y) = C_h + \frac{C_p Q_p}{2\sqrt{\pi M_q x}}\left\{ \exp\left(- \frac{q^2}{4M_q x} \right) + \exp\left[- \frac{(2aHu + q)^2}{4M_q x} \right] + \exp\left[- \frac{(2Q_h - 2aHu - q)^2}{4M_q x} \right] \right\}$$
$$\qquad (4-7)$$

$$q = Huy \qquad (4-8)$$
$$M_q = H^2 u M_y \qquad (4-9)$$

式中：C（x, q）——（x, q）点处污染物垂向平均浓度，mg/L；

  M_q——累积流量坐标系下的横向混合系数，m²/s；

  x——累积流量坐标系的坐标，m；

其他符号含义同前。

适用条件：① 弯曲河流、断面形状不规则的河流混合过程段；② 持久性污染物；③ 河流为恒定流动；④ 连续稳定排放；⑤ 对于非持久性污染物，需要采用相应的衰减模式。

5. S-P模式

$$C = C_0 \exp\left(- K_1 \frac{x}{86\,400u} \right) \qquad (4-10)$$

$$D = \frac{K_1 C_0}{K_2 - K_1}\left[\exp\left(- K_1 \frac{x}{86\,400u} \right) - \exp\left(- K_2 \frac{x}{86\,400u} \right) \right] + D_0 \exp\left(- K_2 \frac{x}{86\,400u} \right)$$
$$\qquad (4-11)$$

$$x_C = \frac{86\,400u}{K_2 - K_1}\ln\left[\frac{K_2}{K_1}\left(1 - \frac{D_0}{C_0}\frac{K_2 - K_1}{K_1} \right) \right] \qquad (4-12)$$

$$C_0 = \frac{C_p Q_p + C_h Q_h}{Q_p + Q_h} \qquad (4-13)$$

$$D_0 = \frac{D_p Q_p + D_h Q_h}{Q_p + Q_h} \qquad (4-14)$$

式中：D——亏氧量，即饱和 DO 浓度与 DO 浓度的差值，mg/L；

D_0——计算初始断面亏氧量，mg/L；

K_2——大气复氧系数，1/d；

x_C——最大氧亏点到计算初始点的距离，m；

其他符号含义同前。

适用条件：① 河流充分混合段；② 污染物为耗氧性有机污染物；③ 需要预测河流DO状态；④ 河流为恒定流动；⑤ 污染物连续稳定排放。

例4-1 某条河边拟建设一个工厂，该工厂会排放流量为 4 m³/s 的含氯化物废水，氯化物浓度为 1 500 mg/L。该河道平均流速为 0.5 m/s，平均河道宽度为 15 m，平均水深为 2 m，上游的背景氯化物浓度为 100 mg/L，该工厂排放的废水能与河水迅速混合。已知氯化物在该地区的地方标准为 200 mg/L。请问河水中氯化物是否超标？

解：根据题意可知，符合河流完全混合模式的适用条件。

$C_h = 100$（mg/L），$Q_h = 0.5 \times 15 \times 2 = 15$（m³/s）

$C_p = 1\,500$（mg/L），$Q_p = 4$（m³/s）

根据式4-2可算出完全混合后河流中氯化物的浓度为：

$$C = \frac{100 \times 15 + 1\,500 \times 4}{15 + 4} = 395 \ (\text{mg/L})$$

因为 395 mg/L > 200 mg/L

所以，该工厂废水如果排放到河流中，河水中的氯化物会超标。

例4-2 某河流边拟建设一个工厂，该工厂会排放流量为 2 m³/s 的苯酚废水，苯酚浓度为 40 μg/L。该河道平均流速为 0.5 m/s，流量为 8 m³/s，上游的背景苯酚浓度为 0.4 μg/L，苯酚的降解系数为 0.2 1/d。求排放口下游 10 km 处的苯酚浓度。

解：根据题意可知，符合一维稳态模式的适用条件。

由式4-2计算起始点完全混合后的初始浓度为：

$$C_0 = \frac{0.4 \times 8 + 40 \times 2}{2 + 8} = 8.32 \ (\text{μg/L})$$

根据式4-3计算10 km处的苯酚浓度为：

$$C = C_0 \times \exp\left[-(K_1 + K_3)\frac{x}{86\,400u}\right]$$

$$= 8.32 \times \exp\left[-(0.2 + 0)\frac{10\,000}{86\,400 \times 0.5}\right] = 7.94 \ (\text{μg/L})$$

因此，该工厂废水如果排放到河流中，排放口下游 10 km 处的苯酚浓度为 7.94 μg/L。

（二）湖泊（水库）影响预测常用数学模式

1. 完全混合衰减模式

$$C = \frac{W_0 + C_p Q_p}{V K_h} + \left(C_h - \frac{W_0 + C_p Q_p}{V K_h}\right)\exp(-K_h t) \tag{4-15}$$

平衡时：

$$C = \frac{(W_0 + C_p Q_p)}{V K_h} \tag{4-16}$$

$$K_h = \frac{Q_h}{V} + \frac{K_l}{86\,400} \tag{4-17}$$

适用条件：① 小湖泊（水库）；② 非持久性污染物；③ 污染物连续稳定排放；④ 预测需反映随时间的变化时采用动态模式。只需反映长期平均浓度时采用平衡模式。

2. 推流衰减模式

$$C_r = C_p \exp\left(-\frac{K_1 \Phi H r^2}{172\,800 Q_p}\right) \tag{4-18}$$

式中：Φ——混合角度，可根据湖泊（水库）岸边形状和水流状况确定，中心排放取 2π 弧度，平直岸边取 π 弧度；K_1 的确定同小湖泊（水库）模式。

适用条件：① 大湖、无风条件；② 非持久性污染物；③ 污染物连续稳定排放。

（三）河口影响预测常用数学模式

河口特指河流感潮段，其他形成的河口预测计算问题分别参见河流、湖泊（水库）或海湾的相关模式。

1. 一维动态混合模式

$$\frac{\partial c}{\partial t} + u\frac{\partial c}{\partial x} = \frac{1}{F}\frac{\partial}{\partial t}\left(FM_l\frac{\partial c}{\partial x}\right) + S_p \tag{4-19}$$

式中：c——污染物浓度，mg/L；

$\quad\quad u$——河流流速，m/s；

$\quad\quad F$——过水断面面积，m^2；

$\quad\quad M_l$——断面纵向混合系数，m^2/s；

$\quad\quad S_p$——污染源强，mg/L；

$\quad\quad t$——时间，s；

$\quad\quad x$——笛卡尔坐标系的坐标，m。

适用条件：① 潮汐河口充分混合段；② 非持久性污染物；③ 污染物排放为连续稳定排放或非稳定排放；④ 需要预测任何时刻的水质。

2. 欧康那河口模式

均匀河口上溯时（$x < 0$，自 $x = 0$ 处排入）：

$$C = C_h + \frac{C_p Q_p}{Q_h + Q_p}\exp\left(\frac{u}{M_l}x\right) \tag{4-20}$$

均匀河口下泄时（$x > 0$）：

$$C = \frac{C_p Q_p + C_h Q_h}{Q_h + Q_p} \tag{4-21}$$

适用条件：① 均匀的潮汐河口充分混合段；② 非持久性污染物；③ 污染物连续稳定排放；④ 只要求预测潮周平均、高潮平均和低潮平均水质。

（四）海湾影响预测常用数学模式

1. ADI 潮流模式

微分方程：

$$\begin{cases} \dfrac{\partial z}{\partial t} + \dfrac{\partial}{\partial t}\big[(h+z)u\big] + \dfrac{\partial}{\partial y}\big[(h+z)v\big] = 0 \\[3mm] \dfrac{\partial u}{\partial t} + u\dfrac{\partial u}{\partial x} + v\dfrac{\partial u}{\partial y} - fv + g\dfrac{\partial z}{\partial x} + g\dfrac{u(u^2+v^2)^{\frac{1}{2}}}{C_z^2(h+z)} = 0 \\[3mm] \dfrac{\partial v}{\partial t} + u\dfrac{\partial v}{\partial x} + v\dfrac{\partial v}{\partial y} - fv + g\dfrac{\partial z}{\partial y} + g\dfrac{v(u^2+v^2)^{\frac{1}{2}}}{C_z^2(h+z)} = 0 \end{cases} \quad (4-22)$$

初值：可以自0开始，也可以利用过去的计算结果或实测值直接输入计算。

边界条件包括陆边界、水边界和有水量流入的水边界。其中，陆边界：边界的法线方向流速为0。水边界：可以输入开边界上已知潮汐调和常数的水位表达式或边界点上的实测水位过程。

有水量流入的水边界：当流量较大时，边界点的连续方程应增加 $\dfrac{\Delta t Q_{hi}}{2\Delta x \Delta y}$ 项；当流量较小时可以忽略。

2. ADI潮混合模式

微分方程：

$$\dfrac{\partial[(h+z)c]}{\partial t} + \dfrac{\partial[(h+z)uc]}{\partial x} + \dfrac{\partial[(h+z)vc]}{\partial y}$$

$$= \dfrac{\partial}{\partial x}\Big[(h+z)M_x\dfrac{\partial c}{\partial x}\Big] + \dfrac{\partial}{\partial y}\Big[(h+z)M_y\dfrac{\partial c}{\partial x}\Big] + S_p \quad (4-23)$$

初值和源强：

$$C_{i,j}^{(0)} = C_h, \quad S_{i,j}^{(l)} = \begin{cases} \dfrac{C_p^{(l)}Q_p^{(l)}}{\Delta x \Delta y} & \cdots\cdots \text{排放点} \\[3mm] 0 & \cdots\cdots \text{非排放点} \end{cases} \quad (4-24)$$

边界条件包括陆边界和水边界。其中，陆边界：法线方向的一阶偏导数为0。水边界：可以取边界内测点的值。

3. 约—新模式

$$C_r = C_h + (C_p - C_h)\Big[1 - \exp\Big(-\dfrac{Q_p}{\Phi d M_r r}\Big)\Big] \quad (4-25)$$

4. 特征理论温度模式

微分方程：

$$\dfrac{\partial[(h+z)T]}{\partial t} + \dfrac{\partial[(h+z)uT]}{\partial x} + \dfrac{\partial[(h+z)vT]}{\partial y}$$

$$= \dfrac{\partial}{\partial x}\Big[(h+z)M_x\dfrac{\partial T}{\partial x}\Big] + \dfrac{\partial}{\partial y}\Big[(h+z)M_y\dfrac{\partial T}{\partial y}\Big] + S_p(h+z) - \dfrac{K_{TS}T}{C'_p\rho} \quad (4-26)$$

初值和源强：

$$T_{i,j}^{(0)} = 0$$

$$S_{pi,j}^{(l)} = \begin{cases} \dfrac{(T_p^{(l)} - T_h)Q_p^{(l)}}{\Delta x \Delta y (h+z)_{i,j}^{(l)}} & \cdots\cdots \text{排放点} \\[3mm] 0 & \cdots\cdots \text{非排放点} \end{cases} \quad (4-27)$$

本模式中的 T 为垂向平均温度与 T_h 的温差。

第五节　地面水环境影响评价与污染防治对策

一、地面水环境影响评价的原则

建设项目的地面水环境影响评价是评定与估价建设项目各实施阶段对地面水环境的影响,它是环境影响预测的目的。地面水环境影响的评价范围与影响预测范围相同。确定其评价范围的原则与环境调查相同。所有预测点和所有预测的水质参数均应进行各实施阶段不同情况的环境影响评价,但应有侧重点。在空间方面,水文要素和水质急剧变化处、水域功能改变处、取水口附近等应作为评价重点;在水质方面,影响较大的水质参数应作为评价重点。原则上可以采用单项水质参数评价方法或多项水质参数综合评价方法。单项水质参数评价是以国家和地方的有关法规、标准为依据,评定各评价项目的单个质量参数的环境影响。多项水质参数综合评价的评价方法和评价的水质参数应与环境现状综合评价相同。预测值未包括环境质量现状值(背景值)时,评价时注意应叠加环境质量现状值。

二、地面水环境影响评价的基本资料

水环境影响评价所需的基本资料包括以下几个方面:

(1)水域功能:是评价建设项目水环境影响的基础。通过水域功能调查来确定。调查的内容包括:各类用水情况、供需关系、水质要求以及渔业、水产养殖等所需的水域面积等,并应注意地面水与地下水之间的水力联系。

(2)评价标准:评价建设项目的地面水环境影响所采用的水质标准应与环境现状评价相同。河道断流时应由环保部门规定功能,并据此选择标准进行评价。

(3)水污染物排放总量:规划中几个建设项目在一定时期(如五年)内兴建并向同一地面水环境排污时,应由政府有关部门规定各建设项目的排污总量或允许利用水体自净能力的比例(政府有关部门未做规定的可以自行拟定并报环保部门认可)。向已超标的水体排污时,应结合环境规划酌情处理或由环保部门事先规定排污要求。

三、地面水环境影响评价因子及其筛选

(一)地面水环境影响评价因子

地面水水质因子一般包括三类:常规水质因子、特征水质因子和其他方面因子。

1. 常规水质因子

以《地表水环境质量标准》(GB 3838—2002)所列的 pH 值、水温、DO、COD、BOD_5、总氮、总磷、氨氮、酚、氰化物、砷等指标为基础,可以根据水域类别、评价等级以及污染状况适当增减。

2．特征水质因子

所属行业类别不同的建设项目排放的生产废水中特征水质因子不同，评价时，应根据拟建设项目所属行业特征、项目生产废水水质、项目生产工艺特点、水域类别和评价等级等进行选择，可以适当删减。比如，在评价钢铁工业类建设项目的地面水环境影响时，可以结合项目排放生产废水水质特点，并参照《钢铁工业水污染物排放标准》（GB 13456—92）中的指标选择评价因子。

3．其他方面因子

对评价等级为一级和二级，且环境要求较高的地区，如自然保护区、饮用水水源地、珍贵水生生物保护区、经济鱼类养殖区等，则应该考虑调查水生生物和底质。水生生物方面主要调查包括浮游动植物、藻类、底栖无脊椎动物的种类和数量、水生生物群落结构等；而底质方面主要调查与建设项目排污水质有关的累积污染物。

（二）评价因子的筛选

地面水环境影响评价因子的筛选应根据建设项目的特点以及当地的环境污染现状和环境保护要求来确定。一般应首先考虑以下污染物：

（1）按照等标污染负荷值（ISE）大小排序，选择排位在前的水质因子，但对一些毒害性大和持久性的污染物，如重金属、苯并芘等，应慎重考虑。

（2）受到项目影响的水体中已经造成严重污染的污染物或已经无污染负荷的污染物。

（3）经过环境调查已经超标或者接近超标的污染物。

（4）地方环保部门要求预测和评价的敏感污染物。

四、地面水环境影响评价范围

地面水环境影响评价范围一般与调查评价范围一致。

五、常用地面水环境影响评价方法

（一）单项水质参数评价方法

单项水质参数评价方法也称为单因子指数法，即取某一评价因子的多次监测的极值或平均值，与该因子的标准值相比较。在水环境质量评价中，当有一项指标超过相应功能的标准值时，就表示该水体已经不能完全满足该功能的要求，因此单因子指数法可以非常简单明了地了解水域是否满足功能要求，是水环境影响评价中最常用的方法。

单项水质参数 i 在第 j 点的标准指数为：

$$S_{i,j} = \frac{c_{i,j}}{c_{si}} \qquad (4-28)$$

DO 的标准指数为：

$$S_{DO,j} = \frac{|DO_f - DO_j|}{DO_f - DO_s}, \ DO_j \geqslant DO_s \qquad (4-29)$$

$$S_{\mathrm{DO},j} = 10 - 9\frac{\mathrm{DO}_j}{\mathrm{DO}_s}, \mathrm{DO}_j < \mathrm{DO}_s \qquad (4-30)$$

$$\mathrm{DO}_f = 468/(31.6 + T) \qquad (4-31)$$

pH 的标准指数为：

$$S_{\mathrm{pH},j} = \frac{7.0 - \mathrm{pH}_j}{7.0 - \mathrm{pH}_{sd}}, \mathrm{pH}_j \leqslant 7.0 \qquad (4-32)$$

$$S_{\mathrm{pH},j} = \frac{\mathrm{pH}_j - 7.0}{\mathrm{pH}_{su} - 7.0}, \mathrm{pH}_j > 7.0 \qquad (4-33)$$

当水质参数的标准指数 >1 时，表明该水质参数超过了规定的水质标准，已经不能满足水质功能要求。

（二）自净利用指数法

规划中几个建设项目在一定时期（如五年）内兴建并且向同一地面水环境排污的情况下，可以采用自净利用指数法进行单项水质因子评价。对于地面水环境中 j 点的污染物 i 来说，它的自净利用指数 $P_{i,j}$ 如式 4-34。自净能力允许利用率 λ 应根据当地水环境自净能力的大小、现在和将来的排污状况以及建设项目的重要性等因素决定，并应征得有关单位同意。

$$P_{i,j} = \frac{c_{i,j} - c_{hi,j}}{\lambda(c_{si} - c_{hi,j})} \qquad (4-34)$$

DO 的自净利用指数为：

$$P_{\mathrm{DO},j} = \frac{\mathrm{DO}_{hj} - \mathrm{DO}_j}{\lambda(\mathrm{DO}_{hj} - \mathrm{DO}_s)} \qquad (4-35)$$

pH 的自净利用指数为：

排入酸性物质时：
$$P_{\mathrm{pH},j} = \frac{\mathrm{pH}_{hj} - \mathrm{pH}_j}{\lambda(\mathrm{pH}_{hj} - \mathrm{pH}_{sd})} \qquad (4-36)$$

排入碱性物质时：
$$P_{\mathrm{pH},j} = \frac{\mathrm{pH}_j - \mathrm{pH}_{hj}}{\lambda(\mathrm{pH}_{su} - \mathrm{pH}_{hj})} \qquad (4-37)$$

当 $P_{i,j} \leqslant 1$ 时，说明污染物 i 在 j 点利用的自净能力没有超过允许的比例；否则说明超过允许利用的比例，这时 $P_{i,j}$ 的值即为允许利用的倍数。

（三）多项水质参数综合评价方法

多项水质参数综合评价法即把选用的若干参数综合成一个概括的指数来评价水质，又称指数评价法。多项水质参数综合评价的方法很多，可以采用下述方法之一进行综合评价。

1. 幂指数法

幂形水质指数 S 的表达式为：

$$S_j = \prod_{i=1}^{m} I_{i,j}^{W_i} \quad 0 < I_{i,j} \leqslant 1, \sum_{i=1}^{m} W_i = 1 \qquad (4-38)$$

首先根据实际情况和各类功能水质标准绘制 $I_i - c_i$ 关系曲线，然后由 $c_{i,j}$ 在曲线上找

到相应的 $I_{i,j}$ 值。

2. 加权平均法

此法所求 j 点的综合评价指数 S 可表达为：

$$S_j = \sum_{i=1}^{m} W_i S_i, \quad \sum_{i=1}^{m} W_i = 1 \qquad (4-39)$$

3. 向量模法

此法所求 j 点的综合评价指数 S 可表达为：

$$S_j = \left[\sum_{i=1}^{m} S_{i,j}^2 \right]^{1/2} \qquad (4-40)$$

4. 算术平均法

此法所求 j 点的综合评价指数 S 可表达为：

$$S_j = \frac{1}{m} \sum_{i=1}^{m} S_{i,j} \qquad (4-41)$$

六、地面水环境影响评价结论

评价建设项目对地面水水质影响时，可采用以下判据评价水质能否满足标准的要求。

（一）下面两种情况应做出可以满足地面水环境保护要求的结论

（1）建设项目在实施过程的不同阶段，除排放口附近很小范围外，水域的水质均能达到预定要求。

（2）在建设项目实施过程的某个阶段，个别水质参数在较大范围内不能达到预定的水质要求，但采取一定的环保措施后可以满足要求。

（二）下面两种情况原则上应做出不能满足地面水环境保护要求的结论

（1）地面水现状水质已经超标。

（2）污染消减量过大以至于消减措施在技术、经济上明显不合理。

建设项目在个别情况下虽然不能满足预定的环保要求，但其影响不大而且发生的机会不多，此时应根据具体情况做出分析。有些情况不宜做出明确的结论，如建设项目恶化了地面水环境的某些方面，同时又改善了其他某些方面。这种情况应说明建设项目对地面水环境的正影响、负影响及其范围、程度和评价者的意见。

七、地面水环境污染防治对策

地面水环境污染防治对策包括污染物消减和环境管理措施两部分。

（一）污染物的消减措施

污染物的消减措施要做得尽量详细、具体、可行。地面水环境影响评价中应该提出的污染物消减措施主要包括：

1. 工业污染防治

采用新型工艺，减少甚至不排废水，或者降低有毒废水的毒性。重复利用废水，尽量采用重复用水及循环用水系统，使废水排放减至最少或将生产废水经适当处理后循环利用。例如电镀废水闭路循环，高炉煤气洗涤废水经沉淀、冷却后再用于洗涤。控制废水中污染物浓度，回收有用产品。尽量使流失在废水中的原料和产品与水分离，就地回收，这样既可减少生产成本，又可降低废水浓度。处理好城市垃圾与工业废渣，避免因降水或径流的冲刷、溶解而污染水体。

2. 生活污水污染控制

城镇生活污水的处理技术已经非常成熟，相应的配套处理设施也相当完善。但大部分农村居住地比较分散，且经济条件落后，缺乏相应的污水处理设施。大部分农村地区的生活污水不经过处理直接排放到附近水体，对水环境造成极大的压力。因此，需要不断加强人们的环保意识，通过政府引导和补贴的方式新建分散式污水处理设施，并提供技术指导。

3. 加强对农业化学品的控制

化肥和农药是农业生产中常用的化学品，它们对水环境的污染非常大。首先应对化肥和农药的生产进行控制，禁止高污染的化肥和农药生产和销售。其次应积极引导企业开发一些高效的化肥和农药。例如，鼓励将农田中的废弃物变废为宝制备有机肥料，在处理农业废弃物的同时也提高肥效。再次，应加强物理防治，推广生物防治能减少化学农药的用量。最后，引导农民科学施用化肥和农药，使用量应该要适当，避免多余的化肥和农药对环境造成污染。

（二）环境管理措施

1. 加强环境监测制度与水环境监管机构的设置

有效的管理是减少污染的最有效手段。地面水环境影响评价中应该提出拟建设项目在建设期和运营期的环境监测方案以及相应的管理措施。环境监测方案应该要做到具体和明确，如监测时间和频率、监测布点、监测项目等的选择都需要明确。而环境管理方案也要详细并且要切实可行，如管理机构的设置、人员的配置、责任人的明确、污染事故的处理处置流程等。

2. 加强水资源统一管理与调度

水资源统一管理可以分为区域内水务一体化管理和流域水资源的统一管理两个方面。鉴于不同水体本身的特性以及当前的水资源环境存在的严峻形势，应该加强区域内的各类水资源的城乡一体化管理。而对于不同流域水资源的管理，必须重点考虑整个流域的总体利益而非局部利益，并统筹整个流域的水资源管理，加强相关管理机构的职权。

3. 加强环境污染管理

地面水环境与人民饮水安全以及工农业发展的命脉息息相关。制定完善的水资源保护规划，对实现可持续发展目标以及确保城市饮水安全具有重要意义。环保部门应对该地区加大环保投入，并制定一系列有利于环境改良的措施。因此，为了区域内能有良好的水环境，政府应根据当地经济发展的情况，加大对环保的支出，并出台一系列有利于区域环境健康发展的措施。

第六节　地下水环境影响评价工作程序与分级

一、地下水环境影响评价工作程序

地下水环境影响评价工作可划分为准备阶段、现状调查与评价阶段、影响预测与评价阶段和结论阶段。其中，第一阶段的准备阶段主要是初步了解项目工程概况，收集项目所在区域地下水和地质水文等相关资料，进行现场踏勘及初步工程分析，识别项目对地下水环境的影响，确定项目地下水环境影响评价工作等级、评价范围和评价重点等；第二阶段主要是对地下水环境现状的调查和评价，包括评价区环境水文地质条件调查、地下水污染源调查和地下水环境质量现状监测；第三阶段主要是对项目建设对地下水环境影响的预测，并根据预测结果进行评价；第四阶段是总结前面的调查、预测和评价结果，提出地下水环境保护措施和污染防治对策，给出评价结论。

各阶段主要工作内容包括：

（一）准备阶段

搜集和分析有关国家和地方地下水环境保护的法律、法规、政策、标准及相关规划等资料；了解建设项目工程概况，进行初步工程分析，识别建设项目对地下水环境可能产生的直接影响；开展现场踏勘工作，识别地下水环境敏感程度；确定评价工作等级、评价范围、评价重点。

（二）现状调查与评价阶段

开展现场调查、勘探、地下水监测、取样、分析、室内外试验和室内资料分析等工作，进行现状评价。

（三）影响预测与评价阶段

进行地下水环境影响预测，依据国家、地方有关地下水环境的法规及标准，评价建设项目对地下水环境的直接影响。

（四）结论阶段

综合分析各阶段成果，提出地下水环境保护措施与防控措施，制订地下水环境影响跟踪监测计划，完成地下水环境影响评价。

地下水环境影响评价工作程序见图4-2所示。

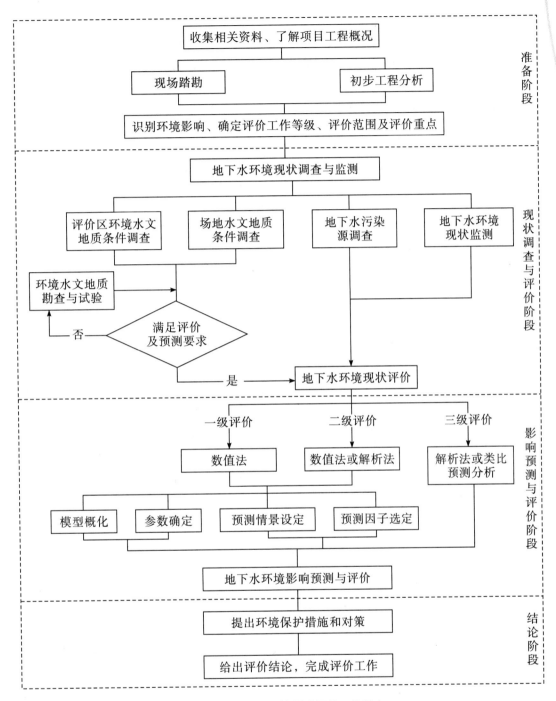

图 4-2　地下水环境影响评价工作程序

二、地下水环境影响评价工作等级确定

地下水环境影响评价工作等级的划分应依据建设项目行业分类和地下水环境敏感程度分级进行判定，可划分为一、二、三级。

（一）划分依据

首先根据《环境影响评价技术导则—地下水环境》（HJ 610—2016）（以下简称"导则"）中附录 A 确定建设项目所属的地下水环境影响评价项目类别，可分为 I、II、III 三类。

建设项目地下水环境敏感程度可分为敏感、较敏感、不敏感三级，分级原则见表 4-11 所示。

表 4-11　地下水环境敏感程度分级表

敏感程度	地下水环境敏感特征
敏感	集中式饮用水水源（包括已建成的在用、备用、应急水源，在建和规划的饮用水水源）准保护区；除集中式饮用水水源以外的国家或地方政府设定的与地下水环境相关的其他保护区，如热水、矿泉水、温泉等特殊地下水资源保护区
较敏感	集中式饮用水水源（包括已建成的在用、备用、应急水源，在建和规划的饮用水水源）准保护区以外的补给径流区；未划定准保护区的集中式饮用水水源，其保护区以外的补给径流区；分散式饮用水水源地；特殊地下水资源（如矿泉水、温泉等）保护区以外的分布区等其他未列入上述敏感分级的环境敏感区 *
不敏感	上述地区之外的其他地区

注：*"环境敏感区"是指《建设项目环境影响评价分类管理名录》中所界定的涉及地下水的环境敏感区。

（二）建设项目评价工作等级

建设项目地下水环境影响评价工作等级划分见表 4-12 所示。

表 4-12　评价工作等级分级表

环境敏感程度	I 类项目	II 类项目	III 类项目
敏感	一	一	二
较敏感	一	二	三
不敏感	二	三	三

对于利用废弃岩盐矿井洞穴或人工专制盐岩洞穴、废弃矿井巷道加水幕系统、人工硬岩洞库加水幕系统、地质条件较好的含水层储油、枯竭的油气层储油等形式的地下储油库，危险废物填埋场应进行一级评价，不按上表划分评价工作等级。

当同一建设项目设计两个或两个以上场地时，各场地应分别判定评价工作等级，并按相应等级开展评价工作。

线性工程根据所涉地下水环境敏感程度和主要站场位置（如输油站、泵站、加油站、机务段、服务站等）进行分段判定评价等级，并按相应等级分别开展评价工作。

三、地下水环境影响评价内容及技术要求

（一）原则性要求

地下水环境影响评价应充分利用已有资料和数据，当已有资料和数据不能满足评价要求时，应开展相应评价等级要求的补充调查，必要时进行勘察试验。

（二）一级评价要求

（1）详细掌握调查评价区环境水文地质条件，主要包括含（隔）水层结构及分布特征、地下水补径排条件、地下水流场、地下水动态变化特征、各含水层之间以及地面水与地下水之间的水力联系等，详细掌握调查评价区内地下水开发利用现状与规划。

（2）开展地下水环境现状监测，详细掌握调查评价区地下水环境质量现状和地下水动态监测信息，进行地下水环境现状评价。

（3）基本查清场地环境水文地质条件，有针对性地开展现场勘察试验，确定场地包气带特征及其防污性能。

（4）采用数值法进行地下水环境影响预测，对于不宜概化为等效多孔介质的地区，可根据自身特点选择适宜的预测方法。

（5）预测评价应结合相应环保措施，针对可能的污染情景，预测污染物运移趋势，评价建设项目对地下水环境保护目标的影响。

（6）根据预测评价结果和场地包气带特征及其防污性能，提出切实可行的地下水环境保护措施与地下水环境影响跟踪监测计划，制定应急预案。

（三）二级评价要求

（1）基本掌握调查评价区的环境水文地质条件，主要包括含（隔）水层结构及其分布特征、地下水补径排条件、地下水流场等。了解调查评价区地下水开发利用现状与规划。

（2）开展地下水环境现状监测，基本掌握调查评价区地下水环境质量现状，进行地下水环境现状评价。

（3）根据场地环境水文地质条件的掌握情况，有针对性地补充必要的现场勘查试验。

（4）根据建设项目特征、水文地质条件及资料掌握情况，选择采用数值法或解析法进行影响预测，预测污染物运移趋势和地下水环境保护目标的影响。

（5）提出切实可行的环境保护措施与地下水环境影响跟踪监测计划。

（四）三级评价要求

（1）了解调查评价区和场地环境水文地质条件。

（2）基本掌握调查评价区的地下水补径排条件和地下水环境质量现状。

（3）采用解析法或类比分析法进行地下水环境分析与评价。

（4）提出切实可行的环境保护措施与地下水环境影响跟踪监测计划。

（五）其他技术要求

（1）一级评价要求场地环境水文地质资料的调查精度不低于 1∶10 000 比例尺，评价区的环境水文地质资料的调查精度不低于 1∶15 000 比例尺。

（2）二级评价环境水文地质资料的调查精度要求能够清晰反映建设项目与环境敏感区、地下水环境保护目标的位置关系，并根据建设项目特点和水文地质条件复杂程度确定调查精度，建议一般以不低于 1∶50 000 比例尺为宜。

第七节　地下水环境质量现状调查

一、调查原则

地下水环境现状调查工作应遵循资料收集与现场调查相结合、项目所在场地调查与类比考察相结合、现状监测与长期动态资料分析相结合的原则。

地下水环境现状调查与评价工作的深度应满足相应的工作级别要求。当现有资料不能满足要求时，应组织现场监测及环境水文地质勘查与试验等方法获取。

对于一、二级评价的改扩建项目，应开展现有工业场地的包气带污染现状调查。

对于长输油品、化学品管线等线性工程，调查评价工作应重点针对场站、服务站等可能对地下水产生污染的地区开展。

二、调查评价范围

（一）基本要求

地下水环境现状调查评价范围应该包括建设项目相关的地下水环境保护目标，以能说明地下水环境的现状，反映调查评价区地下水基本流场特征，满足地下水环境影响预测和评价为基本原则。

对于污染场地修复工程项目的地下水环境影响现状调查参照 HJ 25.1 执行。

（二）调查评价范围确定

1. 非线性工程建设项目

建设项目（除线性工程外）地下水环境影响现状调查评价范围可采用公式计算法、查表法和自定义法确定。

当建设项目所在地水文地质条件相对简单，且掌握的资料能够满足公式计算法的要求时，应采用公式计算法确定（参照 HJ/T 338）；当不满足公式计算法的要求时，可采用查表法确定；当计算或查表范围超出所处水文地质单元边界时，应以所处水文地质单元边界为宜。

（1）公式计算法。

$$L = \partial \times K \times I \times T / n_e \qquad (4-42)$$

式中：L——下游迁移距离，m；

　　　∂——变化系数，$\partial \geqslant 1$，一般取2；

　　　K——渗透系数，m/d，常见渗透系数表见《环境影响评价技术导则—地下水环境》（HJ 610—2016）；

　　　I——水力坡度，无量纲；

　　　T——质点迁移天数，取值不小于5 000 d；

　　　n_e——有效孔隙度，无量纲。

采用该方法应包括重要的地下水环境保护目标，所得的调查范围如图4-3所示。

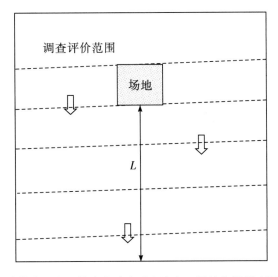

注：虚线表示水位线；空心箭头表示地下水流向；场地上游距离根据评价需求确定，场地两侧不小于$L/2$。

图4-3　调查评价范围示意图

（2）查表法。

参照表4-13确定地下水调查范围。

表4-13　地下水环境现状调查评价范围参考表

评价等级	调查评价范围/km²	备注
一级	≥20	应包括重要地下水环境保护目标，必要时适当扩大范围
二级	6~20	
三级	≤6	

（3）自定义法。

可根据建设项目所在地水文地质条件自行确定，需说明理由。

2．线性工程

线性工程应以工程边界两侧向外延伸 200 m 作为调查评价范围；穿越饮用水源准保护区时，调查评价范围应至少包含水源保护区；线性工程站场的调查评价范围确定参照非线性工程建设项目确定方法。

三、调查内容与要求

（一）水文地质条件调查

水文地质条件调查的主要内容包括：

（1）气象、水文、土壤和植被状况。

（2）地层岩性、地质构造、地貌特征与矿产资源。

（3）包气带岩性、结构、厚度、分布及垂向渗透系数等。

（4）含水层的岩性、分布、结构、厚度、埋藏条件、渗透性和富水程度等；隔水层（弱透水层）的岩性、厚度、渗透系数等。

（5）地下水水位、水质、水温、地下水化学类型。

（6）泉的成因类型、出露位置、形成条件及泉水流量、水质、水温，开发利用情况。

（7）集中供水水源地和水源井的分布情况（包括开采层的成井的密度、水井结构、深度以及开采历史）。

（8）地下水现状监测井的深度、结构以及成井历史、使用功能。

（9）地下水环境现状值（或地下水污染对照值）。

（二）地下水污染源调查

（1）调查评价区内具有与建设项目产生或排放同种特征因子的地下水污染源。

（2）对于一、二级的改扩建项目，应在可能造成地下水污染的主要装置或设施附近开展包气带污染现状调查，对包气带进行分层取样，一般在 0～20 cm 埋深范围内取一个样品，其他取样深度应根据污染源特征和包气带岩性、结构特征等确定，并说明理由。样品进行浸溶试验，测试分析浸溶液成分。

（三）地下水环境现状监测

建设项目地下水环境现状监测应通过对地下水水质、水位的监测，掌握或了解评价区地下水水质现状及地下水流场，为地下水环境现状评价提供基础资料。

污染场地修复工程项目的地下水环境现状监测参照 HJ 25.2 执行。

1．现状监测点的布设原则

（1）地下水环境现状监测点采用控制性布点与功能性布点相结合的布设原则。监测点应主要布设在建设项目场地、周围环境敏感点、地下水污染源以及对于确定边界条件有控制意义的地点。当现有监测点不能满足监测位置和监测深度要求时，应布设新的地下水现状监测井，现状监测井的布设应兼顾地下水环境影响跟踪监测计划。

（2）监测层位应包括潜水含水层、可能受建设项目影响且具有饮用水开发利用价值的含水层。

（3）一般情况下，地下水水位监测点数宜大于相应评价级别地下水质检测点数的两倍。

（4）地下水水质监测点布设的具体要求：

① 监测点布设应尽可能靠近建设项目或主体工程，监测点数应根据评价等级和水文地质条件确定。

② 一级评价项目潜水含水层的水质监测点应不少于 7 个，可能受建设项目影响且具有饮用水开发利用价值的含水层 3～5 个，原则上建设项目场地上游和两侧的地下水水质监测点均不得少于 1 个，建设项目场地及其下游影响区的地下水水质监测点不得少于 3 个。

③ 二级评价项目潜水含水层的水质监测点应不少于 5 个，可能受建设项目影响且具有饮用水开发利用价值的含水层 2～4 个，原则上建设项目场地上游和两侧的地下水水质监测点均不得少于 1 个，建设项目场地及其下游影响区的地下水水质监测点不得少于 2 个。

④ 三级评价项目潜水含水层水质监测点应不少于 3 个，可能受建设项目影响且具有饮用水开发利用价值的含水层 1～2 个，原则上建设项目场地上游及下游影响区的地下水水质监测点个不得少于 1 个。

（5）管道型岩溶区等水文地质条件复杂的地区，地下水现状监测点应视情况确定，并说明布设理由。

（6）在包气带厚度超过 100 m 的评价区或监测井较难布设的基岩山区 u，地下水质监测点数无法满足第（4）点要求时，可视情况调整数量，并说明调整理由。一般情况下，该类地区一、二级评价项目至少设置 3 个监测点，三级评价项目跟进需要设置一定数量的监测点。

2．地下水水质现状监测取样要求

（1）地下水水质取样应根据特征因子在地下水中的迁移特性选取适当的取样方法。

（2）一般情况下，只取一个水质样品，取样点深度宜在地下水位以下 1.0 m 左右。

（3）建设项目为改扩建项目，且特征因子为 DNAPLs（重质非水相液体）时，应至少在含水层底部取一个样品。

3．地下水水质现状监测因子

（1）检测分析地下水环境中 $K^+ - Na^+$、Ca^{2+}、Mg^{2+}、CO_3^{2-}、HCO_3^-、Cl^-、SO_4^{2-} 的浓度。

（2）地下水水质现状监测因子原则上应包括两类：一类是基本水质因子，另一类为特征因子。

① 基本水质因子以 pH、氨氮、硝酸盐、亚硝酸盐、挥发性酚类、氰化物、砷、汞、铬（六价）、总硬度、铅、氟、镉、铁、锰、溶解性总固体、高锰酸盐指数、硫酸盐、氯化物、总大肠菌群、细菌总数等及背景值超标的水质因子为基础，可根据区域地下水类型、污染源状况适当调整。

② 特征因子根据建设项目污废水成分（可参照 HJ/T 2.3）、液体物料成分、固废浸出液成分等确定。但是可根据区域地下水化学类型、污染源状况适当调整。

4. 地下水环境现状监测频率要求

（1）水位监测频率要求。

① 评价等级为一级的建设项目，若掌握近三年内至少一个连续水文年的枯、平、丰水期地下水位动态监测资料，则评价期内至少开展一期地下水水位监测；若无上述资料，则依据表 4 – 14 开展水位监测。

② 评价等级为二级的建设项目，若掌握近三年内至少一个连续水文年的枯、丰水期地下水位动态监测资料，评价期可不再开展现状地下水位监测；若无上述资料，则依据表 4 – 14 开展水位监测。

③ 评价等级为三级的建设项目，若掌握近三年内至少一期的监测资料，评价期内可不再进行现状水位监测；若无上述资料，则依据表 4 – 14 开展水位监测。

（2）基本水质因子的水质监测频率应参照表 4 – 14，若掌握近三年内至少一期的水质监测数据，基本水质因子可在评价期补充开展一期现状监测；特征因子在评价期内需至少开展一期现状值监测。

表 4 – 14   地下水环境现状监测频率参照表

分布区	水位监测频率			水质监测频率		
	一级	二级	三级	一级	二级	三级
山前冲（洪）积	枯、平、丰	枯、丰	一期	枯、丰	枯	一期
滨海（含填海区）	二期 a	一期	一期	一期	一期	一期
其他平原区	枯、丰	一期	一期	枯	一期	一期
黄土地区	枯、平、丰	一期	一期	二期	一期	一期
沙漠地区	枯、丰	一期	一期	一期	一期	一期
丘陵山区	枯、丰	一期	一期	一期	一期	一期
岩溶裂隙	枯、丰	一期	一期	枯丰	一期	一期
岩溶管道	二期	一期	一期	二期	一期	一期

注：a "二期" 的间隔有明显水位变化，其变化幅度接近年内变幅。

（3）在包气带厚度超过 100 m 的评价区或监测井较难布置的基岩山区，若掌握近三年内至少一期的监测资料，评价期内可不进行现状水位、水质监测；若无上述资料，则至少开展一期现状水位、水质监测。

5. 地下水样品采集与现场测定

（1）地下水样品应采用自动式采样泵或人工活塞闭合式与敞口式定深采样器进行采集。

（2）样品采集前，应先测量井孔地下水水位（或地下水位埋深）并做好记录，然后采用潜水泵或离心泵对采样井（孔）进行全井孔清洗，抽汲的水量不得小于三倍的井筒水（量）体积。

（3）地下水水质样品的管理、分析化验和质量控制按照 HJ/T 164 执行。pH、Eh、DO、水温等不稳定项目应在现场测定。

（四）环境水文地质勘查与试验

环境水文地质勘查与试验是在充分收集已有资料和地下水环境现状调查的基础上，针对需要进一步查明的地下水含水层特征和为获取预测评价中必要的水文地质参数而进行的工作。

除一级评价应进行必要的环境水文地质勘查与试验外，对环境水文地质条件复杂且资料缺少的地区，二级、三级评价也应在区域水文地质调查的基础上对场地进行必要的水文地质勘查。

环境水文地质勘查可采用钻探、物探和水土化学分析以及室内外测试、试验等手段开展，具体参见相关标准与规范。

环境水文地质试验项目通常有抽水试验、注水试验、浸溶试验及土注淋滤试验等，有关试验原则与方法参见《环境影响评价技术导则　地下水环境》（HJ 610—2016）附录 C。在评价工作过程中可根据评价等级和资料掌握情况选用。

进行环境水文地质勘查时，除采用常规方法外，还可采样其他辅助方法配合勘查。

四、地下水水质现状评价

（一）地下水水质现状评价

GB/T 14848 和有关法规及当地的环保要求是地下水环境现状评价的基本依据。对属于 GB/T 14848 水质指标的评价因子，应按其规定的水质分类标准值进行评价；对不属于 GB/T 14848 水质指标的评价因子，可参照国家（行业、地方）相关标准（如 GB 3838、GB 5749、DZ/T 0290 等）进行评价。现状监测结果应进行统计分析，给出最大值、最小值、均值、标准差、检出率和超标率等。

地下水水质现状评价应采用标准指数法（具体参照本章第九节的第三点）。

（二）包气带环境现状分析

对于污染场地修复工程项目和评价工作等级为一、二级的改扩建项目，应开展包气带污染现状调查，分析包气带污染状况。

第八节　地下水环境影响预测

一、预测范围

地下水环境影响预测范围一般与调查评价范围一致。预测层位应以潜水含水层或污染物直接进入的含水层为主，兼顾与其水力联系密切且具有饮用水开发利用价值的含水层。当建设项目场地天然包气带垂向渗透系数小于 1×10^{-6} cm/s，或厚度超过 100 m 时，预测范围应扩展至包气带。

二、预测时段

地下水环境影响预测时段应选取可能产生地下水污染的关键时段，至少包括污染发生后 100 d、1 000 d，服务年限或能反映特征因子迁移规律的其他重要的时间节点。

三、预测情景设置

一般情况下，建设项目须对正常状况和非正常状况的情景分别进行预测。但是，对于已根据 GB 16889、GB 18597、GB 18598、GB 18599、GB/T 50934 设计的地下水污染防渗措施的建设项目，可不进行正常状况预测。

四、预测因子

对建设项目预测因子的筛选，一般应包括：

（1）识别的特征影响因子，并按重金属、持久性有机污染物和其他类别进行分类，且对每一类别中的各项因子采用标准指数法进行排序，分别取标准指数最大的因子作为预测因子。

（2）现有工程已经产生的且改扩建后将继续产生的特征因子，改扩建后新增加的特征因子。

（3）污染场地已查明的主要污染物。

（4）国家或地方要求控制的污染物。

五、预测源强

地下水环境影响预测源强的确定应充分结合工程分析。正常状况下，预测源强应结合建设项目工程分析和相关设计规范确定，如 GB 50141、GB 50268 等。非正常状况下，预测源强可根据工艺设备或地下水环境保护措施因系统老化或腐蚀程度等设定。

六、预测内容

（1）给出特征因子不同时段的影响范围、程度，最大迁移距离。

（2）给出预测期内场地边界或地下水环境保护目标处特征因子随时间的变化规律。

（3）当建设项目场地天然包气带垂向渗透系数小于 1×10^{-6} cm/s 或厚度超过 100 m 时，须考虑包气带阻滞作用，预测特征因子在包气带中迁移。

（4）污染场地修复治理工程项目应给出污染物变化趋势或污染控制的范围。

七、预测方法

建设项目地下水环境影响预测方法包括数学模型法和类比分析法。其中，数学模型法包括数值法、解析法等方法。

(一) 预测方法选取原则

(1) 预测方法的选取应根据建设项目工程特征、水文地质条件及资料掌握程度来确定，当数值方法不适用时，可用解析法或其他方法预测。一般情况下，一级评价应采用数值法，不宜概化为等效多孔介质的地区除外；二级评价中水文地质条件复杂且适宜采用数值法时，建议优先采用数值法；三级评价可采用解析法或类比分析法。

(2) 采用数值法预测前，应先进行参数识别和模型验证。

(3) 采用解析模型预测污染物在含水层中的扩散时，一般应满足以下条件：

① 污染物的排放对地下水流场没有明显影响；

② 评价区内含水层的基本参数 (如渗透系数、有效孔隙度等) 不变或变化很小。

(4) 采用类比分析法时，应给出类比条件。类比分析对象与拟预测对象之间应满足以下要求：

① 二者的环境水文地质条件、水动力场条件相似；

② 二者的工程类型、规模及特征因子对地下水环境的影响具有相似性。

(5) 地下水环境影响预测过程中，对于采用非本导则推荐模式进行预测评价时，须明确所采用模式试用条件，给出模型中的各参数物理意义及参数取值，并尽可能采用本导则中相关模式进行验证。

(二) 预测模型概化

1. 水文地质条件概化

根据调查评价区和场地环境水文地质条件，对边界性质、介质特性、水流特征和补径排等条件进行概化。

2. 污染源概化

污染源概化包括排放形式与排放规律的概化。根据污染源的具体情况，排放形式可以概化为点源、线源、面源；排放规律可以简化为连续恒定排放或非连续恒定排放以及瞬时排放。

3. 水文地质参数初始值的确定

预测所需的包气带垂向渗透系数、含水层渗透系数、给水度等参数初始值的获取应以收集评价范围内已有水文地质资料为主，不满足预测要求时需要通过现场试验获取。

(三) 常用的地下水预测数学模型

1. 地下水溶质运移解析法

(1) 应用条件。

　　求解复杂的水动力学方程定解问题非常困难，实际问题中都靠数值方法求解。但是可以用解析解对照数值解法进行检验和比较，并用解析解去拟合观测资料以求得水动力弥散系数。

　　（2）预测模型。

　　① 一维稳定流动一维水动力弥散问题。

　　◆一维无限长多孔介质柱体，示踪剂瞬时注入

$$C(x,t) = \frac{m/W}{2n_e \sqrt{\pi D_L t}} e^{\frac{(x-ut)^2}{4D_L t}} \qquad (4-43)$$

式中：x——距注入点的距离，m；

　　　　t——时间，d；

　　　　$C(x, t)$——t 时刻 x 处的示踪剂浓度，g/L；

　　　　m——注入的示踪剂质量，kg；

　　　　W——横截面面积，m^2；

　　　　u——水流速度，m/d；

　　　　n_e——有效孔隙度，无量纲；

　　　　D_L——纵向弥散系数，m^3/d；

　　　　π——圆周率。

　　◆一维半无限长多孔介质柱体，一端为定浓度边界

$$\frac{C}{C_0} = \frac{1}{2} erfc\left(\frac{x-ut}{2\sqrt{D_L t}}\right) + \frac{1}{2} e^{\frac{ux}{D_L}} erfc\left(\frac{x+ut}{2\sqrt{D_L t}}\right) \qquad (4-44)$$

式中：x——距注入点的距离，m；

　　　　t——时间，d；

　　　　C_0——注入的示踪剂浓度，g/L；

　　　　u——水流速度，m/d；

　　　　D_L——纵向弥散系数，m^2/d；

　　　　$erfc(\ \ )$——余误差函数。

　　② 一维稳定流动二维水动力弥散问题。

　　◆瞬时注入示踪剂——平面瞬时点源

$$C(x,y,t) = \frac{m_M/M}{4\pi nt \sqrt{D_L D_T}} e^{-\left[\frac{(x-ut)^2}{4D_L t} + \frac{y^2}{4D_T t}\right]} \qquad (4-45)$$

式中：x, y——计算点处的位置坐标；

　　　　t——时间，d；

　　　　$C(x, y, t)$——t 时刻点 (x, y) 处的示踪剂浓度，g/L；

　　　　M——承压含水层的厚度，m；

　　　　m_M——长度为 M 的线源瞬时注入的示踪剂质量，kg；

　　　　u——水流速度，m/d；

　　　　D_L——纵向弥散系数，m^2/d；

　　　　D_T——横向 y 方向的弥散系数，m^2/d；

　　　　π——圆周率。

◆连续注入示踪剂——平面连续点源

$$C(x,y,t) = \frac{m_t}{4\pi Mn\sqrt{D_L D_T}}e^{\frac{xu}{2D_L}}\left[2K_0(\beta) - W\left(\frac{u^2 t}{4D_L},\beta\right)\right] \qquad (4-46)$$

$$\beta = \sqrt{\frac{u^2 x^2}{4D_L^2} + \frac{u^2 y^2}{4D_L D_T}} \qquad (4-47)$$

式中：x，y——计算点处的位置坐标；

　　　t——时间，d；

　　　C（x，y，t）——t 时刻点（x，y）处的示踪剂浓度，g/L；

　　　M——承压含水层的厚度，m；

　　　m_t——单位时间注入示踪剂的质量，kg/d；

　　　u——水流速度，m/d；

　　　D_L——纵向弥散系数，m²/d；

　　　D_T——横向 y 方向的弥散系数，m²/d；

　　　π——圆周率；

　　　K_0（β）——第二类零阶修正贝塞尔函数；

　　　$W\left(\frac{u^2 t}{4D_L},\beta\right)$——第一类越流系统井函数。

2．地下水数值模型

（1）应用条件。

数值法可以解决许多复杂水文地质条件和地下水开发利用条件下的地下水资源评价问题，并可以预测各种开采方案条件下地下水位的变化，即预报各种条件下的地下水状态。但不适用于管道流（如岩溶暗河系统等）的模拟评价。

（2）预测模式。

地下水水流模式。对于非均质、各向异性、空间三维结构、非稳定地下水流系统：

◆控制方程

$$\mu_s \frac{\alpha h}{\alpha t} = \frac{\alpha}{\alpha x}\left(K_x \frac{\alpha h}{\alpha x}\right) + \frac{\alpha}{\alpha y}\left(K_y \frac{\alpha h}{\alpha y}\right) + \frac{\alpha}{\alpha z}\left(K_z \frac{\alpha h}{\alpha z}\right) + W \qquad (4-48)$$

式中：μ_s——贮水率，1/m；

　　　h——水位，m；

　　　K_x，K_y，K_z——分别为 x，y，z 方向上的渗透系数，m/d；

　　　t——时间，d；

　　　W——源汇项，m³/d。

◆初始条件

$$h(x,y,z,t) = h_0(x,y,z) \quad (x,y,z) \in \Omega, t = 0 \qquad (4-49)$$

式中：h_0（x，y，z）——已知水位分布；

　　　Ω——模式模拟区。

◆边界条件

第一类边界：

$$h(x,y,z,t)_{\Gamma_1} = h(x,y,z,t) \quad (x,y,z) \in \Gamma_1, t \geqslant 0 \tag{4-50}$$

式中：Γ_1——一类边界；

$h(x,y,z,t)$——一类边界上的已知水位函数。

第二类边界：

$$k\frac{\alpha h}{\vec{\alpha n}}\bigg|_{\Gamma_2} = q(x,y,z,t) \quad (x,y,z) \in \Gamma_2, t > 0 \tag{4-51}$$

式中：Γ_2——二类边界；

k——三维空间上的渗透系数张量；

n——边界 Γ_2 的外法线方向；

$q(x,y,z,t)$——二类边界上已知流量函数。

第三类边界：

$$\left(k(h-z)\frac{\alpha h}{\vec{\alpha n}} + \alpha h\right)\bigg|_{\Gamma_3} = q(x,y,z) \tag{4-52}$$

式中：α——已知函数；

Γ_3——三类边界；

k——三维空间上的渗透系数张量；

$\vec{n}$——边界 Γ_3 的外法线方向；

$q(x,y,z)$——三类边界上已知流量函数。

3. 地下水水质模式

水是溶质运移的载体，地下水溶质运移数值模拟应在地下水流畅模拟基础上进行。因此，地下水溶质运移数值模型包括水流模型和溶质运移模型两部分。

◆控制方程

$$R\theta\frac{\alpha C}{\alpha t} = \frac{\alpha}{\alpha x_i}\left(\theta D_{ij}\frac{\alpha C}{\alpha x_j}\right) - \frac{\alpha}{\alpha x_i}(\theta v_i C) - WC_S - WC - \lambda_1 \theta C - \lambda_2 \rho_b \overline{C} \tag{4-53}$$

$$R = 1 + \frac{\rho_b}{\theta}\frac{\alpha \overline{C}}{\alpha C} \tag{4-54}$$

式中：R——迟滞系数，无量纲；

ρ_b——介质密度，$kg/(dm)^3$；

θ——介质孔隙度，无量纲；

C——组分的浓度，g/L，

$\overline{C}$——介质骨架吸附的溶质浓度，g/kg；

t——时间，d；

D_{ij}——水动力弥散系数张量，m^2/d；

v_i——地下水渗流速度张量，m/d；

W——水流的源和汇，1/d；

C_S——组分的浓度，g/L；

λ_1——溶解相一级反应速率，1/d；

λ_2——吸附相反应速率，1/d。

◆初始条件

$$C(x,y,z,t) = C_0(x,y,z) \qquad (x,y,z) \in \Omega, t = 0 \qquad (4-55)$$

式中：$C_0(x, y, z)$——已知浓度分布；

　　　Ω——模型模拟区域。

◆定解条件

第一类边界——给定浓度边界：

$$C(x,y,z,t)\big|_{\Gamma_1} = C(x,y,z,t) \qquad (x,y,z) \in \Gamma_1, t \geqslant 0 \qquad (4-56)$$

式中：Γ_1——表示给定浓度边界；

　　　$C(x, y, z, t)$——给定浓度边界上的浓度分布。

第二类边界——给定弥散通量边界：

$$\theta D_{ij}\frac{\alpha C}{\alpha x_j}\bigg|_{\Gamma_2} = f_i(x,y,z,t) \qquad (x,y,z) \in \Gamma_2, t \geqslant 0 \qquad (4-57)$$

式中：Γ_2——通量边界；

　　　$f_i(x, y, z, t)$——边界 Γ_2 上已知的弥散通量函数。

第三类边界——给定溶质通量边界：

$$\left(\theta D_{ij}\frac{\alpha C}{\alpha x_j} - q_i C\right)\bigg|_{\Gamma_3} = g_i(x,y,z,t) \qquad (x,y,z) \in \Gamma_3, t \geqslant 0 \qquad (4-58)$$

式中：Γ_3——混合边界；

　　　$g_i(x, y, z, t)$——Γ_3 上已知的对流—弥散通量函数。

第九节　地下水环境影响评价

一、评价原则

评价应以地下水环境现状调查和地下水环境影响预测结果为依据，对建设项目各实施阶段（建设期、运营期及服务期满后）的不同环节及不同污染防控措施下的地下水环境影响进行评价。地下水环境影响预测未包括环境质量现状值时，应叠加环境质量现状值后再进行评价。应评价建设项目对地下水水质的直接影响，重点评价建设项目对地下水环境保护目标的影响。

二、评价范围

地下水环境影响评价范围一般与调查评价范围一致。

三、评价方法

（一）采用标准指数法对建设项目地下水水质影响进行评价

当标准指数 >1 时，表明该水质因子已超标，标准指数越大，超标越严重。标准指数计算公式分为以下两种情况。

1. 对于评价标准为定值的水质因子

$$P_i = \frac{C_i}{C_{si}} \qquad (4-59)$$

式中：P_i——第 i 个水质因子的标准指数，无量纲；

C_i——第 i 个水质因子的监测浓度值，mg/L；

C_{si}——第 i 个水质因子的标准浓度值，mg/L。

2. 对于评价标准为区间值的水质因子（如 pH 值）

$$P_{pH} = \frac{7.0 - pH}{7.0 - pH_{sd}} \quad pH \leqslant 7 \text{ 时}$$

$$P_{pH} = \frac{pH - 7.0}{pH_{su} - 7.0} \quad pH > 7 \text{ 时}$$

式中：P_{pH}——pH 的标准指数，无量纲；

pH——pH 监测值；

pH_{su}——标准中 pH 的上限值；

pH_{sd}——标准中 pH 的下限值。

（二）采用 GB/T 14848 水质指标评价方法

对属于 GB/T 14848 水质指标的评价因子，应按其规定的水质分类标准值进行评价；对于不属于 GB/T 14848 水质指标的评价因子，可参照国家（行业、地方）相关标准的水质标准值（如 GB 3838、GB 5749、DZ/T 0290 等）进行评价。

四、结果评价

评价建设项目对地下水水质影响时，可采用以下判据评价水质能否满足标准的要求。

1. 以下情况应得出可以满足标准要求的结论

（1）建设项目各个不同阶段，除场界内小范围以外地区，均能满足 GB/T 14848 或国家（行业、地方）相关标准要求的。

（2）在建设项目实施的某个阶段，有个别评价因子出现较大范围超标，但采取环保措施后，可满足 GB/T 14848 或国家（行业、地方）相关标准要求的。

2. 以下情况应得出不能满足标准要求的结论

（1）新建项目排放的主要污染物，改扩建项目已经排放的及将要排出的主要污染物在评价范围内地下水中已经超标的。

（2）环保措施在技术上不可行，或在经济上明显不合理的。

五、地下水环境影响评价结论

建设项目地下水环境影响评价的结论应包括：调查评价区及场地环境水文地质条件和地下水环境现状的概述；根据地下水环境影响预测评价结果，给出建设项目对地下水环境和保护目标的直接影响；根据地下水环境影响评价结论，提出建设项目地下水污染防控措施的优化调整建议或方案。

最后，结合环境水文地质条件、地下水环境影响、地下水环境污染防控措施、建设项目总平面布置的合理性等方面进行综合评价，明确给出建设项目地下水环境影响是否可接受的结论。

第十节　地下水环境保护措施与对策

一、基本要求

地下水环境保护措施与对策应符合《中华人民共和国水污染防治法》和《中华人民共和国环境影响评价法》的相关规定，按照"源头控制、分区防控、污染监控、应急响应"，重点突出饮用水水质安全的原则确定。

地下水环境环保对策措施建议应根据建设项目特点、调查评价区和场地环境水文地质条件，在建设项目可行性研究提出的污染防控对策的基础上，根据环境影响预测与评价结果，提出需要增加或完善的地下水环境保护措施和对策。

改扩建项目应针对现有工程引起的地下水污染问题，提出"以新带老"的对策和措施，有效减轻污染程度或控制污染范围，防止地下水污染加剧。

给出各项地下水环境保护措施与对策的实施效果，列表给出初步估算各措施的投资概算，并分析其技术、经济可行性。

提出合理、可行、操作性强的地下水污染防控的环境管理体系，包括地下水环境跟踪监测方案和定期信息公开等。

二、建设项目污染防控对策

（一）从源头上控制

主要包括提出各类废物循环利用的具体方案，减少污染物的排放量；提出工艺、管道、设备、污水储存及处理构筑物应采取的污染控制措施，将污染物跑、冒、滴、漏降到最低限度。

（二）分区防控

结合地下水环境影响评价结果，对工程设计或可行性研究报告提出的地下水污染防控方案突出优化调整的建议，给出不同分区的具体防渗技术要求。一般情况下，应以水平防渗为主，防控措施应满足以下要求：

（1）已颁布污染控制国家标准或防渗技术规范的行业，水平防渗技术要求按照相应标准或规范执行。

（2）未颁布相关标准的行业，根据预测结果和场地包气带特征及其防污性能，提出防渗技术要求，或根据建设项目场地天然包气带防污性能、污染控制难易程度和污染物特性，参照表 4－11 提出防渗技术要求。其中污染控制难易程度分级和天然包气带防污性能分级分别参照表 4－12 和表 4－13 进行相关等级的确定。

表 4－15　污染控制难易程度分级参照表

污染控制难易程度	主要特征
难	对地下水环境有污染的物料或污染物泄漏后，不能及时发现和处理
易	对地下水环境有污染的物料或污染物泄漏后，可及时发现和处理

表 4－16　天然包气带防污性能分级参照表

分级	包气带岩土的渗透性能
强	岩（土）层单层厚度 Mb≥1.0 m，渗透系数 K≤1×10^{-6} cm/s，且分布连续、稳定
中	岩（土）层单层厚度 0.5 m≤Mb<1.0 m，渗透系数 K≤1×10^{-6} cm/s，且分布连续、稳定； 岩（土）层单层厚度 Mb≥1.0 m，渗透系数 1×10^{-6} cm/s ＜ K≤1×10^{-4} cm/s，且分布连续、稳定
弱	岩（土）层不满足上述"强"和"中"条件

表 4－17　地下水污染防渗分区参照表

防渗分区	天然包气带防污性能	污染控制难易程度	污染物类型	防渗技术要求
重点防渗区	弱	难	重金属、持久性有机物污染物	等效黏土防渗层 Mb≥6.0 m，K≤1×10^{-7} cm/s，或参照 GB 18598 执行
	中—强	难		
	弱	易		
一般防渗区	弱	易—难	其他类型	等效黏土防渗层 Mb≥1.5 m，K≤1×10^{-7} cm/s，或参照 GB 16889 执行
	中—强	难		
	中	易	重金属、持久性有机物污染物	
	强	易		
简单防渗区	中—强	易	其他类型	一般地面硬化

对难以采取水平防渗的场地，可采用垂向防渗为主，局部水平防渗为辅的防控措施。

根据非正常状况下的预测评价结果，在建设项目服务年限内个别评价因子超标范围超出厂界时，应提出优化总图布置的建议或地基处理方案。

（三）地下水环境监测与管理

1. 建立地下水环境监测管理体系

建立地下水环境监测管理体系，包括制订地下水环境影响跟踪监测计划，建立地下水环境影响跟踪监测制度，配备先进的监测仪器和设备，以便及时发现问题和采取措施。

2. 制订跟踪监测计划

跟踪监测计划应根据环境水文地质条件和建设项目特点设置跟踪监测点，跟踪监测点应明确与建设项目的位置关系，给出点位、坐标、井深、井结构、监测层位、监测因子及监测频率等相关参数。

（1）跟踪监测点数量要求。

一、二级评价的建设项目，一般不少于3个，应至少在建设项目场地，上、下游各布设1个。一级评价的建设项目，应在建设项目总图布置基础之上，结合预测评价结果和应急响应时间要求，在重点污染风险源处增设监测点。

三级评价的建设项目，一般不少于1个，应至少在建设项目场地下游布置1个。

（2）明确跟踪监测点的基本功能，如背景值监测点、地下水环境影响跟踪监测点、污染扩散监测点等，必要时，明确跟踪监测点兼具的污染控制功能。

（3）根据环境管理对监测工作的需要，提出有关监测机构、人员及装备的建议。

（4）制订地下水环境跟踪监测与信息公开计划。

① 落实跟踪监测报告编制的责任主体，明确地下水环境跟踪监测报告的内容，一般应包括：建设项目所在场地及其影响区地下水环境跟踪监测数据，排放污染物的种类、数量、浓度；生产设备、管廊或管线、贮存与运输装置、污染物贮存与处理装置、事故应急装置等设施的运行状况、跑冒滴漏记录、维护记录。

② 信息公开计划应至少包括建设项目特征因子的地下水环境监测值。

（5）完善应急响应，制订地下水污染应急响应预案，明确污染状况下应采取的控制污染源、切断污染途径等措施。

思考题

1. 点源污染和非点源污染的概念分别是什么？
2. 水环境影响评价的概念和目的分别是什么？
3. 如何筛选水环境影响评价因子？
4. 地面水环境影响评价工作级别的划分依据是什么？
5. 水环境影响预测数学模型有哪些？相应的选用原则有哪些？
6. 常用水环境影响评价方法有哪些？
7. 地下水环境影响评价工作等级如何划分？
8. 地下水环境影响评价范围如何确定？
9. 地下水环境影响预测的模型及选取。
10. 地下水环境影响评价方法有哪些？
11. 人类活动对地下水环境造成了怎样的影响？如何采取有效的地下水环境保护对策和措施？

第五章
声环境影响评价

第一节　声环境影响评价概述

一、声学基础知识

（一）声音与环境噪声

声音本质是由物体振动而产生。声音通常包括乐音和噪声。噪声从不同角度有不同含义，《中华人民共和国环境噪声污染防治法》（1997 年 3 月 1 日起施行）中指出，环境噪声是指在工业生产、建筑施工、交通运输和社会生活中所产生的干扰周围生活环境的声音。而环境噪声污染是指产生的环境噪声超过国家规定的环境噪声排放标准，并干扰他人正常生活、工作和学习的现象。

（二）噪声的分类

噪声分类方法常见的有四种：

（1）按噪声来源，分为工业噪声、建筑施工噪声、交通运输噪声和社会生活噪声。工业噪声，指在工业生产活动中使用固定设备时产生的干扰周围生活环境的声音；建筑施工噪声，指在建筑施工过程中产生的干扰周围生活环境的声音；交通运输噪声，指机动车辆、铁路机车、机动船舶或航空器等交通运输工具在运行时所产生的干扰周围生活环境的声音；社会生活噪声，指人为活动所产生的除工业噪声、建筑施工噪声和交通运输噪声之外的干扰周围生活环境的声音。

（2）按声波频率，分为低频噪声（＜500 Hz）、中频噪声（500～1 000 Hz）和高频噪声（＞1 000 Hz）。

（3）按噪声产生机理，分为机械噪声、空气动力性噪声和电磁噪声。

（4）按噪声随时间变化的规律，分为稳态噪声（在测量时间内声源的声级起伏≤3 dB）和非稳态噪声（在测量时间内声源的声级起伏＞3 dB）。稳态噪声的强度不随时间变化，非稳态噪声的强度随时间变化。

（三）噪声的危害

噪声污染对人、动植物、仪器设备及建筑物等均会造成一定程度的危害，其危害程度主要取决于噪声的频率、强度及暴露时间。噪声危害主要体现在以下三个方面。

（1）干扰人的正常生活与工作；造成人的听力损伤或耳聋；诱发中枢神经系统、心血管系统（心脏病）、视觉系统、消化系统和生殖系统等多方面的疾病。

（2）除影响人体外还对其他生物，如对动物的听觉器官、视觉器官、内脏器官及中枢神经系统造成病理性变化；可使动物失去行为控制能力，出现烦躁不安、失去常态等现象，鸟类在噪声中会出现羽毛脱落，降低产卵率等；强噪声（如130 dB）会引起动物死亡，也会对植物的授粉产生间接性影响等。

（3）特强噪声会损伤仪器设备或使仪器设备失效；还对建筑物造成破坏性作用，当噪声级超过140 dB时，对轻型建筑开始有破坏作用，如出现门窗损伤、玻璃破碎、墙壁开裂、抹灰震落和烟囱倒塌等现象。

二、声音的物理量

（一）声速、波长、频率和周期

1. 声速

声速是指单位时间内声波在介质中通过的距离；本质上声速是介质中微弱压强扰动的传播速度，用 C 表示，单位：米/秒（m/s）。

在任何介质中，声速的大小只取决于介质的弹性和密度，而与声源无关；介质的密度越大，声速越快。不同介质中，声速不同，如常温下，空气中声速为343 m/s；钢板中声速为5 000 m/s；水中约为1 500 m/s。声速大小还与介质温度高低有关，介质温度越高，声速越快。

在空气中声速（C）与温度（t）间的关系为：

$$C = 331.4\sqrt{1 + \frac{t}{273}} \approx 331.4 + 0.607t \qquad (5-1)$$

式中：C——声速，m/s；

　　　t——空气温度，℃。

2. 波长

振动经过一个周期，声波传播的距离称为波长，用 λ 表示，单位：米（m）。

3. 频率、周期

频率指单位时间内介质质点振动的次数，用 f 表示，单位：赫兹（Hz）。人耳能感觉到的声音频率一般在20～20 000 Hz范围内，高于20 000 Hz的叫超声波，低于20 Hz的叫次声波。周期指波行经一个波长的距离所需要的时间，即质点每重复一次振动所需要的时间，用 T 表示，单位：秒（s）。频率与周期互为倒数。

频率（f）、周期（T）、声速（C）和波长（λ）之间的关系为：

$$C = \lambda \times f \quad 或 \quad C = \frac{\lambda}{T}$$

（二）声压、声强和声功率

1. 声压

当有声波存在时，介质中的压强超过静止时的压强值。声波在介质中传播时所引起的介质压强的变化，称为声压，用 p 表示，单位为 Pa，$1\ Pa = 1\ N/m^2$。描述声压可用瞬时声压和有效声压。瞬时声压指某瞬时介质中内部压强受到声波作用后的改变量，即单位面积的压力变化。声音在振动过程中，声压是随时间迅速起伏变化的，人耳感受到的实际只是一个平均效应，因为瞬时声压有正负值之分，所以有效声压（p_e）取瞬时声压的均方根值：

$$p_e = \sqrt{\frac{1}{T}\int_0^T p^2(t)\,\mathrm{d}t} \tag{5-2}$$

式中：p_e——T 时间内的有效声压，Pa；

$p(t)$——某一时刻的瞬时声压，Pa。

通常所说的声压，若未加说明，一般应用时即指有效声压，若 p_1，p_2 分别表示两列声波在某一点所引起的有效声压，该点叠加后的有效声压可由波动方程导出，即：

$$p_e = \sqrt{p_1^2 + p_2^2} \tag{5-3}$$

声压是声场中某点声波压力的量度，影响它的因素与声强相同。

2. 声强

声强指单位面积上的声功率，是在单位时间内声波通过垂直于声波传播方向单位面积的声能量，用 I 表示，单位：W/m^2。

声压与声强关系密切。在自由声场中，对于平面波和球面波某处的声强与该处声压的平方成正比，即多声波传播方向上某点声强与声压、介质密度 ρ 存在如下关系：

$$I = \frac{p_e^2}{\rho C} \tag{5-4}$$

式中：p_e——有效声压，Pa；

ρ——介质密度，kg/m^3；

C——声速，m/s；常温时 ρC 为 $415\ N \cdot s/m^2$。

通常距声源愈远的点声强愈小。若不考虑介质对声能的吸收，点声源在自由声场中向四周均匀辐射声能时，距声源 r 处的声强为：

$$I = \frac{E}{\Delta t \cdot S} = \frac{W}{S} = \frac{W}{4\pi r^2} \tag{5-5}$$

式中：I——距离声源为 r 处的声强，W/m^2；

E——声能量，J 或 kW/h；

Δt——声波通过的时间，s；

S——声波通过的面积，m^2；

W——点声源的声功率，W；

r——测量点到声源的距离，m。

3. 声功率

声功率指声源在单位时间内向外辐射的总声能，用 W 表示，单位：W 或 μW。声功率是表示声源特性的一个物理量。声功率越大，表示声源单位时间内发射的声能量越大，引起的噪声越强。声功率的大小，只与声源本身有关。

声功率与声强间的关系为：$W = IS = \dfrac{E}{\Delta t}$［式中各符号表示意义同式（5-5）］

三、环境噪声的基本评价量

（一）分贝

分贝是指两个相同的物理量（如 A_1 和 A_0）之比取以 10 为底的对数乘以 10（或 20），即：

$$N = 10\lg \frac{A_1}{A_0} \tag{5-6}$$

式中：A_0——基准量（或参考量）；

A_1——被量度的量。

被量度量与基准量取对数，所得值称为被量度量的"级"，它表示被量度量比基准量高出多少"级"。分贝是"级"的单位，是无量纲的量，符号：dB。

（二）声压级、声强级与声功率级

正常人耳刚能听到的最低声压称听阈声压。对于频率为 1 000 Hz 的声音，听阈声压约为 2×10^{-5} Pa。刚使人耳产生疼痛感觉的声压称痛阈声压。对于频率为 1 000 Hz 的声音，正常人耳的痛阈声压为 20 Pa。从听阈到痛阈，声压相差 6 个数量级，即 10^6 倍。从听阈到痛阈，相应声强的变化为 $1 \times 10^{-12} \sim 1$ W/m²，声强相差 12 个数量级，即 10^{12} 倍。显然用声压或声强的绝对值表示声音的强弱（大小）均不方便。为便于应用，根据人耳对声音强弱大小变化响应的感觉特性，引出一个对数来表示声音的大小。近似地与声压、声强呈对数关系，所以通常用对数值来度量声音，分别称为声压级（L_p）与声强级（L_I）。

所谓声压级就是声压的平方与一个基准的声压平方比值的对数值。正常的人耳听到的声音的声压级为 0 ~ 120 dB。

$$L_p = 10\lg \frac{p^2}{p_0^2} = 20\lg \frac{p}{p_0} \tag{5-7}$$

所谓声强级是指某处的声强与基准声强的比值常用对数的值再乘以 10，即：

$$L_I = 10\lg \frac{I}{I_0} \tag{5-8}$$

上述式中：L_p——对应声压 p 的声压级，dB；

p——声压，N/m²；

p_0——基准声压（听阈声压），为 2×10^{-5} Pa；

L_I——对应声强 I 的声强级，dB；

I——声强，W/m^2；

I_0——基准声强，为 $10^{-12}\ W/m^2$。

声压级和声强级均是描述空间某处声音强弱的物理量。在自由声场中，二者数值近似相等。

同理，某声源的声功率级（L_w）为：

$$L_w = 10\lg \frac{w}{w_0} \qquad (5-9)$$

式中：L_w——对应声功率 W 的声功率级，dB；

w——声功率，W；

w_0——基准声功率，为 $1 \times 10^{-12}\ W$。

声压级、声强级和声功率级均用来描述空间声场中某处声音大小的物理量。实际工作中常用声压级评价声环境功能区的声环境质量，用声功率级评价声源源强。

声压级、声强级和声功率级的单位均相同，皆为分贝（dB）。

（三）噪声级（分贝）的计算

由声压级、声强级、声功率级的对数定义式可知，噪声级的分贝数运算不能按算术法则直接进行，而应按对数运算的法则进行。

1. 噪声级的相加（分贝和）

如果已知两个声源在某一预测点单独产生的声压级（L_1、L_2），这两个声源合成的声压级（L_{1+2}）就要进行噪声级（分贝）的相加。

（1）公式法。

n 个不同噪声源同时作用在声场中同一点，这点的总声压级计算通式为：

$$L_{pT} = 10\lg \frac{p_T^2}{p_0^2} = 10\lg \frac{\sum_{i=1}^{n} p_i^2}{p_0^2} = 10\lg \sum_{i=1}^{n} \left(\frac{p_i}{p_0} \right)^2 \qquad (5-10)$$

则有 $$L_{pT} = 10\lg \left[\sum_{i=1}^{n} \left(10^{\frac{L_{pi}}{10}} \right) \right] \qquad (5-11)$$

式中：L_{pT}——总声压级；

L_{pi}——第 i 个声源的声压级；

n——表示噪声源数量。

（2）查表法。

若采用上两式计算，则比较烦琐。实际工作中多采用表 5-1 中的对应关系，即根据两噪声源声压级的数值之差（$L_{p1} - L_{p2}$）查出对应的增值 ΔL，再将此增值直接加到声压级数值大的 L_{p1} 上，所得结果即为总声压级之和，即：

$$L_{pT} = L_{p1} + \Delta L \qquad (5-12)$$

表 5 - 1　$(L_{p1} - L_{p2})$ 与 ΔL 对应关系

单位: dB (A)

$L_{p1} - L_{p2}$	0	1	2	3	4	5	6	7	8	9	10	11, 12	13, 14	≥15
ΔL	3.0	2.5	2.1	1.8	1.5	1.2	1.0	0.8	0.6	0.5	0.4	0.3	0.2	0.1

　　查表法计算相对于公式法有细微误差, 但其计算方便快捷; 精确计算需要采用公式法。

2. 噪声级的相减 (分贝差)

（1）公式法。

　　若已知两个声源在某一预测点产生的总声压级 L_{pT} 及其中一个声源在该单独点产生的声压级 L_{p1} , 则另一声源在该点单独产生的声压级 L_{p2} 可按下列通式进行计算:

$$L_{p2} = 10\lg\left[10^{0.1L_{pT}} - 10^{0.1L_{p1}}\right] = L_{pT} + 10\lg\left[1 - 10^{-0.1(L_{pT}-L_{p1})}\right] \qquad (5-13)$$

$$令 \quad \Delta L = -10\lg\left[1 - 10^{-0.1(L_{pT}-L_{p1})}\right]$$

$$得 \quad L_{p2} = L_{pT} - \Delta L \qquad (5-14)$$

（2）查表法。

　　ΔL 可由 $(L_{pT} - L_{p1})$ 的差值计算并对应查表 5 - 2 可得 ΔL 值。

表 5 - 2　$(L_{pT} - L_{p1})$ 与 ΔL 对应关系

单位: dB (A)

$L_{pT} - L_{p1}$	1	2	3	4	5	6	7	8	9	10	11
ΔL	6.9	4.4	3.0	2.3	1.7	1.3	1.0	0.8	0.6	0.45	0.34

3. 噪声级的平均值 (分贝平均)

　　在噪声测量中, 经常会遇到在同一位置多次测量声压级取平均的情况, 这时会涉及分贝平均的问题。某一地点的环境噪声常是非稳态噪音, 设有 n 个声压级, 分别为 L_{p1} , L_{p2} , $\cdots$, L_{pn} , 为求该点不同时间的噪声平均值 $\overline{L_p}$, 可通过式（5-15）计算:

$$\overline{L_p} = 10\lg\left[\frac{1}{n}\sum_{i=1}^{n}10^{\frac{L_{pi}}{10}}\right] = 10\lg\sum_{i=1}^{n}\left(10^{0.1L_{pi}}\right) - 10\lg n \qquad (5-15)$$

式中: n——噪声源的总数。

4. 环境噪声的主观评价量

（1）A 计权声级 (L_A) 。

　　环境噪声的度量, 不仅与噪声的物理量有关, 还与人对声音的主观听觉有关。人耳对声音的感觉不仅与声压级大小有关, 还与频率的大小有关。声压级相同而频率不同的声音, 听起来不一样响, 高频声音比低频声音响, 这是人耳听觉特性所决定的。为了模拟人耳对声音的反应, 在噪声测量仪器中安装一个特殊的滤波器, 这个滤波器称为计权网络。当声音进入计权网络时, 中、低频率的声音按比例衰减通过, 而 1 000 Hz 以上的高频声则无衰减通过。由于计权网络是把可听声频按 A、B、C、D 等种类特定频率进行计权, 所以就把被 A、B、C、D 网络计权的声压级分别称为 A 计权声级 (简称 A 声级)、

B声级、C声级和D声级，单位分别记为dB（A）、dB（B）、dB（C）、dB（D）。其中A声级是模拟人耳对55 dB以下低强度噪声的频率特性而设计的。计权声级（简称声级）指声级计上以分贝表示的读数，即声场内某一点的声级，它是噪声所有频率成分的综合反应，是一个单一的数值，可直接用声级计测量。

由于A计权声级能较好地反映人耳对各种噪声强度与频率的主观感觉，所以是目前评价连续稳态噪声的主要指标和应用最广的评价量，也是世界声学界、医学界公认的作为保护听力和健康以及环境噪声的评价量。D声级在飞机噪声环境影响评价中仍常使用，但B声级现在已基本不再使用。

（2）等效连续A声级（L_{eq}）。

A声级用于评价一个连续的稳态宽频噪声具有明显优势，但噪声通常是无规律的、起伏不定的或时断时续的非稳态的，这时用A声级评价此类非稳态噪声就有明显不足。即如果在某一受声点观测到的A声级随时间变化而变化，如交通噪声随车流量和种类变化，即当有汽车通过时噪声可能是85~90 dB，当没有车辆通过时噪声可能是50~55 dB；又如一台间隙工作的机器，即在某一段时间内的A声级时高时低，在这种情况下，用某一瞬间的A声级去评价一段时间内的A声级不确切。因此，提出等效连续A声级（简称等效声级）作为评价量，即某一段时间内的连续暴露的不同A声级变化，用能量平均的方法并以A声级表示该段时间内的噪声大小，记为L_{eq}，单位为dB（A）。其数学表达式为：

$$L_{eq} = 10\lg\left(\frac{1}{T}\int_0^T 10^{\frac{L_A(t)}{10}}dt\right) \tag{5-16}$$

式中：L_{eq}——在T段时间内的等效连续A声级，dB（A）；

$L_A(t)$——t时刻的瞬时A声级，dB（A）；

T——连续取样的总时间，min。

由于A声级的测量，实际上是采取等间隔取样的，所以等效连续A声级可按式（5-17）表示：

$$L_{eq} = 10\lg\left[\frac{1}{N}\sum_{i=1}^n\left(10^{\frac{L_{Ai}}{10}}\right)\right] \tag{5-17}$$

式中：L_{eq}——N次取样的等效连续A声级，dB（A）；

L_{Ai}——第i次取样的A声级，dB（A）；

N——取样总次数。

等效连续A声级的应用领域较广，在我国多用此评价量去评价工业噪声、公路交通噪声、铁路交通噪声、港口与航道交通噪声及施工噪声等非稳态噪声。

（3）昼夜等效声级（L_{dn}）。

昼夜等效声级是表示一昼夜24 h噪声的等效作用，通常用于评价区域环境噪声。它是考虑到夜间噪声对人体影响更为严重而提出的，将夜间噪声另增加10 dB加权处理后，用能量平均的方法得出24 h A声级的平均值，单位为dB（A）。计算公式为：

$$L_{dn} = 10\lg\left[\frac{16\times10^{0.1L_d} + 8\times10^{0.1(L_n+10)}}{24}\right] \tag{5-18}$$

式中：L_d——昼间 T_d 各小时（一般昼间小时数取 16）的等效声级，dB（A）；

$\qquad L_n$——夜间 T_n 各小时（一般夜间小时数取 8）的等效声级，dB（A）。

噪声在昼间（6：00 至 22：00）和夜间（22：00 至次日 6：00）对人的影响程度不同，为此利用等效连续声级分别计算昼间等效声级（昼间时间内测得的等效连续 A 声级）和夜间等效声级（夜间时间内测得的等效连续 A 声级），并分别采用昼间等效声级（L_d）和夜间等效声级（L_n）作为声环境功能区的声环境质量评价量和厂界（场界、边界）噪声的评价量。

（4）统计噪声级（L_N）。

通常现实生活中的很多环境噪声属于非稳态噪声，对这类噪声如用等效连续声级来表示，并不能表达出环境噪声随机的起伏程度，为了描述噪声随时间的变化特性，通常采用统计噪声级来评价环境噪声。所谓统计噪声级（L_N）是指占测量时间段一定比例的累积时间内 A 声级的最小值，用作评价测量时间内噪声强度时间统计分布特征的指标，又叫累积百分声级，记作 L_N，常用 L_{10}，L_{50}，L_{90} 表示。

L_{10} 表示在测量时间内 10% 的时间超过的噪声级，相当于噪声平均峰值；

L_{50} 表示在测量时间内 50% 的时间超过的噪声级，相当于噪声平均（中）值；

L_{90} 表示在测量时间内 90% 的时间超过的噪声级，相当于噪声背景（本底）值。

其计算方法：将测得的 100 个数据按由大到小的顺序排序，第 10、50、90 个数据即分别为 L_{10}，L_{50}，L_{90}。由此三个噪声级可按式（5-19）近似求出测量时间内的等效连续 A 声级：

$$L_{eq} \approx L_{50} + \frac{(L_{10} - L_{90})^2}{60} \qquad (5-19)$$

统计噪声的标准偏差 σ 采用下式计算：

$$\sigma = \sqrt{\frac{1}{n-1} \sum_{i=1}^{n} (\bar{L} - L_i)^2} \qquad (5-20)$$

式中：$\bar{L}$——所有声级的算术平均值；

$\qquad L_i$——第 i 个声级；

$\qquad n$——测得的声级的总个数。

等效声级的标准偏差 σ 可通过下式计算：

$$\sigma = \frac{1}{2}(L_{16} - L_{84}) \qquad (5-21)$$

（5）交通噪声指数（TNI）。

交通噪声指数（TNI）是城市道路交通噪声评价的一个重要参量，评价交通噪声必须考虑起伏的噪声比稳定的噪声对人们的干扰更大这一因素，因此采用交通噪声指数。其基本测量方法为：在 24 h 周期内进行大量的室外 A 计权声压级取样，取样时间是不连续的，将这些取样声级进行统计，求得累积百分声级 L_{10} 和 L_{90}。其计算公式为：

$$TNI = 4（L_{10} - L_{90}）+ L_{90} - 30 \qquad (5-22)$$

式中：4（$L_{10} - L_{90}$）——"噪声气候"的范围，说明噪声的起伏变化程度；

$\qquad L_{90}$——本底噪声状况，即噪声背景（本底）值；

30——为了获得比较习惯的数值而引入的调节量（修正值）；

L_{10}——噪声平均峰值。

TNI 评价量是根据交通噪声特性，经大量测量和调查得出的，它只适用于机动车辆噪声对周围环境干扰的评价，而且限于车流量较多的地段和时间内且附近无固定声源的环境。对于车流量较少的环境，L_{10} 和 L_{90} 的差值较大，得到的 TNI 也很大，使计算数值明显地夸大噪声的干扰程度。如在繁忙的交通干线处，$L_{90} = 70$ dB，$L_{10} = 84$ dB，TNI = 96 dB；而在车流量较少的街道，L_{10} 可能仍为 84 dB，但 L_{90} 却会降低到 55 dB 的水平，得 TNI 为 141 dB，显然后者因噪声涨落大，引起烦恼的程度比前者大，显然不合情理。

（6）最大声级（L_{max}）。

在规定的测量时间段内或对某一独立噪声事件，测得的 A 声级最大值，用 L_{max} 表示，单位 dB（A）。

（7）计权有效连续感觉噪声级（L_{WECPN}）。

在航空噪声评价中，对在一段监测时间内飞行事件噪声的评价采用计权有效连续感觉噪声级（L_{WECPN}），单位 dB（A）。特点在于既考虑在 24 h 的时间内飞机通过某一固定点所产生的总噪声级，同时也考虑了不同时间的飞机对周围环境所造成的影响。

一日计权有效连续感觉噪声级（L_{WECPN}）的计算公式如下：

$$L_{WECPN} = \overline{EPN} + 10\lg(N_1 + 3N_2 + 10N_3 - 39.4) \qquad (5-23)$$

式中：$\overline{EPN}$——N 次飞行的有效感觉噪声级的能量平均值（N 表示 $N_1 + N_2 + N_3$ 之和），dB；

N_1——7 时至 19 时的飞行次数；

N_2——19 时至 22 时的飞行次数；

N_3——22 时至次日 7 时的飞行次数。

第二节　声环境影响评价的工作程序与分级

一、声环境影响评价的工作程序

声环境影响评价的工作程序主要分为四个阶段：

第一阶段：前期准备、调研和工作方案阶段。了解环境法规和标准的规定，开展现场踏勘，确定评价工作等级与评价范围和编制环境噪声评价工作大纲。

第二阶段：噪声部分工程分析与调查阶段。开展建设项目噪声部分的工程分析，收集资料、现场监测调查噪声的基本现状水平及噪声源数量、调查各声源噪声级与发声持续时间、声源空间位置和声环境功能区的确认等。

第三阶段：声环境预测和评价阶段。预测噪声对敏感点人群的影响，对影响的意义和重大性做出评价，并提出声环境影响减缓对策和措施。

第四阶段：编写声环境影响专题报告。

声环境影响评价的工作程序详见图 5-1。

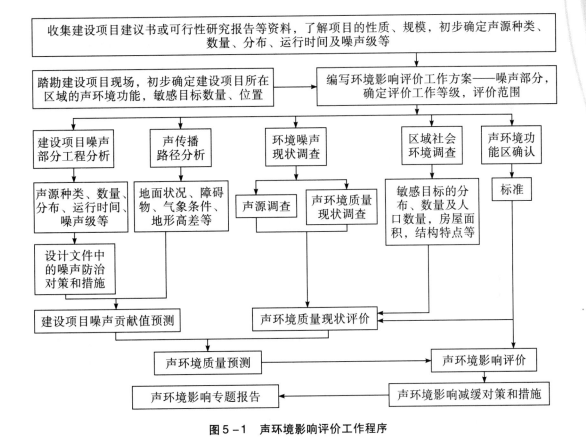

图 5 - 1　声环境影响评价工作程序

二、声环境影响评价的等级划分

（一）评价等级的划分依据

声环境影响评价工作等级划分依据包括三个方面：

（1）建设项目所在区域的声环境功能区类别。

（2）建设项目建设前后所在区域的声环境质量变化程度。

（3）受建设项目影响的人口数量。

（二）评价等级划分

声环境影响评价工作等级一般分为三级，一级为详细评价，二级为一般性评价，三级为简要评价。在确定评价工作等级时，如建设项目符合两个以上级别的划分原则，则按较高级别的评价等级进行评价。三个等级划分原则为：

（1）评价范围内有适用于《声环境质量标准》（GB 3096—2008）规定的 0 类声环境功能区域以及对噪声有特别限制要求的保护区等敏感目标，或建设项目建设前后评价范围内敏感目标噪声级增高量达 5 dB（A）以上［不含 5 dB（A）］，或受影响人口数量显著增多时，按一级评价。

（2）建设项目所处的声环境功能区为《声环境质量标准》（GB 3096—2008）规定的1类、2类地区，或建设项目建设前后评价范围内敏感目标噪声级增高量达 3～5 dB（A）[含 5 dB（A）]，或受噪声影响人口数量增加较多时，按二级评价。

（3）建设项目所处的声环境功能区为《声环境质量标准》（GB 3096—2008）规定的3类、4类地区，或建设项目建设前后评价范围内敏感目标噪声级增高量在 3 dB（A）以下 [不含 3 dB（A）]，且受影响人口数量变化不大时，按三级评价。

（三）各等级评价的基本要求

1. 一级评价的基本要求

（1）在工程分析中，给出建设项目对环境有影响的主要声源的数量、位置和声源源强，并在标有比例尺的图中标识固定声源的具体位置或流动声源的路线、跑道等位置。在缺少声源源强的相关资料时，应通过类比测量取得，并给出类比测量的条件。

（2）评价范围内具有代表性的敏感目标的声环境质量现状需要实测。对实测结果进行评价，并分析现状声源的构成及其对敏感目标的影响。

（3）噪声预测应覆盖全部敏感目标，给出各敏感目标的预测值及厂界（或场界、边界）噪声值。固定声源评价、机场周围飞机噪声评价、流动声源经过城镇建成区和规划区路段的评价应绘制等声级线图，当敏感目标高于（含）三层建筑时，还应绘制垂直方向的等声级线图。给出建设项目建成后不同类别的声环境功能区内受影响的人口分布、噪声超标的范围和程度。

（4）对工程预测的不同代表性时段噪声级可能发生变化的建设项目，应分别预测其不同时段的噪声级。

（5）对工程可行性研究和评价中提出的不同选址（选线）和建设布局方案，应根据不同方案噪声影响人口的数量和噪声影响的程度进行比选，并从声环境保护角度提出最终的推荐方案。

（6）针对建设项目的工程特点和所在区域的环境特征提出噪声防治措施，并进行经济、技术可行性论证，明确防治措施的最终降噪效果和达标分析。

2. 二级评价的基本要求

（1）在工程分析中，给出建设项目对环境有影响的主要声源的数量、位置和声源源强，并在标有比例尺的图中标识固定声源的具体位置或流动声源的路线、跑道等位置。在缺少声源源强的相关资料时，应通过类比测量取得，并给出类比测量的条件。

（2）评价范围内具有代表性的敏感目标的声环境质量现状以实测为主，可适当利用评价范围内已有的声环境质量监测资料，并对声环境质量现状进行评价。

（3）噪声预测应覆盖全部敏感目标，给出各敏感目标的预测值及厂界（或场界、边界）噪声值，根据评价需要绘制等声级线图。给出建设项目建成后不同类别的声环境功能区内受影响的人口分布、噪声超标的范围和程度。

（4）对工程预测的不同代表性时段噪声级可能发生变化的建设项目，应分别预测其不同时段的噪声级。

（5）从声环境保护角度对工程可行性研究和评价中提出的不同选址（选线）和建设

布局方案的环境合理性进行分析。

(6)针对建设项目的工程特点和所在区域的环境特征提出噪声防治措施，并进行经济、技术可行性论证，给出防治措施的最终降噪效果和达标分析。

3. 三级评价的基本要求

(1)在工程分析中，给出建设项目对环境有影响的主要声源的数量、位置和声源源强，并在标有比例尺的图中标识固定声源的具体位置或流动声源的路线、跑道等位置。在缺少声源源强的相关资料时，应通过类比测量取得，并给出类比测量的条件。

(2)重点调查评价范围内主要敏感目标的声环境质量现状，可利用评价范围内已有的声环境质量监测资料，若无现状监测资料时应进行实测，并对声环境质量现状进行评价。

(3)噪声预测应给出建设项目建成后各敏感目标的预测值及厂界（或场界、边界）噪声值，分析敏感目标受影响的范围和程度。

(4)针对建设项目的工程特点和所在区域的环境特征提出噪声防治措施，并进行达标分析。

表5-3 声环境影响评价各阶段工作要求

工作阶段		一级	二级	三级
工程分析		在工程分析中，给出建设项目对环境有影响的主要声源的数量、位置和声源源强，并在标有比例尺的图中标识固定声源的具体位置或流动声源的路线、跑道等位置。在缺少声源源强的相关资料时，应通过类比测量取得，并给出类比测量的条件		
现状调查评价与监测	调查评价要求	评价范围内具有代表性的敏感目标的声环境质量现状需要实测，对实测结果进行评价，并分析现状声源的构成及其对敏感目标的影响	评价范围内具有代表性的敏感目标的声环境质量现状以实测为主，可适当利用评价范围内已有的声环境质量监测资料，并对声环境质量现状进行评价	重点调查评价范围内主要敏感目标的声环境质量现状，可利用评价范围内已有的声环境质量监测资料，若无现状监测资料时应进行实测，并对声环境质量现状进行评价
	现状监测	① 测量指标：a. 环境噪声测量量为等效连续A声级，高声级突发性噪声还应测最大A声级及噪声持续时间，机场飞机噪声测量量为计权等效连续感觉噪声级；b. 对较特殊的噪声源应同时测量A声级和声级频率特性；c. 脉冲噪声应同时测量A声级及脉冲周期。② 测量时段：a. 在声源正常运行工况条件下选择适当时段测量；b. 每一测点应分别进行昼、夜间时段测量；c. 噪声起伏较大时，应增加昼、夜间测量次数。③ 测量方法：采用《环境噪声监测技术规范 噪声测量值修正》（HJ 706—2014）、《环境噪声监测技术规范 结构传播固定设备室内噪声》（HJ 707—2014）和《环境噪声监测技术规范 城市声环境常规监测》（HJ 640—2012）中规定的方法进行。④ 测量记录内容：a. 测量仪器型号、级别，仪器使用过程的校准情况；b. 各测点的编号、测量时段和对应的声级数据；c. 有关声源运行情况		

续上表

工作阶段	一级	二级	三级
预测	噪声预测应覆盖全部敏感目标，给出各敏感目标的预测值及厂界（或场界、边界）噪声值。固定声源评价、机场周围飞机噪声评价、流动声源经过城镇建成区和规划区路段的评价应绘制等声级线图，当敏感目标高于（含）三层建筑时，还应绘制垂直方向的等声级线图	噪声预测应覆盖全部敏感目标，给出各敏感目标的预测值及厂界（或场界、边界）噪声值，根据评价需要绘制等声级线图。给出建设项目建成后不同类别的声环境功能区内受影响的人口分布、噪声超标的范围和程度	噪声预测应给出建设项目建成后各敏感目标的预测值及厂界（或场界、边界）噪声值，分析敏感目标受影响的范围和程度
预测时段	对工程预测的不同代表性时段的噪声级可能发生变化的建设项目，应分别预测其不同时段（如建设期，投产后的近期、中期、远期）的噪声级	对工程预测的不同代表性时段噪声级可能发生变化的建设项目，应分别预测其不同时段的噪声级	—
方案比选	对工程可行性研究和评价中提出的不同选址（选线）和建设布局方案，应根据不同方案噪声影响人口的数量和噪声影响的程度进行比选，并从声环境保护角度提出最终的推荐方案	从声环境保护角度对工程可行性研究和评价中提出不同选址（选线）和建设布局方案的环境合理性进行分析	—
环保措施及达标分析	针对建设项目的工程特点和所在区域的环境特征提出噪声防治措施，并进行经济、技术可行性论证，明确防治措施的最终降噪效果和达标分析	针对建设项目的工程特点和所在区域的环境特征提出噪声防治措施，并进行经济、技术可行性论证，明确防治措施的最终降噪效果和达标分析	针对建设项目的工程特点和所在区域的环境特征提出噪声防治措施，并进行达标分析

第三节　声环境影响预测

一、声环境影响预测基本要求

（一）预测范围

应与评价范围相同。

（二）预测点的确定原则

建设项目厂界（或场界、边界）和评价范围内的敏感目标应作为预测点。

（三）预测需要的基础资料

1. 声源资料

主要包括：声源种类、数量、空间位置、噪声级、频率特性、发声持续时间和对敏感目标的作用时间段等。

2. 影响声波传播的各类参量

影响声波传播的参量主要包括：

（1）建设项目所处区域的年平均风速和主导风向，年平均气温，年平均相对湿度。

（2）声源和预测点间的地形、高差。

（3）声源和预测点间障碍物（如建筑物和围墙等）。

（4）若声源位于室内，还包括门和窗等的位置及长、宽、高等数据。

（5）声源和预测点间树林、灌木等的分布情况，地面覆盖情况（如草地、水面、水泥地面和土质地面等）。

二、声环境影响预测步骤

（一）预测步骤

（1）建立坐标系，确定各声源坐标和预测点坐标，并根据声源性质以及预测点与声源之间的距离等情况，把声源简化成点声源、线声源或面声源。

（2）根据已获得的声源源强的数据和各声源到预测点的声波传播条件资料，计算出噪声从各声源传播到预测点的声衰减量，由此计算出各声源单独作用在预测点时产生的A声级（L_{Ai}）或有效感觉噪声级（L_{EPN}）。

（二）声级计算

（1）建设项目声源在预测点产生的等效声级贡献值（L_{eqg}）计算公式：

$$L_{eqg} = 10\lg\left(\frac{1}{T}\sum_i t_i 10^{0.1L_{Ai}}\right) \qquad (5-24)$$

式中：L_{eqg}——建设项目声源在预测点的等效声级贡献值，dB（A）；

L_{Ai}——i 声源在预测点产生的 A 声级，dB（A）；

T——预测计算的时间段，s；

t_i——i 声源在 T 时段内的运行时间，s。

（2）预测点的预测等效声级（L_{eq}）计算公式：

$$L_{eq} = 10\lg(10^{0.1L_{eqg}} + 10^{0.1L_{eqb}}) \tag{5-25}$$

式中：L_{eqg}——建设项目声源在预测点的等效声级贡献值，dB（A）；

L_{eqb}——预测点的背景值，dB（A）。

（3）机场飞机噪声计权等效连续感觉噪声级（L_{WECPN}）计算公式见式（5-23）。

式中 $\overline{L_{EPN}}$ 的计算公式：

$$\overline{L_{EPN}} = 10\lg\left(\frac{1}{N_1 + N_2 + N_3}\sum_i\sum_j 10^{0.1L_{EPNij}}\right) \tag{5-26}$$

式中：L_{EPNij}——j 航路，第 i 架次飞机在预测点产生的有效感觉噪声级，dB（A）。

按工作等级要求绘制等效声级线图。等声级线的间隔应不大于 5 dB（A）［一般选 5 dB（A）］。对于 L_{eq} 等声级线最低值应与相应功能区夜间标准值一致，最高值可为 75 dB（A）；对于 L_{WECPN} 一般应有 70 dB（A）、75 dB（A）、80 dB（A）、85 dB（A）、90 dB（A）的等声级线。

三、声环境影响预测方法——户外声传播衰减与反射效应的计算

声音在大气中传播将产生几何发散、反射、衍射和折射等现象，并在传播过程中引起衰减。噪声从声源传播到受声点，因受传播距离、空气吸收、阻挡物的反射与屏障等影响，均会使其衰减。为了保证噪声影响预测和评价的准确性，必须考虑各种因素引起的衰减值。一般噪声影响预测是根据声源附近某一位置（参考位置）处的已知声级来计算远处预测点的声级。

（一）基本计算公式

户外声传播衰减包括几何发散（A_{div}）、大气吸收（A_{atm}）、地面效应（A_{gr}）、屏障屏蔽（A_{bar}）和其他多方面效应（A_{misc}）引起的衰减。

（1）环境影响评价中，应根据声源声功率级或靠近声源某一参考位置处的已知声级（如实测得到的）、户外声传播衰减计算距离声源较远处的预测点的声级。在已知距离无指向性点声源参考点（r_0）处的倍频带（用 63～8 000 Hz 的 8 个标准倍频带中心频率）声压级 $L_p(r_0)$，计算出参考点（r_0）和预测点（r）处之间的户外声传播衰减后，预测点 8 个倍频带声压级可分别用式（5-27）计算：

$$L_p(r) = L_p(r_0) - (A_{div} + A_{atm} + A_{gr} + A_{bar} + A_{misc}) \tag{5-27}$$

（2）预测点的 A 声级可按式（5-28）计算，即将 8 个倍频带声压级合成，计算出预测点的 A 声级［$L_A(r)$］：

$$L_A(r) = 10\lg\left(\sum_{i=1}^{8} 10^{0.1(L_{pi}(r) - \Delta L_i)}\right) \tag{5-28}$$

式中：$L_{pi}(r)$——预测点（r）处，第 i 倍频带声压级，dB（A）；

ΔL_i——第 i 倍频带的 A 计权网络修正值，dB（A）。

63～16 000 Hz 范围内的 A 计权网络修正值如表 5-4。

表 5-4　A 计权网络修正值

频率/Hz	63	125	250	500	1 000	2 000	4 000	8 000	16 000
ΔL_i/dB（A）	-26.2	-16.1	-8.6	-3.2	0	1.2	1.0	-1.1	-6.6

（3）在只考虑几何发散衰减时，可用式（5-29）计算：

$$L_A(r) = L_A(r_0) - A_{div} \tag{5-29}$$

（二）几何发散衰减（A_{div}）

1. 点声源的几何发散衰减

噪声源的声功率值是基本恒定的，随着传播距离的增加，波阵面面积迅速增加，因而单位时间内垂直于声波传播方向上单位面积的平均声能量（即声强）呈现减小趋势，即声波传播中波阵面扩张引起的声强减小的衰减称为几何发散衰减。

以球面波形式辐射声波的声源，辐射声波的声压幅值与声波传播距离（r）成反比。任何形状的声源，只要声波波长远大于声源几何尺寸，该声源可视为点声源，即声源尺寸相对于声波的波长或传播距离而言比较小，且声源的指向性不强时，则声源可近似视为点声源。在声环境影响评价中，声源中心到预测点间的距离超过声源最大几何尺寸两倍时，可将该声源近似为点声源。

（1）无指向性点声源几何发散衰减的基本公式。

如式（5-30）所示：

$$L_p(r) = L_p(r_0) - 20\lg\left(\frac{r}{r_0}\right) \tag{5-30}$$

式（5-27）中第二项表示了点声源的几何发散衰减，在距离点声源 r 处至点声源 r_0 处的衰减值为式（5-31）：

$$A_{div} = 20\lg\left(\frac{r}{r_0}\right) \tag{5-31}$$

$$A_{div} = 10\lg\frac{1}{4\pi r^2} \tag{5-32}$$

式中：r——点声源至受声点的距离，m。

如果已知点声源的倍频带声功率级 L_w 或 A 声功率级（L_{Aw}），且声源处于自由声场，则式（5-30）等效为式（5-33）或式（5-34）：

$$L_p(r) = L_w - 20\lg(r) - 11 \tag{5-33}$$

$$L_A(r) = L_{Aw} - 20\lg(r) - 11 \tag{5-34}$$

如果声源处于半自由声场，则式（5-30）等效为式（5-35）或式（5-36）：

$$L_p(r) = L_w - 20\lg(r) - 8 \tag{5-35}$$

$$L_A(r) = L_{Aw} - 20\lg(r) - 8 \tag{5-36}$$

例 5-1　假设一点声源在自由声场中辐射噪声，已知距声源 15 m 处测得的声压级为 80 dB（A），求在 250 m 处的声压级（仅考虑几何发散衰减）。

解：根据点声源几何发散公式（5-30）可得：

$$L_p(r) = L_p(r_0) - 20\lg(\frac{r}{r_0}) = 80 - 20\lg\frac{250}{15} = 55.6\,[\text{dB（A）}]$$

例 5-2 假定在某一半自由声场空间中测得某一点声源的声功率级为 90 dB（A），求距离声源 45 m 远处的声压级（声源无指向性，且只考虑几何发散衰减）。

解：根据点声源几何发散公式（5-35）可得：

$$L_p(r) = L_w - 20\lg(r) - 8 = 90 - 20\lg 45 - 8 = 48.9\,[\text{dB（A）}]$$

（2）具有指向性点声源几何发散衰减的计算公式。

声源在自由空间中辐射声波时，其强度分布的一个主要特性是指向性。例如：喇叭发声，其喇叭正前方声音大，而侧面或背面就小。

对于自由空间的点声源，其在某一 θ 方向上距离 r 处的倍频带声压级 $[L_p(r)_\theta]$：

$$L_p(r)_\theta = L_w - 20\lg(r) + D_{I\theta} - 11 \tag{5-37}$$

式中：$D_{I\theta}$——θ 方向上的指向性指数，$D_{I\theta} = 10\lg R_\theta$；

R_θ——指向性因子，$R_\theta = I_\theta/I$；

I——所有方向上的平均声强，W/m^2；

I_θ——某一 θ 方向上的声强，W/m^2。

按式（5-30）计算具有指向性点声源几何发散衰减时，式（5-30）中的 $L_p(r_0)$ 与 $L_p(r)$ 必须是在同一方向上的倍频带声压级。

（3）反射体引起的修正（ΔL_r）——反射效应。

如图 5-2 所示，当点声源与预测点处在反射体同侧附近时，到达预测点的声级是直达声与反射声叠加的结果，从而使预测点声级增高。

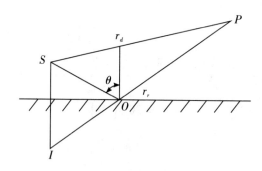

图 5-2 反射体的影响

图 5-2 中 S 代表点声源，I 代表反射体对点声源的反射点，P 代表预测点，O 代表反射点和预测点之间的连线与反射面的交点，r_d 代表点声源和预测点之间的距离，r_r 代表反射点和预测点之间的距离，θ 代表点声源到反射面的入射角。

当满足下列条件时，需考虑反射体引起的声级增高：

① 反射体表面平整光滑、坚硬；

② 反射体尺寸远远大于所有声波波长 λ；

③ 入射角 $\theta < 85°$。

$r_r - r_d \geq \lambda$ 反射引起的修正量 ΔL_r 与 r_r/r_d 有关（$r_r = IP$、$r_d = SP$），可按表 5-5 计算：

表 5-5　反射体引起的修正量

r_r/r_d	dB（A）
≈1.0	3
≈1.4	2
≈2.0	1
>2.5	0

2. 线声源的几何发散衰减

当许多点声源连续分布在一条直线上时，可看作线状声源，如公路上大量机动车辆流行驶的噪声、铁路列车噪声或输送管道辐射的噪声等。实际工作中可分为无限长线声源和有限长线声源。

（1）垂直于线声源方向上，线声源随着传播距离的增加所引起的衰减值为：

$$\Delta L = 10\lg(r/4\pi l) \tag{5-38}$$

式中：r——线声源到受声点的距离，m；

　　　l——线声源的长度，m。

（2）无限长线声源。无限长线声源几何发散衰减的基本公式为：

$$L_p(r) = L_p(r_0) - 10\lg(r/r_0) \tag{5-39}$$

式中：r，r_0——分别为垂直于线声源的距离，m；

　　　$L_p(r)$——垂直于线声源距离 r 处的 A 声级；

　　　$L_p(r_0)$——垂直于线声源距离 r_0 处的 A 声级。

由此式可见，当噪声沿垂直于线声源方向的传播距离增加 1 倍时，其声压级衰减 3 dB（A）。

式（5-39）中第二项表示了无限长线声源的几何发散衰减：

$$A_{\text{div}} = 10\lg\left(\frac{r}{r_0}\right) \tag{5-40}$$

（3）有限长线声源。如图 5-3 所示，设线声源长度为 l_0，单位长度线声源辐射的倍频带声功率级为 L_w。在线声源垂直平分线上距声源 r 处的声压级为：

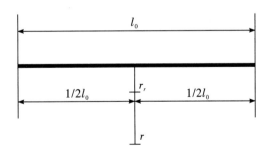

图 5-3　有限长线声源

$$L_p(r) = L_w + 10\lg\left[\frac{1}{r}\arctan\left(\frac{l_0}{2r}\right)\right] - 8 \tag{5-41}$$

或

$$L_p(r) = L_p(r_0) + 10\lg\left[\frac{\frac{1}{r}\arctan\left(\frac{l_0}{2r}\right)}{\frac{1}{r_0}\arctan\left(\frac{l_0}{2r_0}\right)}\right] \qquad (5-42)$$

设线声源长为 r，在线声源平分线上距声源处的声压级可简化为三种情况：

① 当 $r > l_0$，且 $r_0 > l_0$ 时，在有限长线声源的远场，可将有限长线声源当作点声源，即：

$$L_p(r) = L_p(r_0) - 20\lg\left(\frac{r}{r_0}\right) \qquad (5-43)$$

② 当 $r < \frac{l_0}{\pi}$，且 $r_0 < \frac{l_0}{\pi}$ 时，在有限长线声源的近场，可将有限长线声源当作无限长线声源，即：

$$L_p(r) = L_p(r_0) - 10\lg\left(\frac{r}{r_0}\right) \qquad (5-44)$$

③ 当 $\frac{l_0}{\pi} < r < l$，且 $\frac{l_0}{\pi} < r_0 < l_0$ 时，有限长线声源的声压级近似为：

$$L_p(r) = L_p(r_0) - 15\lg\left(\frac{r}{r_0}\right) \qquad (5-45)$$

例 5-3 测得某化工企业锅炉房 3 m 处噪声测量值为 80 dB（A），距离居民楼 15 m；测得冷却塔 5 m 处噪声测量值为 80 dB（A），距离居民楼 25 m，求两设备噪声对居民楼共同影响是否超标 [标准为 60 dB（A）]？

解： 根据式（5-30），锅炉房对居民楼的影响为：

$$L_p(15) = L_p(3) - 20\lg(15/3) = 80 - 20 \times \lg5 = 66 \, [\text{dB（A）}]$$

同理，冷却塔对居民楼的影响为：

$$L_p(25) = L_p(5) - 20\lg(25/5) = 80 - 20 \times \lg5 = 66 \, [\text{dB（A）}]$$

两个设备噪声对居民楼的共同影响为：

$$L_{pT} = L_p(15) + L_p(25) = L_p(15) + \Delta L = 66 + 3 = 69 \, [\text{dB（A）}]$$

因此两个设备噪声对居民楼的共同影响均超标。

例 5-4 已知某焦化厂在距离冷却塔 10 m 处噪声测量值为 78 dB（A），距离居民楼 50 m；距离锅炉房 8 m 处噪声测量值为 74 dB（A），距离居民楼 65 m，求两设备噪声对居民楼共同影响的声级。

解： 冷却塔对居民楼的噪声贡献值为：

$$L_1 = 78 - 20\lg(50/10) = 64.02 \, [\text{dB（A）}]$$

同理，锅炉房对居民楼的噪声贡献值为：

$$L_2 = 74 - 20\lg(65/8) = 55.80 \, [\text{dB（A）}]$$

两个设备噪声对居民楼的共同影响为：

$$L = 10\lg(10^{0.1L_1} + 10^{0.1L_2}) = 10\lg(10^{6.402} + 10^{5.580}) = 64.6 \, [\text{dB（A）}]$$

例 5-5 在江西省南昌市志敏大道道路中心 20 m 处白天测得的交通噪声值为 65 dB（A），假设该区域声环境功能区为 1 类区，即噪声的标准为昼间 55 dB（A），请问沿路第一排民居一楼至少应离该道路中心多远昼间噪声才能达标？

解：

$$10\lg\frac{x}{20} = 65 - 55$$

$$\lg\frac{x}{20} = 1$$

$$x = 200 \text{ m}$$

即沿路第一排民居至少应离道路中心 200 m 昼间噪声才能达标。

3．面声源的几何发散衰减

面声源指具有辐射声能本领的平面声源。平面上辐射声能的作用处处相等，常见于有辐射声能作用、分布较大的平面外的一些点上，对该平面声源有必要进行声场分析时，使用面声源概念。如一个大型机器设备的振动表面，车间透声的墙壁，均可认为是面声源。如果已知面声源单位面积的声功率为 W，各面积元噪声的位相随机，面声源可看作由无数点声源连续分布组合而成，其合成声级可按能量叠加法求出。

图 5-4 为长方形面声源中心轴线上的声衰减曲线。当预测点和面声源中心距离 r 处于下列条件时，可按下述方法近似计算：

（1）当 $r < \dfrac{a}{\pi}$ 时，几乎不衰减（$A_{\text{div}} \approx 0$）。

（2）当 $\dfrac{a}{\pi} < r < \dfrac{b}{\pi}$ 时，距离加倍衰减 3 dB（A）左右，类似线声源衰减特性 $\left[A_{\text{div}} \approx 10\lg\left(\dfrac{r}{r_0}\right) \right]$。

（3）当 $r > \dfrac{b}{\pi}$ 时，距离加倍衰减趋近于 6 dB（A），类似点声源衰减特性 $\left[A_{\text{div}} \approx 20\lg\left(\dfrac{r}{r_0}\right) \right]$。其中面声源的 $b > a$。图 5-4 中虚线为实际衰减量。

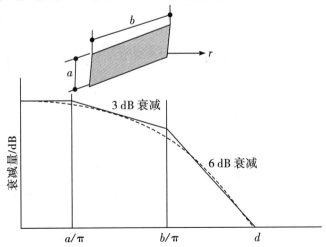

图 5-4　长方形面声源中心轴线上的声衰减曲线

（三）大气吸收引起的衰减 A_{atm}

声波在空气中传播时，部分声波被空气吸收而衰减，空气吸收引起的衰减按式

（5－46）计算：

$$A_{atm} = \frac{a(r - r_0)}{1\ 000} \tag{5-46}$$

式中：A_{atm}——空气吸收引起的 A 声级衰减量，dB（A）；

r——计算点到声源距离，m；

r_0——参考位置到声源距离，m；

a——空气吸收系数，dB/km，是温度、相对湿度和声波频率的函数，预测计算中一般根据建设项目所处区域常年平均气温和湿度选择相应的大气吸收衰减系数，具体见表 5－6。

表 5－6　倍频带噪声的大气吸收衰减系数 a

温度/℃	相对湿度/%	空气吸收衰减系数 a/（dB/km）							
		倍频带中心频率/Hz							
		63	125	250	500	1 000	2 000	4 000	8 000
10	70	0.1	0.4	1.0	1.9	3.7	9.7	32.8	117.0
20	70	0.1	0.3	1.1	2.8	5.0	9.0	22.9	76.6
30	70	0.1	0.3	1.0	3.1	7.4	12.7	23.1	59.3
15	20	0.3	0.6	1.2	2.7	8.2	28.2	28.8	202.0
15	50	0.1	0.5	1.2	2.2	4.2	10.8	36.2	129.0
15	80	0.1	0.3	1.1	2.4	4.1	8.3	23.7	82.8

空气吸收引起的声压级衰减量与距离成正比，由于空气吸收系数值很小，在距离较大时（如 200 m 以上）才考虑空气吸收。

空气吸收系数与声音频率关系很大，空气对中高频噪声的吸收远大于低频，对中低频特性的噪声源可不考虑空气吸收。

空气吸收系数还与温度、相对湿度有关，计算时可取项目所在地常年平均气温与湿度。

（四）地面效应衰减（A_{gr}）

1. 地面效应概念及影响因素

地面效应指声波在地面附近传播时由于地面的反射和吸收而引起的声衰减现象。地面效应引起的声衰减与地面类型有关。不管传播距离多远，地面效应引起的声级衰减量最大不超过 10 dB（A）。若同时存在声屏障和地面效应，则声屏障和地面效应引起声级衰减量之和不大于 25 dB（A）。

2. 地面类型

地面类型可分为三类：

（1）坚实地面：包括铺筑过的路面、水面、冰面以及夯实地面。

（2）疏松地面：包括被草或其他植物覆盖的地面以及农田等适合于植物生长的地面。

（3）混合地面：由坚实地面和疏松地面组成。

3. 地面效应衰减（A_{gr}）计算

声波越过疏松地面或大部分为疏松地面的混合地面传播时，在预测点仅计算 A 声级前提下，地面效应引起的倍频带衰减可用式（5－47）计算。

$$A_{gr} = 4.8 - (\frac{2h_m}{r})\left[17 + \frac{300}{r}\right] \qquad (5-47)$$

式中：r——声源到预测点的距离，m；

h_m——传播路径的平均离地高度，m（h_m 可按图 5-5 进行计算，$h_m = F/r$；式中：F——面积，m^2；r，m）。

若 A_{gr} 计算出负值，则 A_{gr} 可用"0"代替。其他情况可参照 GB/T 17247.2—1998 进行计算。

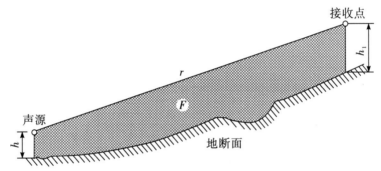

图 5-5　估计平均高度 h_m 的方法

（五）屏障引起的衰减（A_{bar}）

在声源和接收者之间插入一个设施，使声波传播有一个显著的附加衰减，从而减弱接收者所在的一定区域内的噪声影响，这样的设施就称为声屏障。即位于声源和预测点之间的实体障碍物，如围墙、建筑物、土坡或地堑等，可起声屏障作用，从而引起声能量的较大衰减。根据应用环境，声屏障可分为交通隔音屏障、设备噪音衰减隔音屏障、工业厂界隔音屏障三种。声屏障主要用于公路、高速公路、高架复合道路和其他噪声源的隔声降噪。在环境影响评价中，可将各种形式的屏障简化为具有一定高度的薄屏障。如图 5-6 所示，S、O、P 三点在同一平面内且垂直于地面。定义 $\delta = SO + OP - SP$ 为声程差，$N = 2\delta/\lambda$ 为菲涅尔数，其中 λ 为声波波长。

在噪声预测中，声屏障插入损失的计算方法应根据实际情况做简化处理。

1. 有限长薄屏障在点声源声场中引起的衰减计算

（1）首先计算图 5-7 所示三个传播途径的声程差 δ_1，δ_2，δ_3 和相应的菲涅尔数 N_1、N_2、N_3。

（2）声屏障引起的衰减按式（5－48）计算：

$$A_{bar} = -10\lg\left[\frac{1}{3 + 20N_1} + \frac{1}{3 + 20N_2} + \frac{1}{3 + 20N_3}\right] \qquad (5-48)$$

当屏障很长（做无限长处理）时，则

$$A_{\text{bar}} = -10\lg\left(\frac{1}{3 + 20N_1}\right) \qquad (5-49)$$

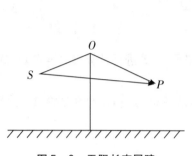

图 5-6　无限长声屏障

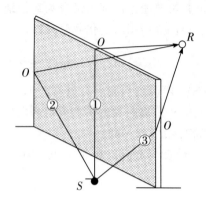

图 5-7　有限长声屏障上不同的传播距离

2. 双绕射计算

对于图 5-8 所示的双绕射情景，可由式（5-50）计算绕射声与直达声之间的声程差 δ：

$$\delta = \left[(d_{ss} + d_{sr} + e)^2 + a^2\right]^{\frac{1}{2}} - d \qquad (5-50)$$

式中：a——声源和接收点之间的距离在平行于屏障上边界的投影长度，m；

d_{ss}——声源到第一绕射边的距离，m；

d_{sr}——第二绕射边到接收点的距离，m；

e——在双绕射情况下两个绕射边界之间的距离，m。

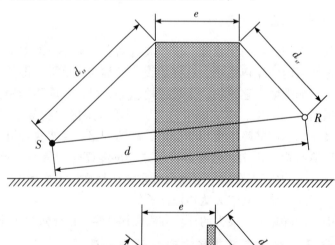

图 5-8　利用建筑物、土堤作为厚屏障

屏障衰减 A_{bar}（相当于《声学　户外声传播的衰减　第 2 部分：一般计算方法》（GB/T 17247.2—1998）中的 D_z）参照《声学　户外声传播的衰减　第 2 部分：一般计算方法》（GB/T 17247.2—1998）进行计算。

在任何频带上，屏障衰减 A_{bar} 在单绕射（即薄屏障）情况，衰减最大取 20 dB（A）；屏障衰减 A_{bar} 在双绕射（即厚屏障）情况，衰减最大取 25 dB（A）。

计算了屏障衰减后，不再考虑地面效应衰减。

3. 绿化林带噪声衰减计算

绿化林带的附加衰减与树种、林带结构和密度等因素有关。在声源附近的绿化林带，或在预测点附近的绿化林带，或两者均有的情况都可使声波衰减，见图 5 - 9。

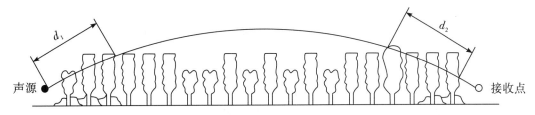

图 5 - 9　通过树和灌木时噪声衰减示意

密集林带对宽带噪音典型的附加衰减量为每 10 m 衰减 1 ~ 2 dB（A），具体取值与树种类型、树带结构、树种密度等因素有关，最大衰减量一般不超过 10 dB（A）。

通过树叶传播造成的噪声衰减随通过树叶传播距离 d_f 的增长而增加，其中 $d_f = d_1 + d_2$。为了计算 d_1 和 d_2，可假设弯曲路径的半径为 5 km。

表 5 - 7 中的第一行给出了通过总长度为 10 ~ 20 m 之间的密叶时，由密叶引起的衰减；第二行为通过总长度 20 ~ 200 m 之间密叶时的衰减系数；当通过密叶的路径长度大于 200 m 时，可使用 200 m 的衰减值。

表 5 - 7　倍频带噪声通过密叶传播时产生的衰减

项目	传播距离 d_f/m	倍频带中心频率/Hz							
		63	125	250	500	1 000	2 000	4 000	8 000
衰减/ dB（A）	$10 \leqslant d_f < 20$	0	0	1	1	1	1	2	3
衰减系数/［dB（A）/m］	$20 \leqslant d_f < 200$	0.02	0.03	0.04	0.05	0.06	0.08	0.09	0.12

（六）其他多方面原因引起的衰减（A_{misc}）

其他衰减包括通过工业场所的衰减；通过房屋群的衰减等。在声环境影响评价中，一般情况下，不考虑自然条件（如风、温度梯度和雾等）变化引起的附加修正。

工业场所的衰减、房屋群的衰减等可参照《声学　户外声传播的衰减　第 2 部分：一般计算方法》（GB/T 17247.2—1998）进行计算。

四、典型建设项目噪声环境影响预测

(一) 工业噪声预测

1. 工业噪声固定声源分析

(1) 主要声源的确定。

分析建设项目的设备类型、型号和数量,并结合设备类型、设备和工程边界、敏感目标的相对位置确定工程的主要声源。

(2) 声源的空间分布。

依据建设项目平面布置图、设备清单及声源源强等资料,标明主要声源的位置。建立坐标系,确定主要声源的三维坐标。

(3) 声源的分类。

将主要声源划分为室内声源和室外声源两类。

确定室外声源的源强和运行的时间及时间段。当有多个室外声源时,为简化计算,可视情况将数个声源组合为声源组团,然后按等效声源进行计算。

对于室内声源,需分析围护结构的尺寸及使用的建筑材料,确定室内声源源强和运行的时间及时间段。

(4) 编制主要声源汇总表。

以表格形式给出主要声源的分类、名称、型号、数量和坐标位置等,声功率级或某一距离处的倍频带声压级和 A 声级。

2. 工业噪声声波传播途径分析

列表给出主要声源和敏感目标的坐标或相互间的距离、高差,分析主要声源和敏感目标之间声波的传播路径,给出影响声波传播的地面状况、障碍物或树林等。

3. 工业噪声预测内容

按本章《第二节 声环境影响评价工作程序与分级》中的"各等级评价的基本要求",选择以下工作内容分别进行预测,给出相应的预测结果。

(1) 厂界(或场界、边界)噪声预测。预测厂界(或场界、边界)噪声,给出厂界(或场界、边界)噪声的最大值及位置。

(2) 敏感目标噪声预测。

预测敏感目标的贡献值、预测值、预测值与现状噪声值的差值,敏感目标所处声环境功能区的声环境质量变化,敏感目标所受噪声影响的程度,确定噪声影响的范围,并说明受影响人口分布情况。

当敏感目标高于(含)三层建筑时,还应预测有代表性的不同楼层所受的噪声影响。

(3) 绘制等声级线图。绘制等声级线图,说明噪声超标的范围和程度。

(4) 根据厂界(或场界、边界)和敏感目标受影响的状况,明确影响厂界(或场界、边界)和周围声环境功能区声环境质量的主要声源,分析厂界(或场界、边界)和敏感目标的超标原因。

4. 工业噪声预测计算模型

在环境影响评价中，一般将工业企业噪声源按点声源进行预测。常采用声源的倍频带声功率级，A声功率级或靠近声源某一位置的倍频带声压级，A声级来预测计算距工业企业声源不同距离的声级。工业声源有室外和室内两种声源，应分别进行计算。

（1）单个室外的点声源在预测点产生的声级计算。如已知声源的倍频带声功率级（从 63 ~ 8 000 Hz 标准频带中心频率的 8 个倍频带），预测点位置的倍频带声压级可按式（5 – 51）计算：

$$L_P(r) = L_W + D_c - A \tag{5-51}$$

其中：$A = A_{\mathrm{div}} + A_{\mathrm{atm}} + A_{\mathrm{gr}} + A_{\mathrm{bar}} + A_{\mathrm{misc}}$

式中：L_W——倍频带声功率级，dB（A）；

$\quad\quad D_c$——指向性校正，对辐射到自由空间的全向点声源，$D_c = 0$ dB（A）；

$\quad\quad$其他符号意义同前。

如已知靠近声源处某点的倍频带声压级时，相同方向预测点位置的倍频带声压级可按式（5 – 52）计算：

$$L_P(r) = L_P(r_0) - A \tag{5-52}$$

预测点的 A 声级，可利用 8 个倍频带的声压级按式（5 – 27）计算。

在不能取得声源倍频带声功率级或倍频带声压级，只能获得 A 声功率级或某点的 A 声级时，可按式（5 – 53）或式（5 – 54）做近似计算：

$$L_A(r) = L_{WA} + D_c - A \tag{5-53}$$

或 $$L_A(r) = L_A(r_0) - A \tag{5-54}$$

可选择对 A 声级影响最大的倍频带计算，一般可选中心频率为 500 Hz 的倍频带作估算。

（2）室内声源等效室外声源声功率级计算。如图 5 – 10 所示，声源位于室内，室内声源可采用等效室外声源声功率级法进行计算。

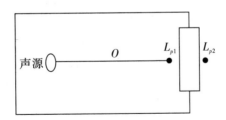

图 5 – 10　室内声源等效为室外声源

① 室外倍频带声压级的计算。设靠近开口处（或窗户）室内、室外某倍频带的声压级分别为 L_{P1} 和 L_{P2}。若声源所在室内声场为近似扩散声场，则室外的倍频带声压级可按式（5 – 55）近似求出：

$$L_{P2} = L_{P1} - (TL + 6) \tag{5-55}$$

式中：TL——隔墙（或窗户）倍频带的隔声量，dB（A）。

L_{P1} 可通过测量获得，总声场的声压级也可按照式（5 – 56）计算：

$$L_{P1} = L_W + 10\lg\left(\frac{Q}{4\pi r_1^2} + \frac{4}{R}\right) \qquad (5-56)$$

式中：Q——指向性因子，它是指在某点上测得声源的声强与对同样声功率无指向性声源在同一点位置上的声强之比。通常为无指向性声源，但实际上声源由于在各方向上辐射的强度不一样，因此，由声源所发出的声能的辐射具有指向性。当点声源放置于无限空间，各向发散均匀时，$Q=1$；当点声源放置于刚性无穷大的平面上，发出的全部声能只向半无限空间辐射时，同样距离处的声强将是无限空间情况的 2 倍，$Q=2$；当点声源放置于两个相互垂直的刚性平面的交线上时，全部声能只能向 1/4 空间辐射，$Q=4$；当点声源放置于 3 个相互垂直的刚性平面的交角上时，$Q=8$；

  R——房间常数，$R = Sa/(1-a)$，其中 S 为房间内表面面积，m^2；

  a——平均吸声系数；

  r——声源到靠近围护结构某点处的距离，m。

室内、室外声源在围护结构处的倍频带叠加声压级，按式（5-56）计算出所有室内声源在围护结构处产生的 i 倍频带叠加声压级：

$$L_{P1i}(T) = 10\lg\left(\sum_{j=1}^{N} 10^{0.1L_{P1ij}}\right) \qquad (5-57)$$

式中：$L_{P1i}(T)$——靠近围护结构处室内 N 个声源 i 倍频带的叠加声压级，dB（A）；

  L_{P1ij}——室内 j 声源 i 倍频带的声压级，dB（A）；

  N——室内声源总数。

设室内近似为扩散声场，则按式（5-58）计算出靠近室外围护结构处的 N 个声源 i 倍频带的叠加声压级 $L_{P2i}(T)$：

$$L_{P2i}(T) = L_{P1i}(T) - (TL_i + 6) \qquad (5-58)$$

式中：TL_i——围护结构 i 倍频带的总隔音量，dB（A）。

② 室外等效声源的倍频带声功率级。将室外声源的声压级和透过面积换算成等效的室外声源，按式（5-59）计算出中心位置位于透声面积（S）处等效声源的倍频带声功率级 L_w：

$$L_w = L_{P2}(T) + 10\lg S \qquad (5-59)$$

室外等效声源在预测点处的 A 声级，求出 L_w 后，按室外声源预测方法计算预测点处的 A 声级。

（3）靠近声源处的预测点噪声预测模型。如预测点在靠近声源处，但不能满足点声源条件时，需按线声源或面声源模型计算。

（4）噪声贡献值计算。设第 i 个室外声源在预测点产生的 A 声级为 L_{Ai}，在 T 时间内该声源工作时间为 t_i；第 j 个等效室外声源在预测点产生的 A 声级为 L_{Aj}，在 T 时间内该声源工作时间为 t_j，则拟建工程声源对预测点产生的贡献值（t_{eqg}）为：

$$L_{eqg} = 10\lg\left[\frac{1}{T}\left(\sum_{i=1}^{N} t_i 10^{0.1L_{Ai}} + \sum_{j=1}^{M} t_j 10^{0.1L_{Aj}}\right)\right] \qquad (5-60)$$

式中：T——用于计算等效声级的时间，s；

  N——室外声源个数；

  M——等效室外声源个数。

（5）预测值的计算。预测值的计算，按式（5-25）计算。

5. 工业企业的专用铁路、公路等辅助设施的噪声影响预测

工业企业的专用铁路、公路等辅助设施的噪声影响预测，按公路、城市道路交通运输噪声预测，铁路、城市轨道交通噪声预测进行。

（二）公路（道路）交通运输噪声预测

1. 预测参数

（1）工程参数。

明确公路（或城市道路）建设项目各路段的工程内容，路面的结构、材料、坡度、标高等参数；明确公路（或城市道路）建设项目各路段昼间和夜间各类型车辆的比例、昼夜比例、平均车流量、高峰车流量和车速。

（2）声源参数。

车型按照大、中、小车型的分类见表5-8，利用相关模式计算各类型车的声源源强，也可通过类比测量进行修正。

表5-8 车型分类

车型	总质量	声源源强
大	≤3.5 t	M1，M2，N1
中	3.5~12 t	M2，M3，N2
小	>12 t	N2

注：M1，M2，M3，N1，N2，N3 和 GB 1495—2002 划定方法一致。摩托车、拖拉机等应另外归类。

（3）敏感目标参数。

根据现场实际调查，给出公路（或城市道路）建设项目沿线敏感目标的分布情况，各敏感目标的类型、名称、规模、所在路段、桩号（里程）、与路基的相对高差及建筑物的结构、朝向和层数等。

2. 声传播途径分析

列表给出声源和预测点之间的距离、高差，分析声源和预测点之间的传播路径，给出影响声波传播的地面状况、障碍物、树林等。

3. 预测内容

预测各预测点的贡献值、预测值、预测值与现状噪声值的差值，预测高层建筑有代表性的不同楼层所受的噪声影响。按贡献值绘制代表性路段的等声级线图，分析敏感目标所受噪声影响的程度，确定噪声影响的范围，并说明受影响人口分布情况。给出满足相应声环境功能区标准要求的距离。

依据评价工作等级要求，给出相应的预测结果。

4. 公路交通运输噪声预测基本模型

各类型车辆中第 i 类车等效声级的预测模型：

$$L_{eq}(h)_i = \overline{(L_{0E})_i} + 10\lg(\frac{N_i}{V_i T}) + 10\lg(\frac{7.5}{r}) + 10\lg(\frac{\psi_1 + \psi_2}{\pi}) + \Delta L - 16 \qquad (5-61)$$

式中：$L_{eq}(h)_i$——第 i 类车的小时等效声级，dB（A），第 i 类车是指机动车辆的大、中、小型分类，具体分类标准参照《机动车辆及挂车分类》（GB/T 15089—2001）规定；

$\overline{(L_{0E})_i}$——第 i 类车速度为 V_i，km/h，水平距离为 7.5 m 处的能量平均 A 声级，dB（A），具体计算可按照《公路建设项目环境影响评价规范》（JTGB 03—2006）中的相关模型进行，也可通过类比测量进行修正；

N_i——昼间、夜间通过某个预测点的第 i 类车平均每小时车流量，辆/h；

r——从车道中心线到预测点的距离，m，式（5-61）适用于 $r > 7.5$ m 预测点的噪声预测；

V_i——第 i 类车的平均车速，km/h；

T——计算等效声级的时间，1 h；

ψ_1, ψ_2——预测点到有限长路段两端的张角，弧度，ΔL 为由其他因素引起的修正量，dB（A）。

ΔL 可按式（5-62）计算：

$$\Delta L = \Delta L_{坡度} + \Delta L_{路面} - (A_{atm} + A_{gr} + A_{bar} + A_{misc}) + \Delta L_1 \qquad (5-62)$$

式中：$\Delta L_{坡度}$——公路纵坡修正量，dB（A）；

$\Delta L_{路面}$——公路路面材料引起的修正量，dB（A）；

ΔL_1——由反射等引起的修正量，dB（A）；

其他符号见式（5-51）。

总车流等效声级为：

$$L_{eq}(T) = 10\lg[10^{0.1L_{eq}(h)大} + 10^{0.1L_{eq}(h)中} + 10^{0.1L_{eq}(h)小}] \qquad (5-63)$$

如某个预测点受多条线路交通噪声影响（如高架桥周边预测点受桥上和桥下多条车道的影响，路边高层建筑预测点受地面多条车道的影响），应分别计算每条车道对该预测点的声级，经叠加后得到贡献值。

5. 修正量和衰减量的计算 ΔL

修正量（$\Delta L_{坡度}$）：大、中、小型车的 $\Delta L_{坡度}$ 分别为 98β dB（A）、73β dB（A）、50β dB（A），其中 β 为公路纵坡坡度，%。

路面修正量（$\Delta L_{路面}$）：对于水泥混凝土路面，车辆行驶速度为 30、40 和 $\geqslant$50 km/h 时的 $\Delta L_{路面}$ 依次为 1.0、1.5 和 2.0 dB（A）；而对于沥青混凝土路面，$\Delta L_{路面}$ 均为 0 dB（A）。

反射修正量（ΔL_1）：城市道路交叉路口可造成车辆加速或减速，使单车噪声声级发生变化，交叉路口的噪声附加值与受声点至最近快车道中轴线交叉点的距离有关，其最大增加量为 3 dB（A）。

当道路两侧建筑物间距小于总计算高度 30% 时，其反射声修正量为：两侧建筑物是反射面 $\Delta L_1 \leqslant 3.2$ dB（A）；两侧建筑物是一般吸收表面时 $\Delta L_1 \leqslant 1.6$ dB（A）；两侧建筑物为全吸收表面时 $\Delta L_1 \approx 0$ dB（A）。

障碍物衰减量（A_{bar}）：具体计算方法参照《环境影响评价技术导则—声环境》（HJ 2.4—2009），A_{atm}、A_{gr} 和 A_{misc} 衰减项计算按相关模型计算。

（三）敏感建筑建设项目声环境影响预测

1．预测参数

（1）工程参数。

给出敏感建筑建设项目（如居民区、学校、科研单位等）的地点、规模、平面布置图等，明确属于建设项目的敏感建筑物的位置、名称、范围等参数。

（2）声源参数。

① 建设项目声源。对建设项目的空调、冷冻机房、冷却塔，供水、供热，通风机，停车场，车库等设施进行分析，确定主要声源的种类、源强及其位置。

② 外环境声源。对建设项目周边的机场、铁路、公路、航道、工厂等进行分析，给出外环境对建设项目有影响的主要声源的种类、源强及其位置。

2．声传播途径分析

以表格形式给出建设项目声源和预测点（包括属于建设项目的敏感建筑物和建设项目周边的敏感目标）间的坐标、距离、高差，以及外环境声源和预测点（属于建设项目的敏感建筑物）之间的坐标、距离、高差，分别分析两部分声源和预测点之间的传播路径。

3．预测内容

（1）敏感建筑建设项目声环境影响预测应包括建设项目声源对项目及外环境的影响预测和外环境（如周边公路、铁路、机场、工厂等）对敏感建筑建设项目的环境影响预测两部分内容。

（2）分别计算建设项目主要声源对属于建设项目的敏感建筑和建设项目周边的敏感目标的噪声影响，同时计算外环境声源对属于建设项目的敏感建筑的噪声影响，属于建设项目的敏感建筑所受的噪声影响是建设项目主要声源和外环境声源影响的叠加。

（3）根据评价工作等级要求，给出相应的预测结果。

4．预测模式

根据不同声源的特点，选择相应的模式进行计算。

（四）施工场地、调车场与停车场等噪声预测

1．预测参数

（1）工程参数。给出施工场地、调车场与停车场等的范围。

（2）声源参数。根据工程特点确定声源的种类。

① 固定声源。给出主要设备名称、型号、数量、声源源强、运行方式和运行时间。

② 流动声源。给出主要设备型号、数量、声源源强、运行方式、运行时间、移动范围和路径。

2．声传播途径分析

根据声源种类的不同，分析内容及要求分别执行工业噪声预测中的固定声源分析的要求，公路、城市道路交通运输噪声预测中的声传播途径分析要求，铁路、城市轨道交通噪声预测中的声传播途径分析要求。

3．预测内容

（1）根据建设项目工程的特点，分别预测固定声源和流动声源对场界（或边界）、敏感目标的噪声贡献值，进行叠加后作为最终的噪声贡献值。

（2）根据评价工作等级要求，给出相应的预测结果。

4．预测模式

依据声源的特征，选择相应的预测计算模式。

第四节　声环境影响评价

一、评价的基本任务

评价建设项目实施引起的声环境质量的变化和外界噪声对需要安静建设项目的影响程度，提出合理可行的防治措施，把噪声污染降低到允许水平，从声环境影响角度评价建设项目实施的可行性，为建设项目优化选址、选线、合理布局以及城市规划提供科学依据。

二、评价范围

声环境影响评价范围依据评价工作等级确定。不同类型项目的环境噪声评价范围划定原则不同，具体如下：

1．对于以固定声源为主的建设项目（如工厂、港口、施工工地和铁路站场等）

（1）满足一级评价的要求，一般以建设项目边界向外 200 m 为评价范围；

（2）二级、三级评价范围可根据建设项目所在区域和相邻区域的声环境功能区类别及敏感目标等实际情况适当缩小；

（3）如依据建设项目声源计算得到的贡献值到 200 m 处，仍不能满足相应功能区标准值时，应将评价范围扩大到满足标准值的距离。

2．城市道路、公路、铁路、城市轨道交通地上线路和水运线路等建设项目

（1）满足一级评价的要求，一般以道路中心线外两侧 200 m 以内为评价范围；

（2）二级、三级评价范围可根据建设项目所在区域和相邻区域的声环境功能区类别及敏感目标等实际情况适当缩小；

（3）如依据建设项目声源计算得到的贡献值到 200 m 处，仍不能满足相应功能区标准值时，应将评价范围扩大到满足标准值的距离。

3．机场周围飞机噪声评价范围

（1）应根据飞行量计算到机场飞机噪声计权等效连续感觉噪声级（L_{WECPN}）为 70 dB 的区域。

（2）满足一级评价的要求，一般以主要航迹离跑道两端各 5~12 km、侧向各 1~2 km 的范围为评价范围；

（3）二级、三级评价范围可根据建设项目所处区域的声环境功能区的类别及敏感目标等实际情况适当缩小。

根据声源的类别和建设项目所处的声环境功能区等确定声环境影响评价标准，没有划分声环境功能区的区域由地方环境保护部门参照 GB 3096—2008 和 GB/T 15190—2014 的规定划定声环境功能区。声环境影响评价常用标准有以下几种。

（一）《声环境质量标准》（GB 3096—2008）

《声环境质量标准》（GB 3096—2008）规定了 5 类声环境功能区的环境噪声限值及测量方法，适用于声环境质量评价与管理，但不适用于机场周围区域受飞机通过（起飞、降落、低空飞越）噪声的影响。

1. 声环境功能区分类

按区域的使用功能特点和环境质量要求，声环境功能区分为 5 种类型。

（1）0 类声环境功能区：指康复疗养区等特别需要安静的区域。

（2）1 类声环境功能区：指以居民住宅、医疗卫生、文化体育、科研设计和行政办公为主要功能，需要保持安静的区域。

（3）2 类声环境功能区：指以商业金融、集市贸易为主要功能，或者居住、商业和工业混杂，需要维护住宅安静的区域。

（4）3 类声环境功能区：指以工业生产和仓储物流为主要功能，需要防止工业噪声对周围环境产生严重影响的区域。

（5）4 类声环境功能区：指交通干线两侧一定区域之内，需要防止交通噪声对周围环境产生严重影响的区域，包括 4a 类和 4b 类两种类型。4a 类为高速公路、一级公路、二级公路、城市快速路、城市主干路、城市次干路、城市轨道交通（地面段）和内河航道两侧区域；4b 类为铁路干线两侧区域。

2. 环境噪声限值

各类声环境功能区的环境噪声等效声级限值如表 5-9 所示。

表 5-9　环境噪声限值

单位：dB（A）

声环境功能区类别		时　段	
		昼间	夜间
0 类		50	40
1 类		55	45
2 类		60	50
3 类		65	55
4 类	4a 类	70	55
	4b 类	70	60

（1）表 5-9 中 4b 类声环境功能区类别环境噪声限值，适用于 2011 年 1 月 1 日起环境影响评价文件通过审批的新建铁路（含新开廊道的增建铁路）干线建设项目两侧区域。

（2）在下列情况下，铁路干线两侧区域不通过列车时的环境背景噪声限值，按昼间 70 dB（A）、夜间 55 dB（A）执行。

① 穿越城区的既有铁路干线；

② 对穿越城区的既有铁路干线进行改建、扩建的铁路建设项目。

既有铁路是指 2010 年 12 月 31 日前已建成运营的铁路或环境影响评价文件已通过审批的铁路建设项目。

（3）各类声环境功能区夜间突发噪声，其最大声级超过环境噪声限值的幅度不得高于 15 dB（A）。

（二）《工业企业厂界环境噪声排放标准》（GB 12348—2008）

GB 12348—2008 适用于工业企业噪声排放的管理、评价及控制，以及机关、事业单位和团体等单位对外环境排放噪声。

（1）工业企业厂界环境噪声不得超过表 5-10 规定的限值。

表 5-10　工业企业厂界环境噪声排放限值

单位：dB（A）

类别	时　段	
	昼间	夜间
0 类	50	40
1 类	55	45
2 类	60	50
3 类	65	55

（2）夜间频发噪声的最大声级超过限值的幅度不得高于 10 dB（A）。

（3）夜间偶发噪声的最大声级限值超过的幅度不得高于 15 dB（A）。

（4）工业企业若位于未划分声环境功能区的区域，当厂界外有噪声敏感建筑物时，由当地县级以上人民政府参照 GB 3096—2008 和 GB/T 15190—2014 的规定确定厂界外区域的声环境质量要求，并执行相应的厂界环境噪声排放限值。

（5）当厂界与噪声敏感建筑物距离小于 1 m 时，厂界环境噪声应在噪声敏感建筑物的室内测量，并将表 5-10 中相应的限值减 10 dB（A）作为评价依据。

（6）表 5-10 中类别划分同 GB 3096—2008 中类别的划分一致。

（三）《社会生活环境噪声排放标准》（GB 22337—2008）

GB 22337—2008 适用于对营业性文化娱乐场所，商业经营活动中使用的向环境排放噪声的设备和设施的管理、评价与控制。

（1）社会生活噪声排放源边界噪声不得超过表 5-11 规定的排放限值。

表 5 – 11　社会生活噪声排放源边界噪声排放限值

单位：dB（A）

边界外声环境功能区类别	时　段	
	昼间	夜间
0	50	40
1	55	45
2	60	50
3	65	55
4	70	55

（2）在社会生活噪声排放源边界处无法进行噪声测量或测量的结果不能如实反映其对噪声敏感建筑物的影响程度的情况下，噪声测量应在可能受影响的敏感建筑物窗外1 m 处进行。

（3）当社会生活噪声排放源边界与噪声敏感建筑物距离小于 1 m 时，应在噪声敏感建筑物的室内测量，并将表 5 – 11 中相应的限值减 10 dB（A）作为评价依据。

（4）表 5 – 11 中边界外声环境功能区类别同 GB 3096—2008 中类别划分。

（四）《建筑施工场界环境噪声排放标准》（GB 12523—2011）

GB 12523—2011 适用于周围有噪声敏感建筑物的建筑施工噪声排放的管理、评价及控制，以及市政、通信、交通、水利等其他类型的施工噪声排放；但不适用于抢修和抢险施工过程中产生噪声的排放监管。

（1）建筑施工过程中场界环境噪声不得超过表 5 – 12 规定的排放限值。

表 5 – 12　建筑施工场界环境噪声排放限值

单位：dB（A）

昼间	夜间
70	55

（2）夜间噪声最大声级超过限值的幅度不得高于 15 dB（A）。

（3）当场界距噪声敏感建筑物较近，其室外不满足测量条件时，可在噪声敏感建筑物室内测量，并将表 5 – 12 中相应的限值减 10 dB（A）作为评价依据。

三、评价类别

（1）按评价对象划分，可分为建设项目声源对外环境的环境影响评价和外环境声源对需要安静建设项目的环境影响评价。

（2）按声源种类划分，可分为固定声源和流动声源的环境影响评价。

① 固定声源：主要指工业（工矿企业和事业单位）和交通运输（包括航空、铁路、城市轨道交通、公路和水运等）固定声源的环境影响评价。

② 流动声源：主要指在城市道路、公路、铁路、城市轨道交通上行驶的车辆以及从事航空和水运等运输工具，在行驶过程中产生的噪声环境影响评价。

停车场、调车场、施工期施工设备、运行期物料运输及装卸设备等，按照固定源或流动源定义，可分别划分为固定声源或流动声源。建设项目既有固定声源，又有流动声源时，应分别进行噪声环境影响评价；同一敏感点既受到固定声源影响，又受到流动声源影响时，应进行叠加环境影响评价。

四、评价时段

根据建设项目实施过程中噪声的影响特点，可按施工期和运行期分别开展声环境影响评价。运行期声源为固定声源时，固定声源投产运行后作为环境影响评价时段；运行期声源为流动声源时，将工程预测的代表性时段（一般分为运行近期、中期、远期）分别作为环境影响评价时段。

五、评价方法

根据建设项目实施和运行过程中噪声的行业类别和衰减影响特点、相关功能区划以及噪声相关预测计算方法或噪声监测结果等，直接对比相关类别的标准进行达标评价和声环境质量等级评价。

六、评价内容

（1）根据噪声预测结果和环境噪声评价标准，评价建设项目在施工和运行期噪声的影响程度、影响范围，给出边界（或厂界、场界）及敏感目标的达标分析。

（2）进行边界噪声评价时，新建建设项目以工程噪声贡献值作为评价量；改扩建建设项目以工程噪声贡献值与受到现有工程影响的边界（或厂界、场界）噪声值叠加后的预测值作为评价量。

（3）进行敏感目标噪声环境影响评价时，以敏感目标所受的噪声贡献值与背景噪声值叠加后的预测值作为评价量。

（4）给出评价范围内不同声级范围覆盖下的面积，主要建筑物类型、名称、数量及位置，影响的户数、人口数；受影响的程度和强度等。

（5）分析建设项目边界（或厂界、场界）及敏感目标噪声超标的原因，明确引起超标的主要声源。对于通过城镇建成区和规划区的路段，还应分析建设项目与敏感目标间的距离是否符合城市规划部门提出的防噪声距离的要求。

（6）分析建设项目的选址（选线）、规划布局和设备选型等的合理性，评价噪声防治对策的适用性和防治效果，提出需要增加的噪声防治对策、噪声污染管理、噪声监测及跟踪评价等方面的建议，并进行技术、经济可行性论证。

第五节　声环境影响防控措施

一、声环境影响防控一般要求

（1）工业（工矿企业和事业单位）建设项目的噪声防治措施应针对建设项目投产后噪声影响的最大预测值制订，以满足厂界（或场界、边界）和厂界（或场界、边界）外敏感目标（或声环境功能区）的达标要求。

（2）交通运输类建设项目（如公路、铁路、城市轨道交通、机场项目等）的噪声防治措施应针对建设项目不同代表性时段的噪声影响预测值分期制订，以满足声环境功能区及敏感目标的功能要求。其中，铁路建设项目的噪声防治措施还应同时满足铁路边界噪声排放标准要求。

二、声环境影响防控基本途径

（一）规划防治对策

主要指从建设项目的选址（选线）、规划布局、总图布置和设备布局等方面进行调整，提出减少噪声影响的建议。如采用"闹静分开"和"合理布局"的设计原则，使高噪声设备尽可能远离噪声敏感区；建议建设项目重新选址（选线）或提出城乡规划中有关防止噪声的建议等。

（二）技术防治措施

1. 声源上降低噪声

从声源上降低噪声的技术防治措施主要包括：

（1）改进机械设计，如在设计和制造过程中选用发声小的材料来制造机件，改进设备结构和形状、改进传动装置以及选用已有的低噪声设备等；

（2）采取声学控制措施，如对声源采用吸声、消声、隔声、隔震和减震等措施；

（3）维持设备处于良好的运转状态；

（4）改革工艺、设施结构和操作方法等。

2. 噪声传播途径上降低噪声

从噪声传播途径上降低噪声的技术防治措施主要包括：

（1）在噪声传播途径上增设吸声、声屏障等措施；

（2）利用自然地形物（如利用位于声源和噪声敏感区之间的山丘、土坡、地堑、围墙等）降低噪声；

（3）将声源设置于地下或半地下的室内等；

（4）合理布局声源，使声源远离敏感目标等。

3. 敏感目标自身防护

从敏感目标自身防护上降低噪声的技术防治措施主要包括：

（1）受声者自身增设吸声、隔声等措施，如安装隔声门窗或隔声通风窗；

（2）合理布局噪声敏感区中的建筑物功能和合理调整建筑物平面布局。

（三）管理措施

主要包括提出环境噪声管理方案（如制订合理的施工方案），制订噪声监测方案，提出降噪减噪设施的运行使用、维护保养等方面的管理要求，提出跟踪评价要求等。

三、典型建设项目声环境影响防控措施

（一）工业（工矿企业和事业单位）噪声防控措施

（1）应从选址、总图布置、声源、声传播途径及敏感目标自身防护等方面分别给出噪声防治的具体方案。

① 选址的优化方案及其原因分析，总图布置调整的具体内容及其降噪效果（包括边界和敏感目标）；

② 给出各主要声源的降噪措施、效果和投资。

（2）设置声屏障和对敏感建筑物进行噪声防护等的措施方案、降噪效果及投资，并进行经济、技术可行性论证。

（3）在符合《中华人民共和国城乡规划法》（2008年1月1日起施行）中规定的可对城乡规划进行修改的前提下，提出厂界（或场界、边界）与敏感建筑物之间的规划调整建议。

（4）提出噪声监测计划等对策建议。

（二）公路、城市道路交通噪声防控措施

（1）通过不同选线方案的声环境影响预测结果，分析敏感目标受影响的程度，提出优化的选线方案建议。

（2）根据工程与环境特征，给出局部线路调整、敏感目标搬迁、邻路建筑物使用功能变更、改善道路结构和路面材料、设置声屏障和对敏感建筑物进行噪声防护等具体的措施方案及其降噪效果，并进行经济、技术可行性论证。

（3）在符合《中华人民共和国城乡规划法》（2008年1月1日起施行）中规定的可对城乡规划进行修改的前提下，提出城镇规划区段线路与敏感建筑物之间的规划调整建议。

（4）给出车辆行驶规定及噪声监测计划等对策建议。

（三）铁路、城市轨道噪声防控措施

（1）通过不同选线方案声环境影响预测结果，分析敏感目标受影响的程度，提出优化的选线方案建议。

（2）根据工程与环境特征，给出局部线路和站场调整，敏感目标搬迁或功能置换，轨道、列车、路基（桥梁）、道床的优选，列车运行方式、运行速度、鸣笛方式的调整，设置声屏障和对敏感建筑物进行噪声防护等具体的措施方案及其降噪效果，并进行经济、技术可行性论证。

（3）在符合《中华人民共和国城乡规划法》（2008年1月1日起施行）中明确的可对城乡规划进行修改的前提下，提出城镇规划区段铁路（或城市轨道交通）与敏感建筑物之间的规划调整建议。

（4）给出列车行驶规定及噪声监测计划等对策建议。

（四）机场噪声防控措施

（1）通过不同机场位置、跑道方位、飞行程序方案的声环境影响预测结果，分析敏感目标受影响的程度，提出优化的机场位置、跑道方位、飞行程序方案建议。

（2）根据工程与环境特征，给出机型优选，昼间、傍晚、夜间飞行架次比例的调整，对敏感建筑物进行噪声防护或使用功能变更、拆迁等具体的措施方案及其降噪效果，并进行经济、技术可行性论证。

（3）在符合《中华人民共和国城乡规划法》（2008年1月1日起施行）中明确的可对城乡规划进行修改的前提下，提出机场噪声影响范围内的规划调整建议。

（4）给出飞机噪声监测计划等对策建议。

思考题

1. 声环境影响评价工作等级的划分依据及划分原则包括哪些？

2. 《声环境质量标准》（GB 3096—2008）中将声环境质量分为几类？每类有何要求？

3. 声环境影响预测点噪声级计算的基本步骤包括哪些？

4. 一级声环境影响评价工作的基本要求有哪些？

5. 声环境影响评价的基本内容包括哪些？

6. 在声环境影响防控措施中，应考虑从哪些途径来进行降噪或减噪？

第六章
土壤环境影响评价

第一节　概　　述

　　土壤是地球陆地表面具有肥力、能生长植物的疏松表层。它是由岩石风化而成的矿物质、动植物残体腐解产生的有机质以及水分、空气等组成的。在环境系统中，土壤和水、空气、岩石和生物之间，以及土壤子系统内部，都不断地进行着物质与能量的交换。一个区域栖息和生长的动植物物种类型和土壤性质往往有密切联系，而土壤的侵蚀式样是历史上人类活动和自然过程——包括农业上施用的化肥及农药等累积效应产生的后果。土地开发、资源开采和废物处置等项目对土壤和地下水会造成各种负面影响。这类影响可能造成土壤的不同形式的定性和定量的变化，主要有土壤侵蚀和土壤污染。开发行为或建设项目的土壤环境影响评价是从环境保护目的出发，依据建设项目的特征与开发区域土壤环境条件，通过监测调查了解情况，识别各种污染和破坏因素对土壤可能产生的影响；预测影响的范围、程度及变化趋势，然后评价影响的含义和重大性；提出避免、消除和减轻土壤侵蚀与污染的对策，为行动方案的优化决策提供依据。

第二节　土壤环境影响评价工作程序与评价分级

一、土壤环境影响评价的工作程序

　　土壤环境影响评价的技术工作程序与水和大气的环境影响评价类似，一般也分为三个阶段，即前期准备、调研和工作方案阶段，分析论证和预测评价阶段和环境影响评价文件编制阶段。

　　土壤环境影响评价工作程序如图6－1所示。

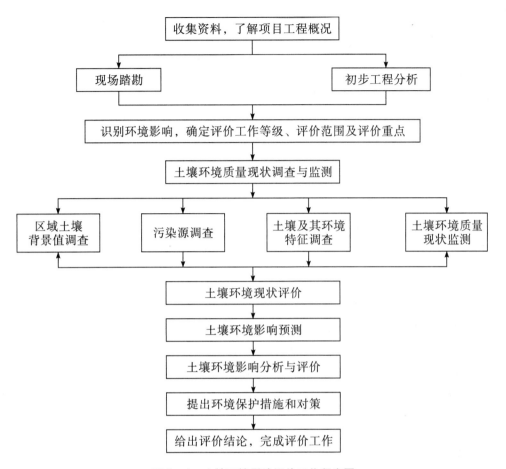

图6-1 土壤环境影响评价工作程序图

二、土壤环境影响评价分级

(一) 评价等级划分

目前，我国土壤环境影响评价尚无推荐的行业导则，但可以根据《环境影响评价技术导则—总纲》（HJ 2.1—2011）的相关要求确定土壤影响评价等级和要求。一般分为三级，一级评价对环境影响进行全面、详细、深入评价，二级评价对环境影响进行较为详细、深入评价，三级评价可只进行环境影响分析。

据此确定土壤环境影响评价等级依据为：

（1）项目占地面积、地形条件和土壤类型，可能会破坏的植被种类、面积以及对当地生态系统影响的程度；

（2）侵入土壤的污染物的主要种类、数量，对土壤和植物的毒性及其在土壤中降解的难易程度，以及受影响的土壤面积；

（3）土壤能容纳侵入的各种污染物的能力，以及现在的环境容量；

（4）项目所在地的土壤环境功能区划要求。

（二）评价工作要求

土壤环境影响评价的基本工作内容主要包括以下几个方面：

（1）收集和分析拟建设项目工程分析的成果以及与土壤侵蚀和污染有关的地表水、地下水、大气和生物等专题评价的资料。

（2）监测调查项目所在区域土壤环境资料，包括土壤类型及其分布、成土母质、土壤剖面结构、土壤理化性质，以及土地利用现状与规划等基本情况的调查。

（3）土壤背景值的调查和测定，包括土壤中污染物的背景和基线值、土壤农业生产及植物生长情况、水土流失和土壤退化情况、土壤环境背景、土壤中有关污染物的环境标准和卫生标准。

（4）监测调查评价区内现有土壤污染源排污情况。

（5）评价范围内土壤环境质量现状监测，包括现有的土壤侵蚀和污染状况，可采用环境指数法加以归纳，并作图表示。

（6）土壤环境现状评价。根据污染物进入土壤的种类、数量、方式、区域环境特点、土壤理化特性、净化能力以及污染物在土壤环境中的迁移、转化和累积规律，分析污染物累积趋势，预测土壤环境质量的变化和发展。

（7）建设项目对土壤环境质量影响的预测与评价。运用土壤侵蚀和沉积模型预测项目可能造成的侵蚀和沉积；根据土壤环境影响预测，指出项目建设过程中和投产后可能遭到的污染或破坏的土壤面积和经济损失状况，以及利用土壤自净能力的可能性；评价拟建项目对土壤环境影响的重大性。

（8）提出消除和减轻负面影响的土壤环境保护对策以及监测措施。

（9）如果由于时间限制或特殊原因，不能详细、准确地收集到评价区土壤的背景和基线值以及植物体内污染物含量等资料，可以采用类比调查；必要时应做盆栽、小区乃至田间试验，确定植物体内的污染物含量或者开展污染物在土壤中累计过程的模拟试验，以确定各种系数值。

（三）评价范围

一般来说，土壤环境质量评价范围比拟建项目占地面积要大，并且应考虑以下几方面。

（1）项目建设可能破坏原有的植被和地貌范围。

（2）可能受项目排放的废水污染的区域（例如排放沟渠流经的土地区域）。

（3）项目排放到大气中的气态和颗粒态有毒污染物由于干/湿沉降作用而受较重污染的区域。

（4）项目排放的固体废物，特别是危险性废物堆放和填埋场周围土地。

总之，一般土壤环境影响评价范围应包括大气环境质量评价范围、地面水及其灌区的范围、固体废弃物堆放场附近。

第三节　土壤环境现状调查与评价

一、土壤环境现状调查与评价的基本内容

土壤环境现状调查与评价的基本内容如下：

（1）土壤环境现状调查：包括区域土壤类型及环境特征调查、土地利用规划调查、评价区域土壤污染现状及对农作物的影响调查、评价区域土壤污染源与主要污染物及污染土壤途径的调查等。

（2）土壤环境污染监测：包括布点（网格法）、采样（对角线、梅花形、棋盘式、蛇形、扇形）、样品制备、样品分析。

（3）评价因子的选择：包括重金属及其有毒物质、有机毒物及有机质、土壤质地、酸度、石灰反应、氧化还原电位等附加因子。

（4）评价标准的确定。

（5）评价方法的选择。

二、土壤环境现状调查

土壤环境现状调查包括以下几方面内容：

（1）区域土壤类型及环境特征调查。

不同的土壤类型具有不同的土体结构、内在性质和肥力特征，不同土壤类型和土地利用状况对土壤中污染物的迁移转化规律的影响不同。因此，土壤类型及其环境特征是土壤环境质量评价的基础资料，其调查内容有成土母质、土壤类型、土壤组成、土壤性质等。

（2）评价区域土地利用及规划设想。确定重点保护地区，并选择相应的评价标准。

（3）评价区域土壤污染现状及对农作物的影响调查。

（4）评价区域土壤污染源、主要污染物及污染土壤途径的调查。

三、土壤环境质量现状的监测

（一）土壤样品采集

土壤在水平和垂直方向的分布具有一定的不均匀性，采集样品时，一般用对角线、梅花形、棋盘式、蛇形等方法多点采样，均匀混合。通常只需要采集 20 cm 左右耕层土和耕层以下 20~40 cm 土样。若要了解土壤污染的纵向变化，可选择部分测点，按土壤剖面层次分层取样。

（二）监测因子选择

根据土壤污染物的类型、评价目的和要求来选择监测因子。一般选择的监测因子包

括以下几大类。

（1）重金属及其他有毒物质，如汞、镉、铬、铅、砷、铜、镍、氟、氰等；

（2）有机毒物，如酚、DDT、石油、苯并［a］芘、三氯乙醛、多氯联苯等；

（3）酸碱度。

第四节　土壤环境影响识别

一、土壤环境影响类型

土壤是人类生存环境中不可分割的组成部分，人类自身的一切活动均会对土壤环境产生各种各样的影响。按其影响的性质、方式、程度和方向可分为多种类型，而建设项目的产业类型不同，又表现出各自的影响特征。

土壤环境影响按不同依据，可以划分为以下几种类别。

（一）按影响结果划分

土壤环境影响分为土壤污染型、土壤退化型和土壤破坏型三种。

1. 土壤污染型

土壤污染型影响是指人类活动排出的有毒有害污染物对土壤环境产生的化学性、物理性和生物性的污染危害。一般工业建设项目均属于这种影响类型。建设项目在开发建设和投产使用过程中，或项目服务期满后排出或残留有毒有害物质，将对土壤环境产生化学性、物理性或生物性污染危害。如电镀厂等工业生产排放的重金属元素对土壤的污染和化工厂生产过程释放的有机污染物对土壤的危害等均属于这一类型。

2. 土壤退化型

土壤退化型影响是指人类活动破坏土壤中各组分之间或土壤与其他环境要素之间正常的物质、能量循环过程，而引起土壤肥力、土壤质量和土壤环境承载力的下降。其特征是没有外来物质的加入，影响一般是可逆的。

3. 土壤破坏型

土壤破坏型影响是指人类活动或由其引起的自然灾害导致了土壤的占用、淹没和破坏，表现为改变了土壤环境条件，如地质、地貌、水文、气候和生物的改变，而导致的土壤破坏。其特点是土壤彻底破坏，影响过程不可逆。一般像水利工程、交通工程、森林开采、矿物资源开发等均属于这种类型。

（二）按影响时段划分

1. 施工期的影响

施工阶段的影响主要包括土地利用的改变，植被破坏可能引起的水土流失和土壤侵蚀，以及拆迁居民在移民区建设产生的土地挖压和破坏等。

2. 营运期的影响

营运阶段的影响主要包括项目生产过程排放的废气、废水和固体废物由于不恰当的处理处置对土壤造成的污染，部分水利、交通、矿山使用生产过程中会引起土壤的退化或破坏。

3. 服务期满后的影响

服务期满后的影响是指建设项目寿命期结束后仍然继续对土壤环境产生的影响。典型的如矿山开采，生产终了以后，留下矿坑、采矿场、排土场、尾矿场等，将会持续对矿区周边土壤产生影响，引起土壤的退化和破坏；而采矿过程残留的重金属会对土壤造成污染。

此外，按影响时间的长短，又可以分为短期或突发影响，以及长期或缓慢影响。一般，建设的施工阶段影响为短期影响，随着施工期结束影响会逐渐消除或得到改善和补偿。而项目营运期和服务期满后的土壤影响，往往是长期和缓慢的影响。

（三）按影响方式划分

1. 直接影响

直接影响是指影响因子直接作用于被影响的对象，并直接显示出因果关系。例如，由于人类活动作用于土壤环境从而导致土壤侵蚀、土壤沙化，或因土壤施入固体废物或污水灌溉造成污染等，这些均属于直接影响。

2. 间接影响

间接影响是指影响因子产生后需要通过中间转化过程才能作用于被影响的对象。土壤环境作为影响对象，土壤沼泽化、盐渍化等，一般需要经过地下水或地表水的浸泡作用和矿物盐类的浸渍作用才能分别发生，这均属于间接影响。

（四）按影响性质划分

1. 可逆影响

可逆影响是指施加影响的活动停止后，土壤可迅速或逐渐恢复到原来的状态，如植被恢复、地下水位下降、土壤经生物化学作用对有机毒物降解之后，可逐步消除沙化、沼泽化、盐渍化和有机污染，并恢复到原来的正常状态。土壤退化、土壤有机物污染等，均属于可逆影响。

2. 不可逆影响

不可逆影响是指施加影响的活动一旦发生，土壤就不可能或很难恢复到原来的土壤层。如严重的土壤侵蚀很难恢复原来的土层和土壤剖面。土壤重金属污染和难降解有机物污染具有持久性、难降解性的特点，易被土壤黏土矿物和有机物吸附，难以从土壤中淋溶、迁移，因此，重金属和难降解持久性有机物污染的土壤一般难以恢复。

3. 累积影响

累积影响指排放到土壤中的某些污染物，对土壤产生的影响需要经过长期作用，其危害性直到累积超过一定的临界值以后才会体现出来。如某些重金属在土壤中的污染积累作用而使作物致死的影响即为累积影响。

4. 协同影响

协同影响是指两种以上的污染物同时作用于土壤时产生的影响大于每一种污染物单独影响的总和。如重金属污染在红壤中的交换性钾减少，可溶性钾增加，说明重金属污染降低了红壤吸附钾的能力，促进了钾的解吸和土壤对钾的释放，从而加剧红壤中钾的流失。

（五）按土壤污染的成因划分

1. 水体污染型

水体污染型是指利用工业废水或城市污水进行灌溉，使污染物在土壤中积累而造成土壤污染的类型。在中国，由于污水灌溉造成了大面积土壤污染，如北京、天津、上海、沈阳等地区重金属污染土壤就与污水灌溉有关。

2. 大气污染型

大气污染型是指工业生产等向大气排放的污染物，通过降水、扩散和重力作用降落到地面后进入土壤，导致土壤污染的类型。该类污染主要有粉尘、SO_2、重金属元素和核爆炸尘埃等。

3. 农业污染型

农业污染型是指土壤施用了未经适当消毒灭菌处理的垃圾、粪便和生活污水，使土壤受到某些病原菌污染的类型。这一类型污染土壤的污染源主要有垃圾、污泥、农药、化肥、畜禽粪便和农膜等。

4. 固体废物污染型

固体废物污染型是指垃圾、碎屑、矿渣、煤渣、堆肥、动植物残体等随意堆放或土地利用过程中造成土壤污染的类型。

二、各种土壤环境影响识别

（一）工业工程建设项目的土壤环境影响识别

工业工程建设项目的类型很多，不同类型的工业工程建设项目生产过程涉及的原材料、生产工艺、排放的废弃物具有不同的特点，因此其对土壤环境的影响存在差异。总的来说，工业工程建设项目对土壤的环境影响主要来自工业"三废"排放。

1. 工业废气对土壤环境的影响

工业生产过程中排放的废气中的污染物，通过降水、扩散和重力作用降落在地面，渗透进入土壤，污染土壤环境。

2. 工业废水对土壤环境的影响

直接采用经过处理或未处理的工业废水灌溉农田，或工业废水排入河流湖泊后，使用被污染的河流湖泊水作为农田灌溉水源，均会使土壤受污染。

3．工业固体废物对土壤环境的影响

工业固体废弃物在掩埋或堆放过程中，其中的污染物可以随着产生的渗滤液进入土壤，引起污染物的迁移。进入土壤中的污染物能改变土质和土壤结构，影响土壤微生物活动，危害土壤环境。

此外，工业工程建设项目从原料的生产、运输、储藏到工业产品的消费和使用过程，都会对土壤环境产生影响。

（二）水利工程建设项目的土壤环境影响识别

水利工程在产生巨大正面效益的同时，也将带来各种明显的或潜在的环境问题，水利工程周边及其下游区域的土壤环境就将受到水利工程直接的或间接的不利影响。

1．占用土地资源

水利工程建设施工期占用土地资源，包括各种施工机械的停放，建材的堆场，开挖土石的安置，施工队伍的生活区占用的土地等。不过这部分土地在施工结束后能部分恢复。而水利工程建成使用后，即带来突发性的土壤资源的永久性损失。

2．诱发土壤—地质环境灾害

水利工程可能诱发土壤—地质环境灾害。一方面，大型水利工程在建设期间，由于土石方开挖，直接破坏了原有的土体岩层结构，可能造成滑坡、山体崩塌、地震，剥离的土石方在径流冲刷下可能形成泥石流等地质环境灾害。另一方面，水利工程的兴建涉及移民工程，移民往往在附近的新居区域进行土地开发活动，扩大坡地的开垦或对已有的坡地进行垦殖，这将破坏原有的植被，加快水土的流失。

3．引发土壤盐渍化

库区土壤的盐渍化是水利工程运行后，通过长期的、缓慢的积累作用形成的效应。建设水坝拦河蓄水时，水库水位剧增，同时也引起水库附近地下水水位的升高，即引发土壤返盐。

4．促进土壤沼泽化

在空间上，水利工程的影响不仅仅限于库区范围，可能延伸于整个水利工程流域。

5．促使河口地区土壤肥力下降，海岸后退

水库蓄水后，河流上游的泥沙在水库库区发生沉积，河流下泄速度降低，河流向下游的输沙量减少。河流侵蚀河岸与淤泥沿河岸沉积的平衡被打破，下游土壤得不到原有水平肥沃淤泥的补充，土壤质量开始下降。

（三）矿业工程建设项目的土壤环境影响识别

矿业工程一般理解为从地壳内部掘取矿物的生产建设工程。任何矿业工程都会对自然环境产生破坏作用。

1．损失土地资源

矿业开采中侵占大面积土地是一个显著问题。在煤矿开采区，若采用露天开采法，

首先需要剥离覆盖在煤层上的土壤、岩石。剥离区面积远远大于开采煤田的面积。

2. 污染土壤环境

采矿过程中产生的粉尘、废气、废水、固体废弃物等均会对土壤环境产生污染性影响。矿业工程建设还可能带来重金属污染。土壤重金属污染是金属矿山开采的主要环境问题。导致土壤重金属污染的主要途径有：固体废弃物的散播、尾矿粉尘飞扬进入土壤、废水流经土壤、灌溉引用矿山污染的水体、精矿在运输途中散落、降雨时尾矿随地表径流进入土壤等。

3. 区域环境条件改变引发土壤退化和破坏

矿业工程建设的挖掘采剥深刻改变着矿区的地质、地貌、植被等环境条件，加剧了水土流失，从而引发土壤退化和破坏。

4. 矿山开采引发的土壤退化和破坏

矿山开采引发的地质、地崩、滑坡、泥石流等次生地质灾害加速土壤退化和破坏。

（四）农业工程建设项目的土壤环境影响识别

农业工程建设项目指与农业生产有关、具有明确的农业目的、具有一定的规模、采用特定手段的农业生产活动。

1. 农业机械化工程建设项目对土壤环境的影响

农田面积需要达到一定限值以上是大型农业机械发挥效率的前提，为此必须除去灌丛、林带、田埂、草皮等隔离物，将小块的土地连成大片的农田。一方面，失去植被保护的农田大面积直接暴露，水蚀、风蚀的概率增强。另一方面，土壤被压实，妨碍植被根系与大气中氧和CO_2的交换，根系向下生长的阻力增大；土壤的渗透能力下降，形成的径流较大，加速了土壤的侵蚀。

2. 农田排灌工程对土壤环境的影响

良好的土壤排水系统可以带走土壤中多余的盐分，使土壤的盐渍化得到缓解，土壤的物理性质得到改善。同时，植物的根系较大的下部生长空间，能充分地交换CO_2和氧气。而且排水系统好，土壤不易受到侵蚀，土地平展，易于机械化耕作，干旱的危险较其他土壤少。在某些情况下还可以限制排水洼地范围，减少水饱和土壤的面积，可以减轻内涝的危险。

土壤的排水工程也可能带来不利的影响，如排水系统排水强度过高，会使地表径流加快、河道洪峰提前出现，增加泛滥的危险。另外，土壤长期排水会使土壤质量下降，有机土壤水位的下降可引起泥炭材料的氧化，最后导致土壤的有机养分和泥炭消失，次生盐渍化。

3. 农业垦殖工程对土壤环境的影响

农业垦殖工程主要包括化肥的施用、城市垃圾的施用以及新耕地的开辟。化肥的施用会逐渐改变土壤的组成和化学性质，也会引起污染问题，包括土壤酸化，有机 C、N 的消减，增加包括重金属、有机化合毒物以及放射性物质在内的污染物。

目前，城市垃圾被施用进入农田，虽然可以提高土壤养分，改善土壤理化性质，但大量施用垃圾的同时也易带来重金属等土壤污染。焚烧草被灌丛开辟新耕地，虽可以提高土壤中营养物质的含量，促使土壤的肥沃，但由于挥发作用，燃烧也造成一些直接营养的减少；同时也可能引发严重的水蚀和风蚀。此外，由于焚烧土壤温度上升，可能促进土壤腐殖质的损失。

（五）交通工程建设项目的土壤环境影响识别

占用土地是一切陆上交通工程建设项目对土壤环境的共同影响，并且这种影响是永久性的。对于土地资源不足，用地紧张的中心城区，交通建设占用城郊和城市土地的环境影响更为深刻。

一般交通工程建设项目对土壤环境的影响分为建设阶段和建成阶段。建设期间，大量土地裸露，并且由于车辆的运输与开挖引发很大的扰动，在此期间土壤极易受到侵蚀。但是随着建设项目完工，对土地的扰动停止，稳定后，土壤的侵蚀速度可以恢复到公路建设前的水平。公路建成投入使用后，机动车尾气中的氮氢化合物、硫化物等，为大气酸沉降的基础物质，酸沉降将导致土壤的酸化。

（六）石油工程建设项目对土壤环境影响识别

（1）在石油开采、炼制贮运和使用过程中，原油和各种油制品通过各种途径进入环境，造成土壤环境污染；

（2）占用土地资源；

（3）采用被石油烃污染的水灌溉农田，挥发进入大气的石油烃通过沉降作用进入土壤等这都会导致土壤污染。

第五节　土壤环境影响预测

土壤环境影响预测是以土壤环境质量现状为基础，通过对土壤污染和土壤退化机理研究，建立土壤污染和土壤退化与其影响因素之间的定量因果关系，通过演绎或归纳获得其内在规律，然后对未来的土壤环境质量影响进行评估。一般包括土壤污染预测、土壤退化预测和土壤破坏预测。

一、土壤污染预测

土壤污染预测是根据土壤污染现状和污染物在土壤中的迁移转化规律，选用相应的数学模型，计算未来污染物在土壤中的累积量和残留量，预测其污染状况、程度和变化趋势，提出控制和消除污染的措施。

污染物进入土壤后，在土壤性质、环境条件和自身地球化学特点的综合影响下，发生着迁移和转化。不同的污染物，迁移转化特征不同。一些污染物活性大，随着流水渗透，进入地下水或其他水域，如无机低价的阴离子、阳离子和易溶的有机酸、农药等有机成分；一些挥发性较大的污染物，如挥发性农药和汞等金属以气态形式迁移，不仅污染大气环境，而且对土壤系统和水环境也会造成污染。另外，一些污染物在土壤环境中不能被降解或很难分解，长期保留在土壤环境中，具有累积性，对土壤系统的危害极大，如重金属和多氯联苯、多溴联苯、多环芳烃等持久性有机物。

（一）污染物在土壤中的累积和污染趋势预测

1. 土壤污染物的输入量

土壤中污染物的输入量取决于评价区已有污染物和建设项目新增加污染物之和。因此，对于污染物输入量的计算，除必须进行污染物现状调查外，还应弄清楚污染物的形态和污染途径。

2. 土壤污染物的输出量

（1）根据土壤侵蚀模数与土壤中的污染物含量计算随着土壤侵蚀的输出量；

（2）根据作物收获量与作物中污染物浓度计算污染物被作物吸收的输出量；

（3）根据淋溶流失量计算污染物随降水淋溶流失的输出量；

（4）根据污染物生物降解、转化结果，求出污染物在土壤中降解、转化的速率，并以此来计算污染因降解、转化而输出的量。

3. 土壤污染物的残留量

土壤污染物的输出途径非常复杂，直接计算比较困难，一般是通过与评价区的土壤侵蚀、作物吸收、淋溶与降解等条件相似的地区或地块进行模拟实验，求得污染物通过各种输出途径后的残留量。

4. 土壤污染趋势的预测

土壤污染趋势预测是根据土壤中污染物的输入量与输出量相比，或根据土壤中污染物输入量和残留量的乘积来说明土壤污染状况及污染程度，也可根据污染物输入量和土壤环境容量比较说明污染积储及趋势。

（二）土壤中农药的残留

农药进入土壤后，在各种因素的作用下，会产生降解或转化，其最终残留量为：

$$R = C \exp(-kt) \qquad (6-1)$$

式中：R——农药残留量；

C——农药施用量；

k——常数；

t——时间。

从式（6-1）可以看出，连续施用农药，土壤中的农药累积会不断增加，但不会无限增加，达到一定值后趋于平衡。假如一次施用农药时土壤中农药的浓度为 C_0，一年后残留量为 C_1，则农药残留量 f 可以表示为：

$$f = \frac{C_1}{C_0} \qquad (6-2)$$

如果每年一次连续施用农药，则农药在土壤中数年后的残留总量又可以表示为：

$$R_n = (1 + f_1 + f_2 + \cdots + f_{n-1}) C_0 \qquad (6-3)$$

式中：R_n——残留总量；

　　　f_i——连续施用农药 i 年后的残留量，%，$i = 1,2,\cdots,n-1$；

　　　C_0——一次施用农药在土壤中的浓度；

　　　n——连续施用农药的年数。

当 $n \to +\infty$ 时，则有：

$$R = \frac{1}{1-f} C_0 \qquad (6-4)$$

此式可以计算农药在土壤中达到平衡时的残留量。

（三）土壤中重金属污染物的积累

通过各种途径进入土壤的重金属，由于土壤的吸附、配合、沉淀和阻留等作用，绝大多数都残留、累积在土壤中。根据重金属污染物的这种输入和累积特点，一般用以下公式进行预测：

$$W = K(B + E) \qquad (6-5)$$

式中：W——污染物在土壤中的年累积量，mg/kg；

　　　K——污染物在土壤中的年残留率，%；

　　　E——污染物的年输入量，mg/kg；

　　　B——区域土壤背景值，mg/kg。

若需要计算数年后重金属污染物在土壤中的累计值时，可以用下式计算：

$$W = K_n \{ K_{n-1} \{ \cdots K_2 [K_1(B + E_1) + E_2] + \cdots + E_{n-1} \} + E_n \}$$
$$= BK_1 K_2 \cdots K_n + E_1 K_1 K_2 \cdots K_n + E_2 K_2 K_3 \cdots K_n + \cdots + E_n K_n$$

当 $K_1 = K_2 = \cdots = K_n = K$，$E_1 = E_2 = \cdots = E_n = E$ 时，则

$$W = BK^n + EK^n + Ek^{n-1} + Ek^{n-2} + \cdots + EK + E$$

即

$$W_n = BK^n + EK \frac{1 - K^n}{1 - K} \qquad (6-6)$$

从式（6-6）可以看出，K 值对计算结果影响很大，在不同地区，因土壤特性差异，K 值也不完全相同，所以在不同地区、不同土壤类型的条件下应用时，应根据小区盆栽模拟实验，求出准确残留率（据研究，一般重金属在土壤中不易被自然淋溶，残留率一般在 90% 左右）。

如果资料缺乏，有关污水灌溉的土壤中污染物累计量预测，也可以用下式计算：

$$W = N_W X + W_0$$
$$N_W = \frac{C_W - W_0}{X}$$
$$X = \frac{W_0 - B}{N_0} \qquad (6-7)$$

式中：W——预测年限内的土壤污染物累积量，mg/kg；

　　　N_W——预测污水灌溉年限；

    X——土壤中污染物的评价年增值，mg/kg；

    W_0——土壤中污染物当年累积量，mg/kg；

    C_W——土壤环境标准值，mg/kg；

    B——区域土壤背景值，mg/kg；

    N_0——土壤被污染的年限。

（四）土壤环境容量的计算

土壤环境容量，一般是指土壤容纳污染物而不会产生不良的明显生态效应的最大数量，是土壤环境承载能力的反映。计算公式为：

$$Q = (C_R - B) \times 0.225 \ \text{t/km}^2 \tag{6-8}$$

式中：Q——土壤环境容量，g/km³；

    C_R——土壤临界含量，mg/kg；

    B——区域土壤背景值，mg/kg；

    0.225 t/km²——每平方千米土地耕作层土壤质量。

由式（6-8）可知，当评价区域的 B 值确定以后，土壤环境容量便与土壤临界值含量密切相关，因而判定适宜的土壤临界含量至关重要。土壤环境容量再结合土壤污染物输出量，可以反映土壤污染程度，说明土壤达到严重污染的时间，并可以通过总量控制找出有效防治对策。

二、土壤退化预测

土壤退化预测主要是对建设项目导致土壤退化现象的发生、发展速率及其危害的预测，包括土壤沙化预测、土壤侵蚀预测、土壤酸化预测、土壤盐渍化预测。预测的方法分为类比法和模型估算法。

（一）土壤沙化预测

土壤沙化是目前人类面临的主要环境问题之一。由于人类对自然的不合理开发利用，已导致土壤沙化迅速蔓延。

目前，对土壤沙化的预测可采用下面公式：

$$D = A(1 + R)^n \tag{6-9}$$

式中：D——未来土壤沙化面积预测值；

    R——年平均增长率；

    A——目前沙漠化土地面积；

    n——从目前至所预测时间的年限。

其中，年平均增长率为：

$$R = \left[n \left(\frac{Q_2}{Q_1} \right)^{\frac{1}{2}} - 1 \right] \times 100\% \tag{6-10}$$

式中：Q_1——某年航空照片上沙漠化土地面积占某地区面积的百分比；

    Q_2——若干年后航空照片上沙漠化土地面积占该地区面积的百分比；

n——两期照片间隔的年限。

（二）土壤侵蚀预测

目前，土壤侵蚀模型很多，其中最常用的为 Wischmeier 和 Smith 提出的通用方程，它是以土壤侵蚀理论和大量实际观测资料的统计分析为基础的经验模型。

$$A = R \cdot K \cdot L \cdot S \cdot C \cdot P \qquad (6-11)$$

式中：A——土壤侵蚀量，$t/(hm^2 \cdot a)$；

　　　R——降雨侵蚀力指标；

　　　K——土壤侵蚀系数，$t/(hm^2 \cdot a)$；

　　　L——坡长；

　　　S——坡度；

　　　C——耕种管理因素；

　　　P——土壤保持措施因素。

其中 R 等于预测期内全部降雨侵蚀指数的总和。

对于一次暴雨：

$$R = \sum \frac{2.29 + 1.15 \lg x_i}{D_i} I \qquad (6-12)$$

式中：i——降雨过程中的时间历时，h；

　　　D_i——历时 i 的降雨量，mm；

　　　I——暴雨中强度最大的 30 min 的降雨强度，mm/h；

　　　x_i——降雨强度，mm/h。

对于一年的降雨，可按 Wischmeier 的经验公式计算。

$$R = \sum_{i=1}^{12} 1.735 \times 10^{1.5 \lg(0.8188 P_i^2/P)} \qquad (6-13)$$

式中：P——年降雨量，mm；

　　　P_i——各月平均降雨量，mm。

土壤侵蚀系数（K）被定义为在长 22.13 m，坡度 9%，经过多年连续种植的休耕地上每年单位降雨系数的侵蚀率，反映了土壤对侵蚀的敏感性和降水所产生的径流量与径流速率的大小。不同性质的土壤 K 值不同。表 6-1 给出了一般土壤侵蚀系数的平均值。

表 6-1　一般土壤侵蚀系数的平均值

土壤类型	有机质含量			土壤类型	有机质含量		
	0.5%	2%	4%		0.5%	2%	4%
砂	0.05	0.03	0.02	壤土	0.38	0.34	0.24
细砂	0.16	0.14	0.10	粉砂壤土	0.48	0.42	0.33
特细砂土	0.42	0.36	0.28	粉砂	0.60	0.52	0.42
壤性砂土	0.12	0.10	0.08	砂性黏壤土	0.27	0.25	0.21
壤性细砂土	0.24	0.20	0.16	黏壤土	0.28	0.25	0.21

续上表

土壤类型	有机质含量			土壤类型	有机质含量		
	0.5%	2%	4%		0.5%	2%	4%
壤性特细砂土	0.44	0.38	0.30	粉砂黏壤土	0.37	0.32	0.26
砂壤土	0.27	0.24	0.19	砂性黏土	0.14	0.13	0.12
细砂壤土	0.35	0.30	0.24	粉砂黏土	0.25	0.23	0.19
很细砂壤土	0.47	0.41	0.33	黏土		0.13	0.29

耕种管理系数也称植被覆盖因子或作物种植系数，反映了地表覆盖对土壤侵蚀的影响，不同的植被类型对土壤侵蚀的影响见表6-2。

表6-2　地面不同植被的 C 值

植被	地面覆盖率/%					
	0	20	40	60	80	100
草地	0.45	0.24	0.15	0.09	0.043	0.011
灌木	0.40	0.22	0.14	0.085	0.040	0.011
乔灌混合	0.39	0.20	0.11	0.06	0.027	0.007
茂密森林	0.10	0.08	0.08	0.02	0.004	0.001

实际侵蚀控制系数也称水土保持因子，用以说明不同的土地管理技术和水土保持措施对土壤侵蚀的影响（见表6-3）。

表6-3　实际侵蚀控制系数

实际情况	土地坡度	P	实际情况	土地坡地	P
无措施	1.1~2.0	1.00	隔坡梯田	1.1~2.0	0.45
等高耕作	2.1~7	0.60		2.1~7	0.40
	7.1~12	0.50		7.1~12	0.45
	12.1~18	0.60		12.1~18	0.60
	18.1~24	0.80		18.1~24	0.70
		0.90			
带状间作	1.1~2.0	0.45	直接耕作		1.00
	2.1~7	0.40			
		0.45			
	7.1~12	0.45			
	12.1~18	0.60			
	18.1~24	0.70			

坡长与坡度用于说明地形因素对土壤侵蚀的影响，二者的乘积称为地形因子。坡长是指从开始发生径流的一点到坡度下降至泥沙开始沉积或径流进入水道之间的长度。地

形因子的计算公式为:

$$r = \left(\frac{L}{221}\right)^M (65\sin^2 S + 4.56\sin S + 0.065) \qquad (6-14)$$

式中:r——地形因子;

  L——坡长;

  S——坡度;

  M——与坡度有关的常数,当 $\sin S > 5\%$ 时,$M = 0.5$;当 $\sin S = 5\%$ 时,$M = 0.4$;当 $\sin S = 3.5\%$ 时,$M = 0.3$,当 $\sin S < 1\%$ 时,$M = 0.1$。

土壤通用侵蚀方程适用于土壤侵蚀、面蚀和细沟侵蚀量的推算,但不适用于流域土壤侵蚀量、切沟侵蚀、河岸侵蚀和农耕地侵蚀的预测。

对于给定的区域或土壤,R、K、L、S 是常数,可根据土壤通用侵蚀公式预测工程前后侵蚀速率的变化。

$$A_1 = \frac{C_1 P_1}{C_0 P_0} A_0 \qquad (6-15)$$

式中:A_0,A_1——分别为工程前后的侵蚀速率;

  C_0,C_1——分别为工程前后的耕种管理因子;

  P_0,P_1——分别为工程前后的土壤保持措施因子。

土壤侵蚀预测除了预测土壤侵蚀量和侵蚀速率外,还应该对区域土壤环境质量退化的影响,如土层变薄、肥力下降、结构变化以及沉积区土壤形状的变化进行研究。

(三) 土壤酸化预测

土壤酸化分为两种类型,一种是自然酸化,一种是人类活动影响下酸化。自然酸化是指土壤形成过程中各种物质转化,产生各种酸性和碱性物质,使得土壤溶液中含有一定数量的 H^+ 和 OH^-,二者的浓度决定了土壤溶液的酸碱性。按土壤溶液 pH 的大小,可把土壤酸碱度分为 9 级,如下表所示。

表 6-4 土壤酸碱度分级

pH 值	酸碱度分级	pH 值	酸碱度分级	pH 值	酸碱度分级
<4.5	极强酸性	6.0~6.5	弱酸性	7.5~8.5	碱性
4.5~5.5	强酸性	6.5~7.0	中性	8.5~9.5	强碱性
5.5~6.0	酸性	7.0~7.5	弱碱性	>9.5	极强碱性

注:摘自李天杰等《土壤环境化学》。

人类活动影响下的酸化主要是人类活动产生的酸性物质进入土壤影响的。如人类活动向大气中排放酸性物质,经过酸沉降回到地面,引起土壤酸化。有些工业项目在生产过程中排放大量的酸性废水,通过灌溉进入土壤,从而引起土壤酸化。

土壤酸化有很多不良后果,如土壤酸化可以使某些重金属离子的活性增强,使某些毒性阳离子毒性增强。土壤酸化使土壤对钾、铵、钙、镁等养分离子的吸附能力显著降低,导致这些养分随水流失。

土壤酸化的预测目前还处于探索阶段,没有形成成熟的预测模型。但是我们在研究土壤酸化预测模型的过程中应该注意以下几点问题：

（1）开发项目排放到大气环境中酸性物质的浓度、总量，酸性物质的时空分布及其在大气中迁移转化规律；

（2）评价区内的气象条件，如降水量、降水的时空分布等；

（3）外区域输送到评价区的污染物浓度和总量等；

（4）土壤对酸性物质缓冲能力的模拟实验，以及酸性水淋滤土壤的模拟实验。从而建立数学模型。

（四）土壤盐渍化预测

土壤环境评价中的盐碱化通常是指次生盐碱化。它是人类在农业生产过程中，由于灌溉和农业措施不当引起的土壤盐化和碱化的总称。

土壤盐碱化预测常用的方法为美国盐渍土实验室提出的钠吸收比法（SAR）。钠吸收比可用下式计算。

$$SAR = \frac{[Na^+]}{\sqrt{\dfrac{[Ca^{2+}] + [Mg^{2+}]}{2}}} \tag{6-16}$$

式中：$[Na^+]$——钠离子浓度，meq/L；

$\qquad [Ca^{2+}]$——钙离子浓度，meq/L；

$\qquad [Mg^{2+}]$——镁离子浓度，meq/L。

可根据钠吸收比划分水质等级。当土壤溶液的导电率为 10 mS/m 时，SAR 值在 0～10 之间为低钠水，可用于灌溉各种土壤而不发生盐渍化；SAR 值在 10～18 之间为中钠水，对具有高阳离子交换量的细质土壤会造成盐渍化；SAR 值在 18～26 之间为高钠水，对大多数土壤都可以造成盐渍化；SAR 值在 26～30 之间为极高钠水，一般不适合于灌溉。

土壤溶液的电导率大于 5 mS/m 时，SAR 值在 0～6 之间为低钠水；SAR 值在 6～10 之间为中钠水，SAR 值在 10～18 之间的为高钠水，SAR 值大于 18 为极高钠水。

第六节　土壤环境影响评价

一、土壤环境影响评价方法

土壤环境影响评价方法有单因子指数法、分级污染指数法和多因子综合评价法。

（一）单因子指数法

$$P_i = \frac{C_i}{S_i} \tag{6-17}$$

式中：C_i——土壤中污染物 i 的实测浓度；

$\qquad S_i$——污染物 i 的评价标准限值；

$\qquad P_i$——土壤中污染物 i 的污染指数。

（二）分级污染指数法

1．评价的基本参数

（1）土壤起始污染值：土壤中有毒、有害物质的实测值大于土壤背景值时，此值为土壤起始污染值，通常用 x_a 表示。

（2）植物起始污染值：植物吸收、累积土壤中的污染物，致使植物体内污染物含量超过当地植物中的平均含量，此时，植物体内的平均含量即为植物起始污染值。

（3）植物临界含量：植物体内累积的污染物使植物减产 10%，或超过食品卫生标准时的植物体内的含量称为植物临界含量。

（4）土壤轻度污染值：达到植物起始污染值时，土壤中污染物的含量即为土壤轻度污染值，通常用 x_c 表示。

（5）土壤临界含量：达到植物临界含量时，土壤中污染物的含量即为土壤临界含量，通常用 x_p 表示。

2．分级污染指数

根据土壤和植物中污染物的累积量选择如下计算模式。

（1）当 $C_i \leqslant x_a$ 时，则

$$P_i = \frac{C_i}{x_a}, \ P_i \leqslant 1$$

（2）当 $x_a \leqslant C_i \leqslant x_c$ 时，则

$$P_i = 1 + \frac{C_i - x_a}{x_c - x_a}, \ 1 < P_i \leqslant 2$$

（3）当 $x_c \leqslant C_i \leqslant x_p$ 时，则

$$P_i = 2 + \frac{C_i - x_c}{x_p - x_c}, \ 2 < P_i \leqslant 3$$

（4）当 $C_i > x_p$ 时，则

$$P_i = 3 + \frac{C_i - x_p}{x_p - x_c}, \ P_i > 3$$

根据计算出来的污染指数 P_i，按下表定污染等级。

表 6-5　按污染指数划分的污染等级

污染指数	$P_i \leqslant 1$	$1 < P_i \leqslant 2$	$2 < P_i \leqslant 3$	$P_i > 3$
污染等级	清洁	轻度污染	中度污染	重度污染

（三）多因子综合评价法

可采用均权综合指数、加权综合指数和内梅罗指数等方法进行。

二、土壤环境影响评价内容

土壤环境影响评价是在前面土壤环境影响预测的基础上，指出工程在建设过程中和

投产后可能遭到污染或破坏的土壤面积和经济损失状况，分析利用土壤自净能力的可能性，并根据区域和项目的具体情况提出防止土壤污染、退化、破坏的对策、措施和建议。

土壤环境影响特征分析包括对建设项目导致土壤污染、土壤退化和土壤破坏进行时空分析，主要是对比项目实施前后不同污染级别土壤面积的变化趋势与变化速率，主要污染物在空间上的扩散范围；退化土壤的空间分布、强度、演化趋势及其对周边环境的影响；被破坏或占用的土壤面积、变化趋势和土地利用类型结构的变化及其影响。另外，土壤环境影响特征分析还包括对建设项目导致土壤污染、退化和破坏所造成的土壤质量下降程度，及其对其他环境要素和人类社会经济造成影响程度进行分析。该部分内容包括污染物在土壤中的分布、迁移转化规律及其对其他环境因素以及人类社会经济活动的影响；土壤退化对区域生态环境的影响及其对人类生存的影响；土壤破坏对农业生产的影响和区域土地利用类型的改变对社会经济和居民生活的影响。

第七节　土壤环境保护对策与措施

土壤侵蚀是导致土壤退化的重要原因，不适当的水利工程和灌溉引起的次生盐渍化也可能导致土壤退化。防治土壤退化的指导思想是发挥土壤自净作用，其主要机理是土壤的吸附与解吸，沉淀与溶解，影响因素主要为土壤质量、黏粒矿物、铁铝氧化物、碳酸钙、有机质、土壤中阳离子交换量、pH 值、E_h、土壤水分和温度等。为了遏制土壤资源的减少趋势，提出以下对策。

一、加强土壤资源法治管理

土壤保护的有关法规和条例包括《中华人民共和国宪法》《中华人民共和国环境保护法》《中华人民共和国土地管理法》《中华人民共和国矿产资源法》《中华人民共和国水土保持法》等法律，以及《土壤复垦规定》《中华人民共和国土地管理法实施条例》等有关土壤保护的条例。

二、加强建设项目的环境管理

（1）重视建设项目选址的评价：选择对土壤环境影响最小，占用农、林、牧业土地最小的地区进行建设项目开发；

（2）增强清洁生产意识：针对建设项目的工艺流程、施工设计、生产经营方式，提出减少土壤污染、退化和破坏的替代方案，减少对土壤环境的影响；

（3）执行建设项目的"三同时"管理制度：建设项目的防止土壤污染、退化和破坏的措施，必须与主要工程同时设计、同时施工和同时生产。

三、加强土壤环境监测和管理

设置环境决策机构，完善环境监测制度，加强事故或灾害风险的及时监测，制定应急措施；在土壤环境质量监测的基础上，开展土壤环境质量的回顾评价、后评估等跟进工作。

思考题

1. 什么是土壤环境影响评价？
2. 如何进行环境影响识别？
3. 土壤环境影响预测有几种类型，一般有哪几种方法？
4. 什么是土壤容量、土壤沙化、土壤盐渍化？
5. 土壤环境影响评价的内容包括哪些？
6. 土壤环境质量保护有哪些对策和措施？

❖ 第七章 ❖
生态环境影响评价

第一节　概　　述

一、生态环境影响评价的基本概念

随着当前我国工业化和城市化的高速发展，建设项目规模日渐增大，影响范围也日益扩张拓广，某些大型建设项目已明显带有区域开发性质，如国家经济技术开发区、自由贸易区、长江三峡工程和国家级新区开发建设等工程项目，其对所在区域生态的影响也日益倍受关注和重视。为此国家于 2016 年 7 月修订了 2013 年颁布的《中华人民共和国环境影响评价法》，2011 年 4 月将《环境影响评价技术导则—非污染生态影响》（HJ/T 19—1997）修订为《环境影响评价技术导则—生态影响》（HJ 19—2011），这为生态环境影响评价提供了评价标准、评价方法和技术支持。

所谓生态环境影响是指某一生态系统受到外来作用时所发生的变化与响应，如对某种生态环境的影响是否显著、不利影响是否严重及可否为社会和生态接受。科学地进行分析和预测这种响应和变化的趋势，称为生态环境影响预测。生态环境影响具有区域性、累积性、综合性和整体性特点，这与生态因子间相互复杂联系紧密相关，其涉及范围十分广泛，包括自然问题、社会问题和经济问题。

而生态环境影响评价是规划与开发建设项目环境影响评价的重要内容。它把资源和生态作为一个整体系统，主要依据生态学基本原理，重在阐明开发建设项目对生态环境影响的特点、途径、性质、强度和可能造成影响的后果，目的在于寻求有效的保护、恢复、补偿、建设和改善生态的途径与方法；指导思想是贯彻可持续发展思想与战略，主要包括资源的可持续利用和生态环境功能的可持续性。它不同于大气环境、水环境、声环境等污染型环境影响评价，而是着重强调建设项目对所在区域的生物（动物、植物和微生物）、生态系统、生态因子以及区域生态问题发展趋势的影响。对生态环境现状进行调查与评价，对生态环境影响进行分析与预测，并对生态环境提出改善和保护的措施以及减小影响的替代方案进行经济技术论证的过程称为生态环境影响评价。生态环境影响评价又有广义和狭义之分，通常广义是指通过许多生物学和生态学的概念和方法，预测和估计人类活动对自然生态系统的结构、功能所造成的影响；这些概念和方法也适用于人工改造过的系统，如农田和城市等。而狭义通常是指通过定量揭示和预测人类活动对生态环境影响及对人类健康和经济发展作用，分析确定一个地区的生态负荷或环境容量。

在环境影响评价报告表中，生态环境影响评价通常是新建项目不可缺少的分析评价部分，而对于改扩建项目，生态环境影响评价则需依据项目自身特点来确定；对于农林水利类、输变电及广电通信类、社会区域类、交通运输类、采掘类和旅游景观开发类等的环境影响评价报告书，也是重要组成内容之一。

二、生态环境影响评价的主要目的、研究对象和主要任务

（一）主要目的

保护生态环境和自然资源，解决影响环境优美和持续性的问题，为区域乃至全球的长远发展的利益服务。

（二）主要研究对象

所有开发建设项目（也包括区域开发建设项目），如农业、林业、水利、水电、矿业、交通运输和旅游业等开发利用自然资源和建设项目，以及海洋和海岸带的开发利用项目等。

（三）主要任务

研究人类开发建设活动所造成的某一生态系统的变化以及这种变化对相关生态系统的影响，并通过发挥人类的主观能动性，通过实施一系列改善生态环境的措施（合理利用资源、寻找保护、恢复途径和补偿，建设方案及替代方案等），保护或改善生态系统的结构，增强生态系统的功能。在进行生态环境影响评价时，必须从宏观整体角度出发，充分认识区域生态特点及其跨区域的生态作用等影响。

三、生态环境影响评价的原则

生态环境影响具有涉及范围广、影响程度大、时间长和不可逆性，间接生态环境影响复杂，难以预测和定量，常规方法不能有效反映生态环境影响的特点，总结生态环境影响评价原则，可作为生态环境影响评价工作的总体依据和指导。在进行生态环境影响评价过程中通常应遵循以下三个方面原则。

（1）坚持重点与全面相结合的原则。既要突出评价项目所涉及的重点区域、关键时段和主导生态因子，又要从整体上兼顾评价项目所涉及的生态系统和生态因子在不同时空等级尺度上结构与功能的完整性。

（2）坚持预防与恢复相结合的原则。预防为主，恢复补偿为辅。恢复和补偿等措施必须与项目所在地的生态功能区划的要求相适应。

（3）坚持定量与定性相结合的原则。生态环境影响评价应尽量采用定量方法进行量化描述和分析，当现有科学方法不能满足定量需要或因其他原因无法实现定量测定时，

生态环境影响评价则可通过定性或类比的方法进行描述和分析。

第二节　生态环境影响评价工作程序与分级

一、生态环境影响评价工作程序

生态环境影响评价的工作程序与环境影响评价的工作程序基本一致，主要包括生态环境影响识别，生态环境现状调查与评价，生态环境影响预测与评价，生态环境影响防护、恢复与补偿措施及替代方案等关键步骤，其详细的评价基本工作程序见图 7－1。

二、生态环境影响评价等级划分

所谓评价等级是指对所评价工作深度和广度方面的要求。生态环境影响评价等级的确定是评价对象区域范围的重要前提，每一个项目只定一个等级级别，若有多个影响点时，也只能按级别最高的一个定级，因此确定评价等级对生态环境影响进行准确全面的评价至关重要。

（1）依据影响区域的生态敏感性和评价项目的工程占地（含水域）范围（包括永久占地和临时占地），将生态环境影响评价等级划分为一级、二级和三级，如表 7－1。表 7－1 中"影响区域"包含"直接影响区（工程直接占地区）"和"间接影响区（大于工程占地区域）"的范围，对"受影响区"范围的确定，需根据生态学专业知识进行初步判断，并通过生态环境影响评价过程予以明确，主要原因是特殊生态敏感区和重要生态敏感区的类型复杂，保护目标的生态学特征差异巨大，难以给出一个通用的、明确的界定。一般区域是指除特殊生态敏感区和重要生态敏感区以外的其他区域。

（2）当工程占地（含水域）范围的面积或长度分别属于两个不同评价工作等级时，原则上应按其中较高的评价等级进行评价。改扩建工程的工程占地范围以新增占地（含水域）面积或长度计算。

（3）在矿山开采可能导致矿区土地利用类型改变，或拦河闸坝建设可能明显改变水文情势等情况下，评价等级应上调一级。

表 7－1　生态环境影响评价等级划分

影响区域生态敏感性	工程占地（水域）范围		
	面积≥20 km² 或长度≥100 km	面积 2 km² ~ 20 km² 或长度 50 km ~ 100 km	面积≤2 km² 或长度≤50 km
特殊生态敏感区	一级	一级	一级
重要生态敏感区	一级	二级	三级
一般区域	二级	三级	三级

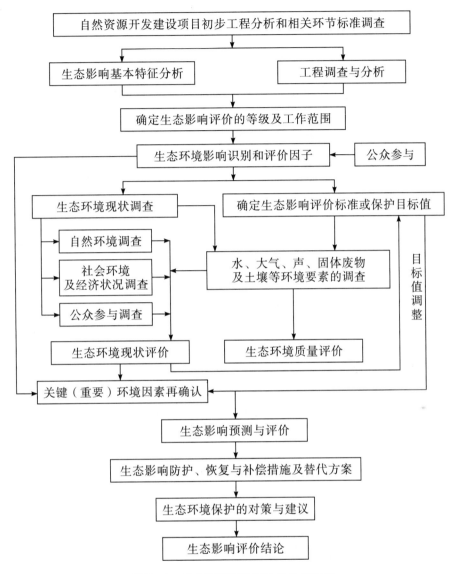

图 7 − 1 　生态环境影响评价的工作程序

第三节　生态环境现状调查和评价

一、生态环境现状调查

生态环境现状调查是生态环境现状评价和生态环境影响预测的基础和根本依据，调查的内容和指标应能反映评价工作范围内的生态背景基本特征和现存的主要生态环境问题，在有敏感生态保护目标（包括特殊生态敏感区和重要生态敏感区）或其他特别保护对象时，应单独进行专题调查。

生态环境现状调查应在收集资料的基础上开展工作，生态环境现状调查的范围应不小于评价工作范围。

一级评价应给出采样地样方实测和遥感等方法测定的生物量、物种多样性等数据，给出主要生物物种名录、受保护的野生动植物物种等调查资料；

二级评价的生物量和物种多样性调查可依据已有的资料推断或实测一定数量的、具有代表性的样方予以验证；

三级评价可充分借鉴已收集资料进行说明。

（一）生态环境现状调查内容

1. 生态背景调查

根据生态环境影响的时空尺度特点，调查影响区域内涉及的生态系统类型、结构、功能和过程，以及相关的非生物因子特征（如气候、土壤、地形地貌、水文及地质等），重点调查受保护的珍稀濒危物种、关键种和特有种，天然的重要经济物种等。当涉及国家级和省级保护物种、珍稀濒危物种和地方特有物种时，应逐个或逐类加以说明其类型、分布、保护级别和保护状况等；当涉及特殊生态敏感区和重要生态敏感区时，应逐个说明其类型、等级、分布、保护对象、功能区划和保护要求等。其中特殊生态敏感区是指具有极重要的生态服务功能，生态系统极为脆弱或已有较为严重的生态问题，如遭到占用、损失或破坏后所造成的生态环境影响后果严重，且难以预防、生态功能难以恢复和替代的区域，包括自然保护区、世界文化和自然遗产地等；重要生态敏感区是指具有相对重要的生态服务功能或生态系统较为脆弱，如遭到占用、损失或破坏后所造成的生态影响后果较严重，但可通过一定的措施加以预防、恢复和替代的区域，包括风景名胜区、森林公园、地质公园、重要湿地、原始天然林、珍稀濒危野生动植物天然集中分布区，以及重要水生生物的自然产卵场、索饵场、越冬场和洄游通道及天然渔场等。

2. 主要生态问题调查

调查影响区域内已存在的制约本区域可持续发展的主要生态问题，如水土流失、沙漠化、石漠化、盐渍化、自然灾害、生物入侵和污染危害等，指出其类型、成因、空间分布和发生特点等。

（二）生态环境现状调查方法

生态环境现状调查常用方法主要有资料收集法、现场勘查法、专家和公众咨询法、生态监测法和遥感调查法等五种基本方法。

1. 资料收集法

资料收集法即收集现有的能反映生态环境现状或生态背景的资料。资料的类型主要从四个方面进行分类。

（1）从表现形式上可分为文字资料和图形资料；

（2）从时间上可分为历史资料和现状资料；

（3）从收集行业类别上可分为农、林、牧、渔和环境保护部门；

（4）从性质上可分为环境影响报告书、有关污染调查、生态保护规划、生态保护规定、生态功能区划、生态敏感目标的基本情况以及其他生态调查材料等。

使用资料收集法时，应保证资料的现时性，引用资料必须建立在现场校验的基础上。

2. 现场勘查法

现场勘查法应遵循整体与重点相结合的原则，在综合考虑主导生态因子结构和功能的完整性的同时，突出重点区域和关键时段的调查，并通过对影响区域的实际踏勘，核实所收集资料的准确性，以获取实际资料和数据。

3. 专家和公众咨询法

专家和公众咨询法是对现场勘查的有益补充。通过咨询有关专家，收集评价工作范围内的公众、社会团体和相关管理部门对建设项目的意见，发现现场踏勘中遗漏的生态问题。专家和公众咨询应与资料收集和现场勘查同步开展工作。

4. 生态监测法

当资料收集、现场勘查、专家和公众咨询提供的数据无法满足评价的定量需要，或项目可能产生潜在或长期累积效应时，可考虑选用生态监测法。生态监测法是指运用物理、化学或生物等方法，对生态系统或生态系统中的生物因子、非生物因子状况及其变化趋势进行的测定和观察。生态监测应根据监测因子的生态学特点和干扰活动的特点确定监测位置和监测频率，有代表性地布点。生态监测方法与技术要求须符合国家现行的有关生态监测规范和监测标准分析方法；对于生态系统生产力的调查，必要时需进行现场采样和实验室测定。

5. 遥感调查法

当涉及区域范围较大或主导生态因子的空间等级尺度较大，通过人力踏勘较为困难或难以完成评价时，可采用遥感调查法。遥感调查过程中，必须辅助必要的现场勘查工作。

（三）陆生生态环境现状调查

1. 陆生生态环境现状调查内容

陆生生态环境现状调查内容包括：工程影响区植物区系、植被类型及分布；野生动物区系、种类、数量及分布；珍稀濒危动植物种类、种群规模、生活习性、种群结构、生境条件及分布、保护级别与保护状况等；受工程影响的自然保护区的类型、级别、范围与功能分区及主要保护对象状况等。

2. 陆生植物现状调查范围与方法

（1）调查范围。

根据建设项目特点，调查范围包括工程永久占用土地的区域和临时占地的区域，如料场、弃渣场、取土场，场内临时施工道路、施工场地、施工辅助企业区和施工生活区等。

（2）调查方法。

① 资料收集法。

由于植物种类多样复杂，应调查植物物种多样性。调查前，先查阅建设项目区域及邻近地区的生物多样性有关资料，可查阅《中国植物志》或地方植物志及药用植物志，并尽可能到有关研究所或大学查看该地区的标本材料。

通过网络查询在该地区进行过科学研究的人员和有关的科研成果。收集到的资料，往往是一个较大区域中的植物调查情况，需要对数据进行处理，需要根据评价区的海拔高度或特殊的分界线来确定植物的分布种类和分布范围。

② 现场调查法。

现场调查目的主要是补充和完善评价区植物区系内容，同时对植物分布状况有充分的了解，为生态环境影响预测评价提供第一手资料。

调查时，采用全面踏查和重点调查相结合的方法，以建设项目为中心，向四面辐射调查。通常采用线路调查或片区调查法的方式，线路调查是指在调查范围内按不同方向沿山路和溪沟选择几条具有代表性的线路，沿着线路调查，同时也在森林和灌木丛中穿行、沿途记载植物种类、采集标本、观察生境和目测多度等。而片区调查法是指在项目评价范围内，划分片区，选取具有代表性的片区着重进行调查。

（3）植被的调查方法。

根据植物群落分布格局的不同采用样方法、直接计数法和核实法等方法进行植被种类、生物量和种群分布等调查。

（4）国家重点保护植物和珍稀濒危植物的调查方法。

珍稀濒危植物要采集凭证标本和拍摄照片，一般采用样带法调查。根据植物分布的特点，选择几条有代表性的线路，沿着线路调查，记载植物的种类，采集植物标本，观察植物的生境，目测多度，对于呈群落分布的物种，采用样地调查方法。样地选择和大小与群落样方调查相同，通过调查计算植物物种的总量。

3．陆生动物现状调查

（1）调查范围。

动物分布与区域生境差异性密切相关，是动物与其互相制约和互相作用的结果，在各种条件下尤以植被条件最为重要。因此，各种不同的植被类型的动物分布情况不相同。但动物（尤其鸟类）的迁移能力强，具有较大的生态可塑性，能适应多种类似环境，且由于人类经济活动影响，使动物种群数量与分布随之发生变化。因此，动物多样性的调查可在植被类型确定基础上进行。由于动物行为的一般特点，调查范围往往要根据动物的生境来确定评价范围，一般会超出评价区的范围。

（2）调查方法。

野生动物野外数量调查以样点为主，在山体切割剧烈，地形复杂，难于连续行走的区域设置样带，但样点均分布在样带上。为了抓紧时间，节省人力、物力和财力，结合野生动物物候期，对鸟类、兽类和两栖爬行类的野外调查同时进行，按照动物种类分别按规定设样带，并在样带上再设样点或样方。

（四）水生生态环境现状调查

1．海洋生态调查内容

海洋生态系统指一定海域内生物群落与周围环境相互作用构成的自然系统，具有相对稳定功能并能自我调控的生态单元。海洋生态要素调查主要内容包括三个方面：

（1）海洋生物。

① 海洋生物群落结构：微生物、叶绿素 a、游泳动物、底栖生物、潮间带生物和污损生物，浮游植物，浮游动物。

② 海洋生态系统功能：着重调查初级生产力、新生产力和细菌生产力。

（2）海洋环境。

① 海洋水文：深度、水温、盐度、水位和海流；温跃层和盐跃层；海面状况；入海河流径流量和输沙量；潮汐状况等。

② 海洋气象：从海区附近的气象台（站）收集调查期间逐日（月）的日照时数，气温、风速、风向；记录调查期间每日和采样时刻的天气状况，如阴、晴、雨和雾等。

③ 海洋光学：海面照度、水下向下辐照度和真光层深度；透明度。

④ 海水化学：硝酸盐、亚硝酸盐、铵盐、活性磷酸盐、活性硅酸盐、DO、TN、TP 和 pH，COD，重金属、有机污染物和油类，悬浮颗粒物（SPM）和颗粒有机物（POM），颗粒有机碳（POC）和颗粒氮（PN）。

⑤ 海洋底质：底质类型、粒度、有机碳（OC）、TN、TP、pH 和 Eh；底质污染物：硫化物、有机氯、油类、重金属（总汞、总铬、铜、铅、镉、砷和硒）等。

（3）人类活动。

① 海水养殖：海区如果存在一定规模的养殖活动，应调查养殖海区坐标与面积，养殖的种类、密度、数量和方式；收集养殖海区多年的养殖数据，包括养殖时间、种类、密度、数量、单位产量、总产量和养殖从业人口等，并制作养殖空间分布图。具体养殖数据根据不同海区的养殖情况相应增减。

② 海洋捕捞：存在捕捞生产活动的海区，应现场调查和调访捕捞作业情况，进行渔获物拍照和统计，并收集该海区多年的捕捞生产数据，包括捕捞生产海区坐标与面积，捕捞的种类、方式、时间、产量，渔船数量（马力），网具规格和捕捞从业人口等，并制作捕捞生产空间分布图。具体捕捞生产数据根据不同海区情况相应增减。

③ 入海污染：存在排海污染（陆源、海上排污等）的调查海区，应调查和收集多年的排污数据，包括排污口、污染源分布，主要污染物种类、成分、浓度、入海数量和排污方式等，并制作排污口和污染源的空间分布图。具体情况根据不同海区的污染源情况相应增减。

④ 海上油田生产：存在油田生产的调查海区，应收集多年的油田生产和污染数据，包括石油平台位置、坐标、数量、产量、输油方式、污水排放量、油水比、溢油事故发生时间、溢油量、污染面积、持续时间，受污染生物种类和数量，使用消油剂种类和使用量等，并制作石油污染源分布图。具体情况根据不同海区的污染源情况相应增减。

⑤ 其他人类活动：若调查海区存在建港、填海、挖沙、疏浚、倾废、围垦、运动（游泳、帆船、滑水等）、旅游、航运和管线铺设等情况，而且对主要调查对象可能有较大影响时，应调查这些人类活动的情况，主要包括位置、数量、规模、建设和营运情况，对周围海域自然环境的影响程度，排放污染物的种类、数量和时间等，对海洋生物的影响程度等方面。具体内容应根据调查目标来确定。海洋生态调查方法的其他具体内容详见《海洋调查规范》第 9 部分：海洋生态调查指南（GB/T 12763.9—2007）。

2. 水库渔业资源调查内容

水库渔业资源调查主要包括水库形态与自然环境调查、水的理化性质调查、浮游植物和浮游动物调查、浮游植物叶绿素的测定、浮游植物初级生产力的测定、微生物调查、底栖动物调查、着生生物调查、大型水生植物调查、鱼类调查和经济鱼类产卵场调查等方面的调查。

3. 河流水生生态环境调查内容

河流水生态环境质量是指在特定的时间和空间范围内，河流水体不同尺度生态系统的组成要素总的性质及变化状态。我国河流水生态环境复杂而脆弱，随着河流水资源利用和污染的加大，多数河流均出现不同程度的污染影响。河流中水生生物多样性降低和水生生物栖息地退化等问题，监测和评价河流水生态质量已成为我国环境保护工作的一个重要内容。

河流水生生态环境调查主要包括河流水体理化性质调查，物理生境、生物类群（大型底栖动物和着生藻类）、人类活动特征、水生生物群落结构特征（如挺水植物、沉水植物和水生动物）、鱼类调查和洄游通道调查等方面的调查。

4. 水生生态环境现状调查方法

根据水生生态环境现状调查目的，调查方法可分别采用特定位点参照状态法和生态区参照状态法。特定位点参照状态是指将点源排放的"上游"位点作为参照状态。该类型参照状态减少了源于生境差异的复杂情况，排除其他点源和非点源污染造成的损害，有助于诊断特定排放与损害之间的因果关系，并提高精确度。但是，该类型参照状态的有效性较为有限，不适合广域（流域及其以上范围）的调查或评价。生态区参照状态是指选择相对均质区域内、相对未受干扰（接近自然状态）的位点以及生境类型作为参照状态。相对于特定位点的参照状态，生态区参照状态更适用于水域或流域范围的趋势性调查。

二、生态环境现状评价

生态环境现状评价是对调查所得到的资料进行梳理、分析，判别轻重缓急，明确主要问题与根源的过程，一般需要按照一定的要求和标准进行。

（一）生态环境现状评价要求

在区域生态环境基本特征现状调查的基础上，采用文字和图件相结合的表现形式对评价区的生态环境现状进行定量或定性的分析评价。

（二）生态环境现状评价目的

（1）从生态完整性的角度评价现状生态环境质量，即注意区域生态环境的功能与稳定状况；

（2）用可持续发展观评价自然资源现状、发展趋势和承受干扰的能力；

（3）植被破坏、荒漠化、珍稀濒危动植物物种消失、自然灾害、土地生产能力下降等重大资源环境问题及其产生的历史、现状和发展趋势。

（三）生态环境现状评价因子

对生态环境调查所取得的资料进行梳理分析，判别轻重缓急，明确主要生态环境问题及其根源过程，确定生态环境现状评价因子。生态环境现状评价通常选取的因子包括自然生态系统现状评价因子和社会发展因子，其中自然生态系统评价因子主要包括：植被、生物多样性、保护物种、珍稀濒危物种、特有物种、资源物种；系统整体性（如景观破碎度）、系统生产力（包括生物量、生物生长率、植被覆盖率、频率和密度等）、系统稳定性参数（生物资源采补平衡、系统发展趋势、土壤侵蚀度、气候恶化、区域自然灾害、荒漠化面积、外来物种等）；敏感目标（重要生态功能区、自然保护区、自然遗迹地以及风景名胜区等）的测算值和统计值等指标；社会发展方面的因子，如经济、农业、水利发展情况和土地利用现状等。

（四）生态环境现状评价内容

（1）从生态完整性（景观生态学评级结果）和稳定性（演替阶段、优势种群、生物量和生物多样性）的角度评价环境质量现状。

（2）在阐明生态系统现状的基础上，分析影响区域内生态系统状况的主要原因。评价生态系统的结构和功能状况（如水源涵养、防风固沙和生物多样性保护等主导生态功能）、生态系统面临的压力和存在的问题及生态系统的总体变化趋势等。

（3）根据生态背景调查（生态系统类型、结构、功能、过程、相关非生物因子现状）确定主要区域生态环境问题（水土流失、沙漠化、石漠化、盐渍化、自然灾害、生物入侵和污染危害等），指出区域生态环境问题的类型、成因、空间分布和发生特点。

（4）分析和评价受影响区域内动植物等生态因子的现状组成及分布；当评价区域涉及受保护的敏感物种时，应重点分析该敏感物种的生态学特征；当评价区域涉及特殊生态敏感区或重要生态敏感区时，应分析其生态环境现状、保护现状和存在的问题等。

（5）用可持续发展观点评价自然资源现状，发展趋势和承受干扰的能力。

（五）生态环境现状评价方法

生态环境现状评价常用的方法同生态环境影响预测方法，主要有列表清单法、图形叠置法、生态机理分析法、景观生态学法、指数与综合指标法、类比分析法、系统分析法、生物多样性评价法和数学评级法等（详见第五节"三、生态环境影响预测的基本方法及应用"）。

第四节　生态环境影响识别和评价因子筛选

一、生态环境影响因素分析与判定依据

（一）生态环境影响因素分析

明确生态环境影响作用因子，结合建设项目所在区域的具体环境特征和工程内容，

识别及分析建设项目实施过程中的影响性质、作用方式和影响后果，分析生态环境影响范围、性质、特点和程度。还应特别关注特殊工程点段分析，如环境敏感区、隧道与桥梁、淹没区等，并关注间接性影响、区域性影响、累积性影响以及长期性影响等特有影响因素的分析。

（二）生态环境影响判定依据

生态系统具有复杂性和涉及要素类型多等特点，且目前生态学理论和技术方法尚不成熟，缺乏系统判定生态环境影响大小的具体依据。《环境影响评价技术导则—生态影响》（HJ 19—2011）明确要求生态环境影响的判断需要按照已颁布的相关要求、科研测定结果、生态背景、相似项目类比和开展相关咨询的优先顺序进行确定。因此，生态环境影响判定依据主要包括五个方面。

（1）国家、行业和地方已颁布的资源环境保护等相关法规，政策，标准，规划和区域等确定的目标、措施与要求；

（2）科学研究判定的生态效应或评价项目实际的生态监测和模拟结果；

（3）评价项目所在地区及相似区域生态背景值或本底值；

（4）已有性质、规模以及区域生态敏感性相似项目的实际生态影响类比；

（5）相关领域专家、管理部门及公众的咨询意见。

二、生态环境影响识别和评价因子筛选

（一）生态环境影响识别

环境影响识别是环境影响评价工作中的重要步骤之一是将开发建设活动的作用和环境的反应结合起来做综合分析的第一步，目的是明确主要环境因素、主要受影响的对象和生态因子、影响涉及的主要敏感环境目标，从而初步筛选出评价重点内容。生态环境影响识别是通过检查拟建项目的开发行为与环境要素之间的关系，识别可能的环境影响，它是一种定性和宏观的生态环境影响分析以及生态环境影响认识过程，它依据生态保护原理、实地调查资料和粗略的相关分析进行影响识别。

生态环境影响识别主要包括三个方面的识别内容：影响因素（作用）识别，即识别作用主体；影响对象识别，即识别作用受体；影响效应识别，即影响作用的性质和程度等。

1. 影响因素（作用）的识别

影响因素（作用）识别是对作用主体（建设项目）的识别。识别过程中要注意识别的全面性（即要识别全部工程组成）、全过程性质和识别作用方式。作用主体组成应包括主体工程（或主体设施、主体装置）和全部辅助工程、配套工程、公用工程、环保工程及相关的其他工程在内，如为工程建设开通的临时进场道路、施工道路、工程作业场地，重要原材料的生产（原料生产、采石场、取土场、弃土场等），储运设施，污染控制工程，绿化工程，拆迁建补建工程，施工队伍驻地和拆迁居民安置地等。

在项目实施的时间序列上，应包括施工建设和运营期的影响因素识别，有的项目甚

至还包括勘探设计期（如石油天然气钻探、公路铁路选址选线和规划施工布局等）和退役期（如矿山闭矿、渣场封闭与复垦等）的影响识别。此外，还应识别不同作业方式所造成的不同影响，如公路建设之桥隧方案或大挖大填、机械作业或手工作业等，集中开发建设地区和分散的影响点，永久占地与临时占地等影响因素。影响因素的识别内容还包括影响的发生方式，作用时间的长短，直接作用还是间接作用等。影响因素识别实质上是一项工程分析工程。这项工作应建立在对工程性质和内容的全面了解和深入认识的基础上。

根据评价项目自身特点、区域的生态特点以及评价项目与区域生态系统的相互关系，确定工程分析的重点，分析生态系统的影响源及其影响强度。主要内容包括可能产生重大生态环境影响的工程行为，与特殊生态敏感区和重要生态敏感区有关的工程行为，可能产生间接、累积生态影响的工程行为以及可能造成重大资源占用和配置的工程行为。所谓直接生态影响是指经济社会活动所导致的不可避免的与该活动同时同地发生的生态影响；间接生态影响是指经济社会活动及其直接生态影响所诱发的与该活动不在同一地点或不在同一时间发生的生态影响；累积生态影响是指经济社会活动各个组成部分之间或该活动与其他相关活动（包括过去、现在和未来）之间造成生态影响的相互叠加。

总的来说，影响因素（如建设项目）识别分析，即工程影响因素分析；生态环境受体分析，即受影响对象的确定；生态影响效应的分析，即发生了什么问题。后两个问题往往因生态系统类型的不同而不同。具体分为五个方面。

（1）生态系统整体性影响：整体性要求及相关关系，系统是否毁灭、替换；生态环境严重恶化；系统是否分割或功能受损；系统是否可正向演替或恢复；

（2）生态系统因子影响：是否影响关键生态因子；有无替代或可否恢复；

（3）敏感保护目标影响：是否逼近保护范围和目标物；

（4）主要自然资源影响：水、土、矿产、生物等资源是否受到污染或损耗；

（5）区域生态环境问题：土地盐渍化、沙漠化、退化和自然灾害等区域生态环境问题。

2. 影响对象的识别

影响对象的识别是对影响受体（生态环境）的识别，即识别作用主体可能作用到的受体之部位和因子等。了解受影响生态系统的特点及其在区域生态环境中所起的作用或其主要环境功能十分重要，可使评价工作更具有针对性，从而提高评价工作有效性。而且很多生态环境退化和破坏主要原因在于自然资源的不合理开发利用。

识别的主要内容包括五个方面：

（1）识别受影响的生态系统。

第一，识别受影响的生态系统类型，如识别和判断是陆地生态系统还是海洋生态系统等。因为不同类型生态系统所关注的生态环境问题不同，如农田生态系统和自然生态系统，对生物多样性的关注程度不同。

第二，识别受影响的生态系统组成要素，如组成生态系统的生物因子（动物与植物）和非生物因子（大气、水系和土壤等），重要因子和非重要因子。

第三，了解受影响生态系统的特点及其在区域生态环境中所起的作用或其主要环境功能。

（2）识别受影响的重要生境。

在建设项目的生态环境影响评价中，从生物多样性保护角度考虑，人类对生物多样性的影响主要是由于占据、破坏和威胁野生动植物的生境所造成的。因此要认真识别这类受影响的重要生境，并采取切实有效的措施加以保护。重要生境的识别具体方法见表7-2，一般来说，天然林，包括原生林、次生林和森林公园等；天然海岸，尤其是沙滩、海湾等；潮间带滩涂；河口和河口湿地，无论大小都重要；湿地与沼泽，包括河湖湿地如岸滩或河心洲，淡水或感潮沼泽等；红树林与珊瑚礁；无污染的天然溪流、河道；自然性较高的草原、草山和草坡等均属于重要生境。

表7-2 生境重要性识别方法

序号	生境指标	重要性比较
1	天然性	原始生境＞次生生境＞人工生境（如农田）
2	面积大小	同样条件下，面积大＞面积小
3	多样性	群落或生境：类型多、复杂区域＞类型少、简单区域
4	稀有性	拥有稀有物种生境＞没有稀有物种生境
5	可恢复性	不易天然恢复的生境＞易于天然恢复的生境
6	完整性	完整性生境＞破碎性生境
7	生态联系	功能上：相互联系的生境＞孤立的生境
8	潜在价值	可发展为更具保存价值的生境＞无发展潜力的生境
9	功能价值	有物种或群落繁殖、生长的生境＞无此功能的生境
10	存在期限	存在历史久远的生境＞新近形成的生境
11	生物丰度	生物多样性：丰富的生境＞缺乏的生境

（3）识别受影响的自然资源。

生态环境影响评价中有时将自然资源与生态系统等量齐观，由于很多生态环境的退化和破坏是因为自然资源的不合理开发利用所造成。自然资源是指在一定时间地点条件下，能够产生经济价值以提高人类当前和未来福利的自然环境因素和条件，主要包括能源、矿物、土地、水、气候和生物等资源。对我国来说，耕地资源和水资源均十分紧缺，均是应首先加以影响识别和保护的对象，尤其是基本农田保护区、城市菜篮子工程、养殖基地、特产地和其他有重要经济价值的资源，均是认真识别的重点自然资源。

（4）识别受影响的景观。

具有美学意义的自然景观和人文景观，对于缓解当今人与自然的矛盾，满足人类对自然的需求和人类精神生活的需求具有越来越重要的意义。诸多著名的风景名胜区已发展成为当地的旅游产业。实际上，任何具有地方特色的景观（自然景观大多具有地方特色，很难有完全相同的自然景观）均具有满足当地人们精神生活需求的作用，因此具有保护意义。所有具有观赏或纪念意义的人文景观，也均具有地方文化特色，代表地方的历史或荣誉，因此也具有保护意义。我国自然景观多种多样，人文景观也极其丰富多彩，诸多有这类保护价值的景观还未纳入法规保护范围，需在环境影响评价中给予特别关注，需要认真调查和识别此类保护目标。

（5）识别敏感保护目标。

在环境影响评价中，敏感保护目标常作为评价的重点，也是衡量评价工作是否深入或是否完成任务的标志，但敏感保护目标是一个较为笼统的概念。按照约定俗成的含义，敏感保护目标是指一切重要的、值得保护或是需要保护的目标，其中最主要的是法规已明确保护地位的目标，见表7-3。生态环境影响评价中，一般的"生态环境敏感保护目标"可根据敏感生态保护目标的九个判据进行识别。

表7-3　中华人民共和国法律确定的保护目标

序号	保护目标	依据法律
1	具有代表性的各种类型的自然生态系统区域	《中华人民共和国环境保护法》（2015年）
2	珍稀、濒危的野生动植物自然分布区域	《中华人民共和国环境保护法》（2015年）
3	重要的水源涵养区域	《中华人民共和国环境保护法》（2015年）
4	具有重大科学文化价值的地质构造、著名溶洞和化石分布区、冰川、火山、温泉等自然遗迹	《中华人民共和国环境保护法》（2015年）
5	人文遗迹、古树名木	《中华人民共和国环境保护法》（2015年）
6	风景名胜区、自然保护区、生物多样性	《中华人民共和国环境保护法》（2015年）
7	自然景观	《中华人民共和国环境保护法》（2015年）
8	海洋特别保护区、海洋自然保护区、滨海风景区、海洋自然历史遗迹和自然景观	《中华人民共和国海洋环境保护法》（2013年）
9	水产资源、水产养殖场和鱼蟹洄游通道等重要渔业水域，珍稀、濒危海洋生物的天然集中分布区	《中华人民共和国海洋环境保护法》（2013年）
10	海涂、海岸防护林、风景林、风景石、红树林、珊瑚礁、滨海湿地、海岛、海湾、入海河口	《中华人民共和国海洋环境保护法》（2013年）
11	水土资源、植被、坡（荒）地	《中华人民共和国水土保持法》（2011年）
12	崩塌滑坡危险区、泥石流易发区、生态脆弱的地区、水土流失重点预防区和重点治理区	《中华人民共和国水土保持法》（2011年）
13	耕地、基本农田保护区	《中华人民共和国土地管理法》（2004年）

3. 影响效应的识别

影响效应识别也称影响作用的性质和程度识别，是对影响性质和造成的结果进行识别。进行生态环境影响效应识别时需要判别的内容主要包括三个方面。

（1）影响的性质：即是正（有利）影响还是负（不利）影响，是直接影响还是间接影响，是可逆影响还是不可逆影响，可否恢复或补偿，有无替代，是累积性影响还是非累积性影响。

（2）影响的程度：即影响发生的范围大小，持续时间的长短，影响发生的剧烈程度，受影响生态因子的多少，是否影响到生态系统的主要组成因子等。

（3）影响的可能性：即发生影响的可能性与概率。影响可能性可按极小、可能和很可能来识别。

在影响后果的识别中，常可通过识别生态系统的敏感性来宏观地判别识别影响的性质和影响导致的变化程度。

影响识别的表达方式可用矩阵法。所谓矩阵法就是将开发建设项目的各个时期各种活动和可能受影响的生态环境因子和问题分别列在同一表格中的列与行，再用不同的符号表示每项活动对相应环境因子影响的性质与程度，如用正负号表示正影响与负影响，用↑或↓表示影响性质可逆与不可逆，用数字 1～3 表示影响程度的轻重等，再辅以文字说明其他问题，一般就能比较清楚地表达出影响识别的结果。如某水库大坝建设项目影响识别因子矩阵见表 7-4。

表 7-4　某水库大坝建设项目影响识别因子矩阵表

建设阶段及范围			生态环境影响因子						
			土地资源	陆生动物		陆生植物			水生生物
			土地利用	一般野生动物	珍稀动物	森林植被	水土流失	珍稀植物	鱼类
工程作用因素	运行期	大坝阻隔	−3/↓	−3/↓	/	/	/	/	−3/↓
		水库蓄水	−3/↓	−1/↓	/	−1/↓	/	/	−3/↓
影响区域	库区	水库淹没区	●	●		●	●		●
		库周围区	●	●		●	●		

注：① +有利影响，−不利影响；② 1 弱影响，2 中影响，3 强影响；③ ↑可逆影响，↓不可逆影响；④ ●影响区。

生态环境影响识别是生态环境影响评价过程中十分关键和重要的过程（阶段）之一。在实际工作中，最忌讳不做或不深入现场做调查，凭经验或想当然编制影响识别表；有的行业规范还规定了固定的识别内容，以简单的条条框框取代丰富多彩的生态环境内容和复杂的生态环境。这些均是不妥当的做法。

（二）生态环境影响预测因子和评价因子筛选

1. 因子筛选要求

在生态环境影响识别的基础上进行评价因子的筛选。预测因子和评价因子筛选是一个比较复杂的过程，评价中应根据具体的情况进行筛选，筛选中主要考虑三个方面的因素：

（1）最能代表或反映受影响生态环境的性质和特点者；

（2）易于测量或易于获得其相关信息者；

（3）法规要求或评价中要求的因子等。

2. 因子筛选主要对象

（1）涉及生态系统及其主要生态因子。

生态系统服务功能是人类生存和发展的基础，高效的服务功能取决于系统结构完整性，因而生态保护应从系统功能保护出发，从系统结构保护入手。项目对生态系统结构产生不利影响，会导致系统功能的受损，因此生态环境影响预测中应关注生态系统结构和功能的变化。生态系统是生物群落及其环境组成的一个综合体，生态因子则是对生物有影响的各种环境因子，生物与其环境间并不是孤立存在的，而是息息相关、相互联系、相互制约、有机结合，生态因子的变化必然会引起生态系统的结构和功能的变化，所以生态因子也是生态环境影响预测涉及的一个重要方面。

首先，区域是一个复合生态系统，生态系统类型多样，因此一个项目也会涉及多个类型的生态系统；其次，生态系统服务功能众多，如水土保持、水源涵养、防风固沙和调节气候等，同一生态系统在不同区域主要服务功能不同，如位于黑龙江省及内蒙古自治区东北部的大兴安岭森林的主要服务功能是水源涵养，内蒙古自治区的额济纳绿洲胡杨林的主要服务功能是防风固沙。因此，同一建设项目所在区域不同，涉及的生态系统的主要的服务功能不同。再次，一个生态系统包含多个生态因子，因而同一个项目就涉及多个生态因子，如长江三峡的水电站建设既涉及生物因子如陆地、水域动植物等，又涉及非生物因子如水质、水文等，因此，基于生态系统和生态因子的多样性，项目生态环境影响预测之前需明确区域生态系统现状及主要功能和评价的主要生态因子。

建设项目生态环境影响预测涉及的生态系统和主要生态因子的选择是通过分析建设项目对生态影响的方式、范围、强度和持续时间来选择评价内容，不同项目的评价内容有差异。评价重点关注建设项目对生态产生的不利影响，以及即便停止或中断人工干预、干扰之后环境质量或环境状况不能恢复至以前状态的不可逆影响和经济社会活动各个组成部分之间或者该活动与其他相关活动（包括过去、现在和未来）之间造成生态环境影响的相互叠加的累积生态环境影响。

（2）敏感生态保护目标。

生态环境敏感保护目标是指一切重要的、值得保护或需要保护的目标，其中以法规已明确其保护地位的目标为重点。环境敏感保护目标通常是指需要特殊保护的地区、生态敏感区和脆弱区以及社会关注区。根据《建设项目环境影响评价分类管理名录》（2015 年 6 月 1 日起实施）规定，生态环境敏感区主要包括三个方面。

① 自然保护区、风景名胜区、世界文化和自然遗产地和饮用水水源保护区；

② 基本农田保护区，基本草原，森林公园，地质公园，重要湿地，天然林，珍稀濒危野生动植物天然集中分布区，重要水生生物的自然产卵及索饵场、越冬场和洄游通道，天然渔场、资源型缺水地区，水土流失重点防治区，沙化土地封禁保护区，封闭及半封闭海域和富营养化水域；

③ 以居住、医疗卫生、文化教育、科研和行政办公等为主要功能的区域，文物保护

单位，具有特殊历史、文化、科学和民族意义的保护地。

生态环境影响预测重点关注的是建设项目对生态系统及生态因子的影响，生态环境影响评价中，一般的"生态环境敏感保护目标"可根据以下九个方面指标进行识别：

① 具有生态学意义的保护目标：主要包括湿地，红树林，珊瑚礁，原始森林，天然林，鱼类产卵场、越冬地及洄游通道和自然保护区等。

② 具有美学意义的保护目标：在旅游区的开发建设及自然保护区的设立过程中，人们常常从美学角度考虑，确定生态保护目标。如风景名胜区、森林公园、旅游度假区、人文景观和自然景观等。

③ 具有科学文化意义的保护目标：按照2015年1月1日起施行的《中华人民共和国环境保护法》的规定，自然遗迹必须实行严格保护，因为自然遗迹对研究这些区域的古地理、古气候和自然变迁具有重要的理论意义和实际价值，是一个时期生态系统的间接体现，即使在目前，也有许多现存的生物种群。《中华人民共和国环境保护法》第二十九条规定国家在重点生态功能区、生态环境敏感区和脆弱区等区域划定生态保护红线，实行严格保护。各级人民政府对具有代表性的各种类型的自然生态系统区域，珍稀、濒危的野生动植物自然分布区域，重要的水源涵养区域，具有重大科学文化价值的地质构造、著名溶洞和化石分布区、冰川、火山、温泉等自然遗迹，以及人文遗迹、古树名木，应当采取措施予以保护，严禁破坏。

④ 具有经济价值的保护目标：主要指水资源和水资源涵养区、耕地和基本农田保护区、水产资源和养殖场等，它们对保障国民经济的正常发展，对区域经济的促进作用，以及对当地的社会、经济和人们生活的正常维护，均具有重要作用。

⑤ 重要生态功能区和具有社会安全意义的保护目标：主要指江河源头区、洪水蓄泄区、防风固沙保护区、泥石流区、水土保持重点区和灾害易发区，它们对于维护生物多样性和维护社会稳定等具有重要作用。

⑥ 生态脆弱区：指沙尘暴源区、水土流失区、石漠化地区、海岸、河岸、农牧交错带和绿洲外围带等地区，是环境敏感区的重要组成部分，这些区域的生态系统比较单一，生物种群比较独特，在这些地区进行自然资源项目的开发，极易造成生态环境的破坏，进而会引起一系列不利的连锁反应。

⑦ 人类建立的各种具有生态环境保护意义的对象：植物园、动物园、珍稀濒危生物保护繁殖基地、生态示范区和天然林保护区域等区域的建立，目的是为了保护一些具有特定意义的动植物，保护珍稀濒危生物，维持生物的多样性。

⑧ 环境质量严重退化的地区：由于人类的开发建设活动，导致局部区域的大气、水体或土壤生态环境质量急剧退化，或者环境质量已达不到环境功能区划要求的地域、水域。如具有重要生态学意义的沿海海岸带的红树林生境、城市内湖或内河区域，其环境质量已经严重退化，基本丧失其原有的生态功能。

⑨ 人类社会特别关注的保护目标：如学校、医院、科研文教区和居民集中区，与人们生活息息相关，不管人们从事何种建设，首先应该考虑如何保护这些区域，而不是去破坏这些应该得到保护的地方。

敏感生态保护目标评价是在明确保护目标性质、特点、法律地位和保护要求的情况下，通过分析建设项目影响途径、影响方式和影响程度，预测潜在影响的后果。

第五节　生态环境影响预测

一、生态环境影响预测概述

（一）生态环境影响预测概念

生态环境影响预测就是以科学的方法推断各种类型的生态在某种外来作用下所发生的响应过程、发展趋势和最终结果，揭示事物的客观本质和规律，在生态环境现状调查与评价、工程分析基础上识别其生态影响，有选择、有重点地预测分析所产生的生态影响效应的性质、方式、范围、程度（通过占地破坏、阻隔迁移、生境缩小、完整性与稳定性变差、演替趋势逆转和生态灾害发生等来反映），以及某些评价因子的变化以及生态功能的变化等。

生态环境影响预测往往根据工程特点与影响途径、环境现状调查成果来确定：

（1）如果没有敏感的生态保护目标，就需要对工程项目评价区自然系统生态完整性的影响进行预测，并分析这种影响后果是否导致生态环境功能的重大损失和是否能满足规划的环境功能要求。

（2）如果存在敏感的生态保护目标，还要增加对敏感生态保护目标影响的预测内容。

（二）生态环境影响预测的目的和主要对象

进行生态环境影响预测的目的是保护生态及维持生态系统的服务功能，因此首先要依据区域生态系统保护的需求和受影响的生态系统主导服务功能选择预测评价指标。其次，预测是建立在对项目所在区域生态系统现状了解的基础上，预测建设项目对区域已有的生态问题发展趋势的影响。

生态环境影响预测的主要对象包括两个方面：自然资源（区域）开发项目和工程建设项目。

（三）生态环境影响预测的基本程序

（1）选定影响预测的主要对象和主要预测因子。
（2）根据预测的影响主要对象和因子选择预测方法、模型和参数，并进行计算。
（3）研究确定评价标准和进行主要生态系统和主要环境功能的预测评价。
（4）进行社会、经济和生态环境相关影响的综合评价和分析。

二、生态环境影响预测的主要内容

生态环境影响预测主要涉及三个方面的内容：

1. 对建设项目涉及的生态系统及主要生态因子的影响预测

预测生态系统组成和服务功能的变化趋势，重点关注不利影响、不可逆影响和累积生态影响。由于生态系统、生态因子和生态服务功能的多样性，通过分析项目对生态影响的方式、范围、强度和持续时间来明确区域生态系统的现状、主要服务功能和主要生态因子，以便选择具体评价内容。

2. 对敏感生态保护目标的影响预测

应在明确保护目标的性质、特点、法律地位和保护要求的前提下，通过分析建设项目的影响途径、影响方式和影响程度，预测潜在后果。

3. 对区域现存主要生态环境问题的影响趋势

即是否会导致某些生态问题的严重化或能否使现存的生态问题向有利的方向发展；区域已有的生态问题是通过对项目所在区域生态背景的调查，包括调查区域内涉及的生态系统类型、结构、功能和过程以及相关的非生物因子现状等来确定区域目前面临的主要生态问题。当前中国面临的主要区域性的生态问题包括：水土流失、沙漠化、石漠化、盐渍化、自然灾害、生物入侵和污染危害等。根据区域调查结果，指出区域生态问题类型、成因、空间分布和发生特点等，目的是预测项目建成后对所在区域生态系统演替方向的影响，区域生态系统将朝着正向演替或逆向演替。

三、生态环境影响预测的基本方法及应用

生态环境影响预测方法应根据评价对象的生态学特性，在调查、判定该区主要的和辅助的生态功能以及完成功能必需的生态过程的基础上，以法定标准和项目所在区域的生态背景和本底为参考，重在生态分析和保护措施，分别采用定量与定性分析相结合的方法进行预测。常用的方法包括列表清单法、图形叠置法、生态机理分析法、景观生态学法、指数与综合指数法、类比分析法、系统分析法和生物多样性评价法等，预测的方法类型多样，不同的方法适用的项目不同，同一个项目也可有多种预测方法。

（一）生态环境影响预测方法

1. 列表清单法

列表清单法是 Little 等人于 1971 年提出的一种定性分析方法。特点：简单明了，针对性强。

基本做法：将拟实施的开发建设活动的影响因素与可能受影响的环境因子分别列在同一张表格的行与列内。逐点进行分析，并逐条阐明影响的性质和强度等。由此分析开发建设活动的生态环境影响。

应用范围：

（1）进行开发建设活动对生态因子的影响分析。

（2）进行生态保护措施的筛选。

（3）进行物种或栖息地重要性或优先度比选。

2. 图形叠置法

图形叠置法是把两个以上的生态信息叠合到一张图上，构成复合图，用以表示生态

变化的方向和程度。特点：简单明了，直观形象。

图形叠置法有两种基本制作手段：指标法和 3S 叠图法。

（1）指标法。

① 确定评价区域范围；② 进行生态调查，收集评价工作范围与周边地区自然环境和动植物等信息，同时收集社会经济和环境污染及环境质量信息；③ 进行影响识别并筛选拟评价因子，其中包括识别和分析主要生态问题；④ 研究拟评价生态系统或生态因子的地域分布特点与规律，对拟评价的生态系统、生态因子或生态问题建立表征其特性的指标体系，并通过定性分析或定量方法对指标进行赋值或分级，再依据指标值进行区域划分；⑤ 将上述区划信息绘制在生态图上。

（2）3S 叠图法。

① 选用地形图或正式出版的地理地图，或经过精校准的遥感影像作为工作底图，底图范围应略大于评价工作范围；② 在底图上描绘主要生态因子信息，如植被覆盖、动物分布、河流水系、土地利用和特别保护目标；③ 进行影响识别与筛选评价因子；④ 运用 3S 技术（即遥感技术、地理信息系统、全球定位系统三种技术），分析评价因子的不同影响性质、类型和程度；⑤ 将影响因子图和底图叠加，得到生态环境影响评价图。

图形置法应用领域：① 主要用于区域生态质量评价和影响评价；② 用于具有区域性影响的特大型建设项目评价中，如大型水利枢纽工程、新能源基地建设和矿业开发项目等；③ 用于土地利用开发和农业开发中。

3. 生态机理分析法

生态机理分析法是根据建设项目的特点和受其影响的动植物的生物学特征，依据生态学原理分析和预测工程生态影响的方法。生态机理分析法的具体工作步骤：

（1）调查环境背景现状和搜集工程组成和建设等有关资料。

（2）调查植物和动物分布，动物栖息地和迁徙路线。

动物栖息地和迁徙路线的调查重点关注建设项目对动物栖息地和迁徙路线的切割作用，导致动物生境的破碎化，种群规模的变小，繁殖行为受到影响，近亲繁殖的可能性增加，动物的存活和进化受到影响。

（3）根据调查结果分别对植物或动物种群、群落和生态系统进行分析，描述其分布特点、结构特征和演化等级。

动植物结构特征主要关注动植物种群密度大小和年龄比例；群落分层是否明显；生态系统结构是否完整，以及目前区域生态系统所处的演替阶段。

（4）识别有无珍稀濒危物种及重要经济、历史、景观和科研价值的物种。

根据《中国珍稀濒危植物名录》《中国濒危珍稀动物名录》《中国重点保护野生植物名录》和《全国野生动物保护名录》，调查项目是否涉及相关名录中的这些动植物。

（5）监测项目建成后该地区动物、植物生长环境的变化。

（6）根据项目建成后的环境（水、大气、土壤和生命组分）变化，对照无开发项目条件下动物、植物或生态系统演替趋势，预测项目对动物和植物个体、种群和群落的影响，并预测生态系统演替方向。

评价过程中有时要根据实际情况进行相应的生物模拟试验，如环境条件、生物习性模拟试验、生物毒理学试验、实地种植或放养试验等；或进行数学模拟，如种群增长模型的应用。该方法需与生物学、地理学、水文学、数学及其他多学科合作评价，才能得出较为客观的结果。

根据生态学原理和生态保护基本原则，生态环境影响预测中应注意五方面问题：

（1）层次性。生态系统分为个体、种群、群落和生态系统四个层次，不同层次的特点不同，因此评价项目应该将影响特点和生态系统层次相结合，根据实际情况确定评价层次和相应内容。如有的项目需评价生态系统的某些因子，如水体、土壤等，有的则需在生态系统和景观生态层次进行全面评价，有的则需全面评价和重点因子评价相结合。

（2）结构—过程—功能整体性。生态系统的结构、过程和功能三者是一个紧密联系的整体，生态系统结构的完整性和生态过程的连续性是生态功能得以发挥的基础。生态环境影响预测的核心是生态系统的服务功能，因此预测过程中首先要对现有生态系统的结构和过程进行分析，调查系统结构是否完整，过程是否连续，从而推断生态系统服务功能的现状，再次根据项目的性质特点预测和评价项目对生态系统功能的影响。

（3）区域性。生态环境影响预测不局限于与项目建设有直接联系的区域，还包括和项目建设有间接影响和相关联的区域。评价的基础是区域生态环境现状，因此评价的目的不仅为项目建设单位服务，而且揭示了区域生态问题，为区域发展做贡献。此外，评价中不从区域角度出发，很难判断生态系统的特点、功能需求、主要问题以及敏感保护目标。

（4）生物多样性保护优先。生物多样性是生态系统运行的基础，生物多样性保护应以"预防为主"，首先要减少人为干预，尤其是生物多样性高的地区和重要生境。

（5）特殊性。生态环境影响预测中必须注意稀有景观、资源、珍稀物种等保护，同时要注意区域间的差异，同一资源或物种在不同区域的重要性不同。比如相对于沿海地区，水资源对于沙漠地区尤为宝贵。

4．景观生态学法

景观生态学法是通过研究某一区域，一定时段内的生态系统类群的格局、特点、综合资源状况等自然规律，以及人为干预下的演替趋势，解释人类活动在改变生物与环境方面的作用的方法。景观生态学对生态质量状况的评判基于空间结构分析和功能与稳定性分析。景观生态学认为，景观的结构和功能是相当匹配的，且增加景观异质性和共生性也是生态学和社会学整体论的基本原则。

（1）空间结构分析。

空间结构分析基于景观是高于生态系统的自然系统，是一个清晰的和可度量的单位。景观由斑块、基质和廊道组成，其中基质是景观的背景地块，是景观中一种可控制环境质量的组分。因此，基质的判定是空间结构分析的重要内容。判定基质有三个标准，即相对面积大、连通程度高和有动态控制功能。基质的判定多借用传统生态学中计算植被重要值的方法。决定某一斑块类型在景观中的优势，也称优势度值（D_o）。优势度值（D_o）由密度（R_d）、频率（R_f）和景观比例（L_p）三个参数计算得出。其计算表达式如下：

$$R_d = \frac{斑块\ i\ 的数目}{斑块总数} \times 100\% \qquad\qquad (7-1)$$

$$R_f = \frac{斑块\ i\ 出现的样方数}{总样方数} \times 100\% \qquad (7-2)$$

$$L_p = \frac{斑块\ i\ 的面积}{样地总面积} \times 100\% \qquad (7-3)$$

$$D_o = \frac{1}{2} \times \left[\frac{1}{2} \times (R_d + R_f) + L_p \right] \times 100\% \qquad (7-4)$$

上述分析同时反映自然组分在区域生态系统中的数量和分布，因此能较准确地表示生态系统的整体性。

（2）功能与稳定性分析。

景观的功能与稳定性分析主要包括四方面内容。

① 生物恢复力分析：分析景观基本元素的再生能力或高亚稳定性元素能否占主导地位。

② 异质性分析：基质为绿地时，由于异质化程度高的基质很容易维护它的基质地位，从而达到增强景观稳定性的作用。

③ 种群源的持久性和可达性分析：分析动植物物种能否持久保持能量流和养分流，分析物种流可否顺利地从一种景观元素迁移到另一种元素，从而增强共生性。

④ 景观组织的开放性分析：分析景观组织与周边生境的交流渠道是否畅通。开放性强的景观组织可增强抵抗力和恢复力。景观生态学方法既可用于生态环境现状评价也可用于生境变化预测，是目前国内外生态环境影响评价领域中较先进的方法。

5. 指数法

指数法是利用同度量因素的相对值来表明因素变化状况的方法，是建设项目环境影响评价中规定的评价方法，指数法同样可将其拓展而用于生态环境影响评价中。指数法简明扼要，且符合人们所熟悉的环境污染影响评价思路，但困难在于需明确建立表征生态质量的标准体系，且难以赋权和准确定量。指数法包括单因子指数法和综合指数法。

（1）单因子指数法。

规定合适的评价标准，采集拟评价项目区的现状资料。可进行生态因子现状评价，如以同类型立地条件的森林植被覆盖率为标准，可评价项目建设区的植被覆盖情况，亦可进行生态因子的预测评价；如以评价区现状植被盖度为评价标准，可评价建设项目建成后植被盖度的变化率。

（2）综合指数法。

综合指数法是从确定同度量因素出发，把不能直接对比的事物变成能够同度量的方法。主要包括六个步骤。

① 分析研究评价的生态因子的性质及变化规律。

② 建立表征各生态因子特性的指标体系。

③ 确定评价标准。

④ 建立评价函数曲线，将评价的环境因子现状值（开发建设活动前）与预测值（开发建设活动后）转换为统一的无量纲的环境质量指标。用1~0表示优劣（"1"表示最佳的、顶级的、原始或人类干预甚少的生态状况，"0"表示最差的、极度破坏的、几乎无生物性的生态状况），由此计算出开发建设活动前后环境因子质量的变化值。

⑤ 根据各评价因子的相对重要性赋予权重。

⑥ 将各因子的变化值综合，提出综合影响评价值。即：

$$\Delta E = \sum_{i}^{n} (E_{hi} - E_{qi}) \times W_i \qquad (7-5)$$

式中：ΔE——开发建设活动前后生态质量变化值；

E_{hi}——开发建设活动后 i 因子的质量指标；

E_{qi}——开发建设活动前 i 因子的质量指标；

W_i——i 因子的权值。

指数法应用范围：① 可用于生态因子单因子质量评价；② 可用于生态因子多因子综合质量评价；③ 可用于生态系统功能评价。

指数法注意事项：建立评价函数曲线需根据标准规定的指标值确定曲线的上限、下限。对于大气和水体这些已有明确质量标准的因子，可直接用不同级别的标准值作为上限和下限；对于无明确标准的生态因子，需根据评价目的、评价要求和环境特点选择相应的环境质量标准值，再确定上限和下限。

6. 类比分析法

类比分析法是根据已有的开发建设活动（项目或工程）对生态系统产生的影响来分析或预测拟进行的开发建设活动（项目或工程）可能产生的影响。它是一种较常用的定性和半定量结合的评价方法，一般有生态整体类比、生态因子类比和生态问题类比等。

选择好类比对象（类比项目）是进行类比分析或预测评价的基础，也是该法成败的关键。类比对象的选择条件包括：工程性质、工艺和规模与拟建项目基本相当，生态因子（地理、地质、气候和生物因素等）相似，项目建成已有一定时间，所产生的影响已基本全部显现。

类比对象的选择标准：

（1）生态背景相同，即区域具有一致性，因为同一个生态背景下，区域主要生态问题相同。如拟建项目位于干旱区，则类比对象应选择位于干旱区项目。

（2）类比的项目性质相同。项目的工程性质、工艺流程和规模基本相当。

（3）类比项目已经建成，并对生态系统产生了实际的影响，且所产生的影响已基本全部显现，注意不要根据项目性质相同的拟建设项目的生态环境影响评价进行类比。

类比对象确定后，则需选择和确定类比因子及指标，并对类比对象开展调查与评价，再分析拟建项目与类比对象的差异。根据类比对象与拟建项目的比较，做出类比分析结论。

类比分析法适用范围：

（1）进行生态环境影响识别和评价因子筛选。

（2）以原始生态系统作为参照，可评价目标生态系统的质量。

（3）进行生态环境影响的定性分析与评价。

（4）进行某一个或几个生态因子的影响评价。

（5）预测生态问题的发生与发展趋势及其危害。

（6）确定环保目标和寻求最有效、可行的生态保护措施。

7．系统分析法

系统分析法是指把要解决的问题作为一个系统，对系统要素进行综合分析，找出解决问题的可行方案的咨询方法。具体步骤包括：限定问题、确定目标、调查研究、收集数据、提出备选方案和评价标准、备选方案评估和突出最可行方案。

系统分析法因其能妥善地解决一些多目标动态性问题，目前已广泛应用于各行各业，尤其在进行区域开发或解决优化方案选择问题时，系统分析法显示出其他方法所不能达到的效果。

在生态系统质量评价中使用系统分析的具体方法有专家咨询法、层次分析法、模糊综合评判法、综合排序法、系统动力学和灰色关联度法等方法，这些方法原则上都适用于生态环境影响评价。

8．生物多样性评价法

生物多样性评价法是指通过实地调查，分析生态系统和生物种的历史变迁、现状和存在主要问题的方法，评价目的是有效保护生物多样性。

生物多样性常用香农—威纳指数（Shannon-Wiener Index）表征：

$$H = -\sum_{i=1}^{s} P_i \ln (P_i) \qquad (7-6)$$

式中：H——样品的信息含量（群落的多样性指数）；

　　　S——种数；

　　　P_i——样品中属于第 i 种的个体比例，如样品总个体数为 N，第 i 种个体数为 n_i，则 $P_i = n_i/N$。

香农—威纳指数评价划分可参照表 7-5。

表 7-5　香农—威纳指数评价划分方法

指数范围	级别	生物多样性状态	生态环境污染程度
$H > 3$	丰富	物种种类丰富，个体分布均匀	清洁
$2 < H \leqslant 3$	较丰富	物种种类较高，个体分布比较均匀	轻污染
$1 < H \leqslant 2$	一般	物种种类较低，个体分布比较均匀	中污染
$0 < H \leqslant 1$	贫乏	物种种类低，个体分布不均匀	重污染
$H = 0$	极贫乏	物种单一，多样性基本丧失	严重污染

9．海洋及水生生物资源影响评价法

海洋及水生生物资源影响评价法参见 SC/T 9110—0007 以及其他推荐的生态环境影响评价和预测使用方法；水生生物资源影响评价法，可适当参照该技术规程及其他推荐的适用方法进行。

（二）预测方法的适用类型

项目生态环境影响预测一般分为现状调查阶段和预测阶段，两个阶段对方法的需求不同，因而选择的方法也不同，但是这些方法并不局限于特定阶段使用。典型生态项目

的常用预测方法见表7-6。

表7-6　典型生态项目的常用预测方法

项目类别	常用预测方法	
	现状调查	预测阶段
水电站建设	列表清单法	类比分析法
水电梯级开发	列表清单法、图形叠置法、系统分析法	类比分析法
道路建设（铁路、公路）	景观生态学法、图形叠置法、系统分析法	生态机理分析法
管线建设	景观生态学法、图形叠置法	生态机理分析法
矿产资源开发	列表清单法、图形叠置法、系统分析法	类比分析法

第六节　生态环境影响评价

一、生态环境影响评价范围的确定

生态环境影响评价应能够充分体现生态完整性及相关关系性，生态完整性是评价工作范围的确定原则和依据，涵盖评价项目全部活动的直接影响区域和间接影响区域，评价工作范围应依据评价项目对生态因子的影响方式、影响程度和生态因子间的相互影响和相互依存关系确定。

（一）生态环境影响评价范围确定的原则

1. 必须包括所有作用的因子

生态环境影响评价应包括建设项目全过程、全部活动空间中所有作用的因子。

2. 必须包括全部受影响的受体

全面考虑所有受影响的生态系统，应阐明受影响生态系统的类型、组成、结构、过程和特点等。

3. 必须包括所有的影响

应全面考虑包括直接的影响、间接的影响、显在的影响、潜在的影响、短期的影响和长期的影响等。

（二）生态环境影响评价范围判定依据

（1）生态完整性是评价工作范围的确定原则和依据，但没有规定具体的范围。主要基于两点：一是我国地域广阔，生态系统类型多样，项目复杂，难以给出一个具体的评价工作范围去要求不同地域或者不同类型的项目；二是不同行业导则中均规定有评价工作范围。因此，不同项目的生态环境影响评价工作范围应依据相应的评价工作等级和具体行业导则要求，采取弹性与刚性相结合的方法确定。

（2）为了增强评价工作范围的可操作性，《环境影响评价技术导则—生态影响》（HJ 19—2011）提出"可综合考虑评价项目与项目区域的气候过程、水文过程和生物过程等生物地球化学循环过程的相互作用关系，以评价项目影响区域所涉及的完整气候单元、水文单元、生态单元和地理单元界限为参照边界"，为不同行业导则中评价工作范围的制定提供参考依据。

（三）生态环境影响评价范围影响因素

生态环境影响评价范围影响因素包括以下六个方面。

（1）建设项目的时空分布。

（2）生态系统的整体性要求和所有作用生态因子间的相关关系（相互影响和相互依存等关系）。

（3）敏感目标的保护范围与目标物的保护要求。

（4）自然地理或水文等环境界域及行政管辖界域。

（5）技术可达性。

（6）工作需求：调查范围由大到小；影响距离由近及远（含所有影响可及的范围）。

二、生态环境影响评价的主要内容

生态环境影响评价的主要内容包括十个方面。

（1）进行规划或建设项目的工程分析。

（2）进行生态环境现状的调查与评价。

（3）进行生态环境影响识别与评价因子筛选。

（4）进行选址选线的生态环境合理性分析。

（5）进行生态环境影响预测分析。

（6）确定生态环境影响评价等级和范围。

（7）进行建设项目全过程的生态环境影响评价和动态管理。

（8）进行生态环境敏感保护目标的影响评价，研究保护措施。

（9）研究消除和减缓生态环境影响的对策措施。

（10）从生态影响及生态恢复、补偿等方面，对项目建设的可行性提出生态环境影响评价的结论与建议。

三、生态环境影响评价的基本方法

目前生态影响评价方法很多，主要是以定性分析为主。但随着规划与开发建设项目环境影响定量化评价的技术要求，生态环境影响评价关注定性评价和定量评价相结合，并不断有新的定量化评价模型推出，如生产力分析法、生境的评价方法和数学评级法等。目前《环境影响评价技术导则—生态影响》（HJ 19—2011）中的生态环境影响评价其他评价方法与第五节"三、生态环境影响预测的基本方法及应用"中的基本方法相同。生态环境现状评价基本方法也与之相同。与现状评价相比，只是生态环境影响预测与评价的侧重点在于工程建设影响的性质、过程或变化，加入了工程影响的因素，即影响的结果。

不同工程项目，因其自身特性不同，对生态环境的影响也各异；不同的生态环境，现状各异，存在的环境问题不同，对不同工程所表现的影响反馈方式就不同，且不同生态区可能存在自身所特有的问题。因此生态环境影响评价要紧紧抓住"工程特征"和"生态特征"，这"两大特征"是生态环境影响评价的核心。涉及敏感生态保护目标时，需突出对生态敏感保护目标的评价，即"2＋1"（除工程特征、生态特征外，再加上敏感保护目标）。

第七节　生态环境措施与替代方案

一、生态环境保护、恢复与补偿原则

生态环境保护、恢复与补偿原则主要包括以下三个方面。

（1）应按照避让、减缓、补偿和重建的次序提出生态环境影响防护与恢复的措施；所采取措施的效果应有利于修复和增强区域生态功能。

（2）凡涉及不可替代、极具价值、极敏感、破坏后很难恢复的敏感生态环境保护目标（如特殊生态敏感区，在珍稀、濒危物种生态因子发生不可逆影响）时，必须提出可靠的避让措施、可靠保护措施或生境替代方案。

（3）涉及采取措施后可恢复或修复的生态目标时，也应尽可能提出避让措施；否则，应制定恢复、修复或补偿措施，如涉及可能需要保护的生物物种和敏感地区，需制定补偿措施加以保护；对于再生周期长、恢复速度慢的自然资源损失，要制定恢复的补偿措施；对于普遍存在的（分布区域广、面积大、资源量多）再生周期短的资源损失，当其恢复的基本条件没有发生逆转，应创造条件使其尽快得到恢复。各项生态环境保护措施应按项目实施阶段分别提出，并提出实施时限和估算经费。

二、生态环境保护的途径与措施

资源开发与建设项目的施工和运行过程对生态环境的影响是不可避免的，尽管影响的范围和程度对于不同类型的建设项目各有差异，但其影响的性质基本上可分为可逆影响和不可逆影响两类。因此在生态环境影响评价过程中，确定生态环境影响的类别、性质、程度和范围是必不可少的。应针对上述问题制定避免、减缓与补偿生态环境影响的防护措施，恢复计划和替代方案，并向建设者、管理者或土地权属部门提出生态管理建议。因此生态环境影响减缓措施和生态环境保护措施是整个生态环境影响评价工作成果的集中体现和精华部分。

尤其自然资源开发项目中的生态环境影响评价根据区域的资源特征和生态特征，按照资源的可承载力，论证开发项目的合理性，对开发方案提出必要的修正，使生态环境得到可持续发展。

（一）生态环境保护的途径

开发建设项目的生态环境保护途径需从生态环境特点及其保护要求和开发建设工程项目的特点方面考虑，主要保护途径有：保护、恢复、补偿、建设及替代方案。

（1）保护是在开发建设活动前和活动中注意保护生态环境的原质原貌，尽量减少干扰与破坏，即贯彻以预防为主的思想和政策。预防性保护是给予优先考虑的生态环境保护措施。

（2）恢复是开发建设活动在对生态环境造成一定影响后通过事后努力来修复生态系统的结构或环境功能。植被修复是最常见的恢复措施。

（3）补偿则是一种重建生态系统以补偿因开发建设活动损失的环境功能的措施。补偿有就地补偿和异地补偿两种形式：就地补偿类似于恢复，异地补偿则是在开发建设项目发生地无法补偿损失的生态环境功能时，在项目发生地之外实施补偿措施。

（4）建设是在生态环境已经相当恶劣的地区，为保证建设项目的可持续发展和促进区域的可持续发展，采取的改善区域生态环境、建设具有更高环境功能的生态系统的措施。

（5）替代方案主要有场址或线路走向的替代、施工方式的替代、工艺技术的替代和生态环境保护措施的替代等。

生态环境影响评价报告篇章要具体编制恢复和防护方案，原则是自然资源中的植被，尤其是森林，损失多少必须补偿多少，原地补偿或异地补偿。

（二）生态环境保护的措施

1．生态环境保护措施具体要求

（1）生态环境保护措施应包括保护对象和目标，内容、规模及工艺，实施空间和时序，保障措施和预期效果分析，绘制生态环境保护措施平面布置示意图和典型措施设施工艺图，估算或概算环境保护投资。

（2）对可能具有重大、敏感生态环境影响的建设项目，区域、流域开发项目，应提出长期的生态监测计划和科技支撑方案，明确监测因子、方法和频率等。

（3）明确施工期和运营期管理原则与技术要求。可提出环境保护工程分标与招标原则、施工期工程环境监理、环境保护阶段验收和总体验收、环境影响后评价等环保管理技术方案。

2．减少生态环境影响的工程措施

（1）方案优化。

① 选点选线规避环境敏感目标。

② 选择减少资源消耗的方案：如道路建设项目可采取收缩边坡减少占用土地的面积，采用低路基方案减少土石方量等。

③ 采用环境友好方案：如桥隧代路基减少土石方量及其填挖作业。

④ 环保建设工程：如设置生物通道、建设生态屏障、移植保护重要野生植物等。

（2）施工方案合理化。

① 规范化操作：如控制施工作业带。

② 合理安排施工季节、时间及次序。

③ 改变传统落后施工组织：如"生产大会战"。

（3）加强工程的环境保护管理。

① 施工期环境工程监理与队伍管理。

② 运营期环境监测与"达标管理（环境建设）"。

3. 生态环境保护重要措施

（1）物种多样性和法定保护生物，珍稀、濒危物种及特有生物物种的保护。

拟建项目选址应合理，尤其是有污染项目的选址应尽可能避开河口、港湾、湿地或其他生态敏感区（如物种多样性和法定保护生物，珍稀、濒危物种及特有生物物种的保护），以便最大限度地减少对当地环境的压力。

① 栖息地保护——绕避措施：在建设项目选址选线时，尽可能避绕重要野生动植物栖息地；尽最大可能保障生物生存的条件，如植物生长的土壤与水的保障，动物的食源、水源、繁殖地、庇护所和领地范围等。

② 保障生物迁徙通道：设计和建造野生动物走廊、鱼类洄游通道和其他物种的特殊栖息环境，消除岛屿生境的不良效应和满足不同生物对栖息地的需求。

③ 栖息地补偿：如果建设项目影响了生物的栖息地，可在评价区的同类地区建立补偿性公园或保护区，弥补或替代拟建项目所造成的不可避免的栖息地破坏。

④ 易地保护：在不能采取就地保护的情况下，易地安置法定保护生物或珍稀濒危生物物种或进行人工繁殖繁育和哺养。

（2）植被的保护与恢复。

① 合理设计，加强施工管理：把拟建项目引起的难以避免的植被破坏减少到最低限度；注意对脆弱植被的保护和对环境条件恶劣（干旱、大风、大暴雨、陡坡和岩溶等）地区植被的保护。

② 保护森林和草原：禁止对森林乱砍滥伐，以保护森林资源；森林开发要边开采边植树；禁止滥开滥垦草地和过度放牧，保护草地。

③ 项目竣工后要对破坏植被进行恢复、再造。

④ 规定各类开发建设项目生态保护应达到的植被覆盖率指数。

⑤ 保护表层土壤以利植被恢复。

（3）资源保护和合理利用。

① 从可持续发展角度考虑，切实保护、合理利用自然资源：首先是合理利用土地，减少不合理占地，控制各种导致土地资源退化的用地方式。

② 立足于保护生态系统的基本功能，保护好植被资源。

③ 严禁侵占重要湿地，维护湿地水环境特性，特别是水系的畅通，保护湿地动植物。

④ 防止过度捕捞，限制有损水生生物资源的捕捞方式。

（4）水土保持措施。

预防为主，主要措施包括全民植树造林、种草、扩大森林覆盖面积和增加植被，包括有计划地封山育林草、轮封轮牧、防风固沙和保护植被；禁止毁林开荒、烧山开荒和在陡坡地及干旱地区铲草皮及挖树兜，尤其禁止在坡度大于25°的陡坡进行开垦和种植农作物。在5°以上坡地整地造林，抚育幼林，垦复油茶、油桐等经济林木，都必须采取水土保持措施。

① 工程治理措施。

拦渣工程：如拦渣坝、拦渣场、拦渣堤和尾矿坝等；

护坡工程：如削坡开级、植物护坡、砌石护坡、抛石护坡、喷浆护坡以及综合措施护坡和滑坡护坡等；

土地整治工程：如国土整平、覆土和植被等；

防洪排水工程：如防洪坝、排洪渠、排洪涵洞、防洪堤和护岸护滩等；

防风固沙工程：如沙障、栅栏、挡沙墙和化学固沙工程等；泥石流防治工程等。

② 生物治理措施：应首先考虑采用绿化工程，建立防护林带和封沙育草等。

（5）土壤质量保护。

① 保护土壤层：最大限度地控制施工造成的植被和上层土壤的破坏，防止土壤侵蚀。

② 防止土壤污染：控制工业"三废（废气、废水、废渣）"等污染物的排放；严格管理，防止有害生产原料的任意堆放；控制化肥、农药使用量，防止各种途径造成的污染。

③ 防止次生盐渍化：主要包括加强对排水、灌水系统的合理设计和管理，关注由于水利水电工程的建设，灌溉方式发生变化可能导致的土壤盐渍化。

三、生态环境保护的替代方案

（一）替代方案概念及其主要内容

替代方案是指通过多方案比较后确认的符合规划或建设目标和环境目标的规划或建设项目的方案。原则上应达到与原拟建项目或方案同样的目的和效益，应描述替代方案优缺点；它可作为拟建中的规划或建设项目方案的一部分，也可是对整个拟建中的规划或建设项目方案的替代。主要包括项目中的目标、选线、选址替代方案，项目的组成和规模（活动内容）替代方案，工艺和生产技术的替代方案，施工和运营方案的替代方案，环境条件及承载能力的替代方案，缓解不利负面影响的替代方案，以及生态环境保护措施的替代方案。

1. 选址、选线的替代

（1）当对评价区自然系统生态完整性损害超过阈值，即自然系统由原来的等级降到低一个级别时，应提出替代方案，避免对区域生态系统造成重大整体性影响，如农业垦殖项目类、水利工程类、林业开发类、区域性开发项目类和油气开发项目类等易产生该种影响。

（2）当对评价区内敏感的生态保护目标的损害可能造成消失或灭绝时，提出替代方案，如某湿地周边铁路、公路、输水干、支渠的建设阻断了湿地水源来源，且穿越了国家重点一级保护候鸟繁殖地和育幼地,生态评价中应提出选线替代方案。

2. 关于项目组成和规模的替代

项目生态环境影响较大时,提出项目组成或规模的替代方案,如:大坝兴建改变江河自然流态,可能使流水生活的水生生物,尤其是鱼类中的土著种和特有种濒临灭绝,应提出过鱼设施或替代生境等替代方案。

3. 关于施工工艺设计和施工方法替代

由于工艺设计和施工方法不合理造成生态损失时,应提出替代方案。如:南水北调中线经过河南百泉景区时(深挖渠段),据水文观测数据,渠底板下地下水含水层7 m左右,但当地下水位升高时,可能部分阻挡地下水向百泉的补给;因此改变工艺设计,保证百泉不受工程影响。

4. 生态保护措施替代

从生态环境影响的避免、削减和补偿的角度详细编制;避免重大难以承受的生态损失,将生态损失程度降到最低,对必须补偿的损失予以补偿。

(二)替代方案论证及其目的

替代方案的确定是一个不断进行科学论证、优化、选择的过程,最终目的是使选择的方案具有环境损失小、费用最少、生态功能最大的特性。因此在进行生态环境影响评价时应对替代方案进行生态可行性论证,优先选择生态环境影响最小的替代方案,最终选定的方案至少应该是生态保护可行的方案。1级以上项目要进行替代方案比较,要对关键的单项问题进行替代方案比较,并对环境保护措施进行多方案比较,这些替代方案应该是环境保护决定的最佳选择。

(三)替代方案分析角度与方法

替代方案需要从社会、经济、技术和环境等方面进行分析,并采用定性与定量相结合的方法。针对规划或建设项目的具体情况,需要从战略层面和具体项目层面上进行替代方案的分析。

思考题

1. 名词解释:

生态环境影响评价　特殊生态敏感区

重要生态敏感区　生态机理分析法　生态脆弱区　生态环境影响预测

2. 如何划分生态环境影响评价的工作等级?其主要判定依据是什么?

3. 简述生态环境影响评价应遵循的哪些方面的原则。

4. 生态环境现状调查的主要内容有哪些?有哪些常用调查方法?

5. 生态环境影响判定依据包括哪些内容?生态环境影响对象的识别主要包括哪些内容?

6. 生态环境影响预测与评价常用方法有哪些?

7. 生态环境影响的防护与恢复措施有哪些?

第八章
固体废物环境影响评价

第一节 概　述

一、固体废物的定义、特性和分类

（一）固体废物的定义

根据《中华人民共和国固体废物污染环境防治法》的规定，固体废物是指在生产、生活和其他活动中产生的丧失原有价值或者虽未丧失利用价值但被抛弃或者放弃的固态、半固态和置于容器中的气态的物品、物质，以及行政法规规定纳入固体废物管理的物品、物质。从哲学角度看，所谓的"废物"只是在一定的时间和空间范围内没有利用价值，而人类的认知是呈螺旋式上升、永无止境的，所以昨天的废物很可能成为今天或者明天的资源。从资源循环再生利用角度看，固体废物又称之为"放错了地方的资源"。

（二）固体废物的特性

根据当前固体废物处理处置标准和管理水平，环境中的固体废物特性可归纳如下表：

表 8-1　固体废物的一般特性

固体废物的一般特性	含　义
无主性	丢弃后，找不到物主，尤其是城市固体废物
零散性	扔置、丢弃分散各处，需收集、归类
时间性	"资源"与"废物"是相对的，指在一定时间和地点无利用价值，未必在未来不会成为资源
空间性	某个空间领域的废物或许就是另一个空间领域的宝贵资源
重复循环利用性	对于可回收垃圾，再生性能好，重复利用成本低，即使需要进行加工，其再生成本也比自然资源生产和加工产品的程序更节能、更低耗、更省时

续上表

固体废物的一般特性	含　义
危害持久性	固体废物的组分复杂且多变，环境对有机物与无机物、金属与非金属、有毒物与无毒物、单一物与聚合物等的自净过程是缓慢复杂及难以掌控的，其对人们生产和生活环境的危害远比废气和废水的危害更持久、影响力更大

从固体废物的特性出发，将其与其他环境问题对比，有学者总结出固体废物问题的"四最"。

（1）最难处置的环境问题。在工业"三废（废气、废水、废渣）"中，废渣不仅所含成分尤为复杂，物理化学特性也千变万化，而且处理处置也相对更难。

（2）最具综合性的环境问题。固体废物污染的产生常常伴随着水污染和大气污染，因此所要求的专业技能更强、涉猎知识面更广、实践经验更丰富和应用综合能力更高。

（3）最晚受到重视的环境问题。固体废物污染不像水污染、大气污染那样——最早出现、最早发现、最早被重视。固体废物污染是垃圾堆积到一定量，由量变过渡到质变后才受到大家关注和重视。

（4）最贴近生活的环境问题。无论是人们的生产还是生活环境，固体废物无时无刻不伴随着人们的日常生活行为而产生，与人类的生存环境息息相关。所以保护环境不是一句响亮空泛的口号，而是一个实际的行动。比如每个人的举手投足（按垃圾分类标准扔置垃圾）既可以做到爱护环境又方便环卫工人。

（三）固体废物的分类

固体废物可以按其来源、基本性质、毒性或危害程度以及处理处置方法来分类。

1. 按来源分类

根据《中华人民共和国固体废物污染环境防治法》（2005 年版）可将固体废物分为生活垃圾、工业固体废物和危险废物。

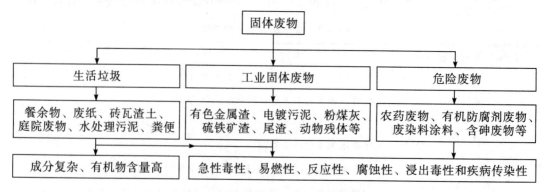

图 8-1　固体废物按来源的分类体系

值得注意的是，在我国，放射性废物不列入危险废物范畴，国家《电离辐射防护与辐射源安全基本准则》（GB 18871—2002）规定，凡放射性核素含量超过国家规定限值的固体、液体和气体废物，统称为放射性废物，并设有专门的管理方法和处置技术。

2. 按性质分类

按物理性状分为：固态废物（粉末状、颗粒状、块状）和泥状废物（污泥）。

按化学成分分为：有机垃圾和无机垃圾。

按热值分为：高热值废物和低热值废物。

3. 按毒性或危害程度分类

可分为危险废物（腐蚀、剧毒、传染、自燃、反应、爆炸）、放射性和无毒无害废物。

4. 按处理处置方法分类

可分为可资源化垃圾、可填埋垃圾、可堆肥垃圾、可焚烧垃圾、可回收垃圾和无机垃圾等。

二、固体废物产量预测

固体废物的产量预测方法一般分为两大类：①简单趋势预测法，流程如下：调查研究→收集、整理资料→根据简单的趋势方程进行推理判断，比如利用几何平均预测法；②数学模型法，流程如下：收集并整理统计数据资料→建立数学模型，比如数学统计模型、物流平衡模型、灰色模型等。后一种方法的适用性更强、应用范围更广。针对固体废物变化规律的迥异选择不同的预测模型，比较复杂的是要考虑主要影响因子，而这些影响因子会因城市而异。下面介绍两类典型固体废物产量预测方法。

（一）几何平均预测法

几何平均预测法是对产量粗略计算的方法，即在简单收集整理好前几年的垃圾产生量数据后，假定其呈几何平均增长，从而推算出未来任意年的垃圾产生量。

$$A_k = A_0 \times G^K \times (1 \pm W) \qquad (8-1)$$

$$W = \frac{\dfrac{\sum\limits_{i=1}^{n-1} |G_i - G'_i|}{n-1}}{\dfrac{\sum\limits_{i=1}^{n-1} G_i}{n-1}} = \frac{\sum |G_i - G'_i|}{\sum G_i} \qquad (8-2)$$

$$G = \sqrt[n]{\frac{a_1 \times a_2 \times a_3 \times \cdots \times a_4}{a_0 \times a_1 \times a_2 \times \cdots \times a_3}} \qquad (8-3)$$

式中：G_i——实际各期定基发展速率；

G'_i——理论各期定基发展速率；

G——平均发展速率；

W——平均差波动系数；

A_0——起点年的实际值，万吨；

A_k——对今后第 k 年的预测值，万吨。

由式（8-3）可知，该公式只适用于中间各期发展水平较稳定情况，因为式（8-2）中所利用的资料和计算方法实际上只是最末一期与最初一期水平之比，中间各期水平不起实质性作用，这也是需要对式（8-2）计算的平均差波动系数加以补充和修正的原因。平均差波动系数反映的是各期实际速率相对于理论速率的波动情况，是根据各期实际定基发展速率与各期理论定基发展速率的相对差值计算出来的。

例8-1 某城市在 2002—2007 年的城市固体废物清运量（单位：10^4 t）依次为 3 175，3 512，3 798，4 637，5 161，5 478，求 2020 年城市固体废物清运量。

几何预测方法见表 8-2。

表8-2　几何平均法预测城市生活固体废弃物

年度	实际定基发展速率 $G_i = a_i/a_0$	理论定基发展速率 $G'_i = G_0 \times G$	$\lvert G_i - G'_i \rvert$
2002	1	1	0
2003	1.104	1.146	0.032
2004	1.202	1.313	0.111
2005	1.432	1.505	0.073
2006	1.603	1.725	0.122
2007	1.730	1.977	0.247
合计	8.071		0.585

注：G_0 代表基准年的发展速率，一般定义为1。

（1）平均定基发展速率为：

$$G = \sqrt[5]{\frac{3\ 512}{3\ 175} \times \frac{3\ 798}{3\ 512} \times \frac{4\ 637}{3\ 798} \times \frac{5\ 161}{4\ 637} \times \frac{5\ 478}{5\ 161}} = 1.115$$

$$W = \frac{0.585}{8.071} = 0.072$$

则 2020 年城市固体废物清运量为：

$$A_3 = A_0 \times G^3 = 5\ 478 \times (1.115)^3 = 7\ 594\ (10^4\ t)$$

（2）若考虑平均差波动系数，2020 年城市固体废物清运量为：

$$A_3 = A_0 \times G^3 = 5\ 478 \times (1.115)^3 (1 \pm 0.072) = (7\ 047,\ 8\ 141)\ (10^4\ t)$$

（二）灰色模型法

灰色模型应用于生活垃圾产量预测，可靠性比较好。它的参数包括：人口、职工薪金、生活费收入、消费性支出、城市气化率、GDP、建成区面积、人均公共绿化面积，其中反映城市建设水平的建成区面积、反映居民生活水平的职工年平均薪金和反映人口数量的人口指标对垃圾产量的影响较大。由灰色系统理论建立的模型称之为 GM（grey model）模型，其中按照变量的多少及阶数的高低可划分为 GM（1，n）模型（多变模型）和 GM（n，1）模型（高阶模型）。由于阶数过高，就会出现计算复杂、计算量大，精度也可能不高，因此一般情况下选用一阶模型，即 GM（1，n）模型。该模型适用于研究各个环节的变化对整个系统的影响，但不能直接对趋势做出预测。所以通常先用 GM（1，1）模型预测各影响因素，建立时间响应函数以适应未来趋势的预测，进而根据 GM（1，n）模型研究各影响因素对整个系统的影响。

三、固体废物环境污染及控制途径

（一）固体废物的环境污染

固体废物环境污染是由于不合理地排放、丢弃、存储、搬运、输送、使用、处理处置固体废物，从而对环境造成污染。所以固体废物污染与大气污染、水污染不同，它本身不是环境介质，而是由于人们处理处置不当而形成的污染物，这些物质又会污染其他的环境介质（水体、土壤、大气）和环境要素（是指构成人类环境整体的各个性质不同、既独立存在又能服从整体演化规律的基本物质组分）。

固体废物本身的物理、化学和生物性质决定了其污染环境的具体途径，同时也受固体废物处理处置所在场所的性质、水文条件等的影响。固体废物的几种主要污染途径如图 8−2 所示。

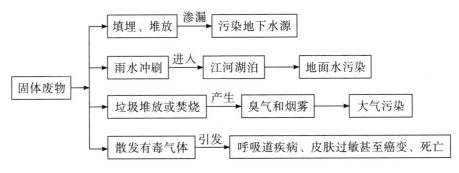

图 8−2　固体废物环境污染途径

（二）固体废物的污染控制

根据固体废物污染环境的途径，可以从三个方面采取控制污染措施，具体的污染控制途径见图 8−3。

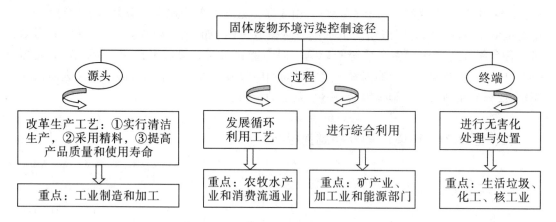

图 8-3　固体废物环境污染控制途径

第二节　固体废物环境影响评价类型与特点

一、固体废物环境影响评价类型

固体废物的环境影响评价分为两大类：第一类是一般工程项目产生的固体废物的环境影响评价，第二类是固体废物处理与处置建设项目的环境影响评价。

二、固体废物环境影响评价特点

（一）一般项目固体废物环境影响评价特点

国家对固体废物污染实行的是从产生、收集、贮存、运输、预处理直至处理处置全过程控制，所以固体废物环境影响评价中必须包含所建项目的各个过程。一般工程项目产生的固体废物通常需要经过收集、运输过程，同时，要安全稳定地运行固废处理处置设施也必须建立一个完整收、贮、运体系，它们在环评工作中共同构成一个整体。例如这一体系中必然涉及运输设施、运输方式、运输距离、运输路径等，在整个运输环节过程中难以保证不对路线周围环境敏感目标产生影响，因此如何规避此过程的风险是环评的主要任务。

与大气、地表水、噪声和生态等环境要素相比，一般项目产生的固体废物的环境影响评价工作内容相对较少，环境影响识别、预测和分析内容相对简单，这类固体废物环境影响评价的重点是分析固体废物的产生量与特性，明确其收运以及最终处理处置的方式，并提出减少固体废物环境影响的防治措施。

（二）固体废物处理处置项目环境影响评价特点

固体废物处理处置建设项目属于典型的污染型建设项目，环境影响评价是这类项目在立项阶段必须完成的一项重要工作，这类项目的环境影响评价工作中包括了大气、水体、噪声、生态、土壤、固体废物等多种环境要素的综合评价，其中环境风险评价也是必不可少的一个内容。目前这类建设项目主要有：污水处理厂、垃圾填埋场、固体废物焚烧厂、危险废物综合处理中心等，其中生活垃圾填埋场填埋气对大气环境影响以及填埋场渗滤液对地下水环境影响已经发展了相应的预测模型。

此外，我国对固体废物处理处置项目有关固体废物环境影响评价制定了相关污染控制标准和法规，主要包括：

1.《一般工业固体废物贮存、处置场污染控制标准》（GB 18599—2001）

该标准适用范围：新建、扩建、改建及已经建成投产的一般工业固体废物贮存及处置场的建设，运行以及监督管理，对危险废物的贮运、处置设施以及生活垃圾填埋场不适用。

一般工业固体废物分为Ⅰ类场和Ⅱ类场，分别适用于Ⅰ类和Ⅱ类一般工业固体废物的贮运和处置。对于其厂址选择应遵循下列环境保护要求。

（1）Ⅰ类和Ⅱ类场的共同要求。

厂址应满足当地城乡建设总体规划要求；位于工业区和居民集中区主导风向下风侧，且厂界离居民集中区在500 m之外；考虑地基下沉（尤其是不均匀或局部下沉）因素，选择的地基要有足够的承载力；尽量避开断层、断层破碎带、溶洞区和天然滑坡或泥石流影响区；不选江河、湖泊、水库最高水位线以下的滩地和洪泛区；不选自然保护区、风景名胜区以及其他需要特别保护的区域。

（2）Ⅰ类场的其他要求。

优先选用废弃的采矿坑和塌陷区。

（3）Ⅱ类场的其他要求。

尽量避开地下水的主要补给区和饮用水源含水层；应选在防渗性能好的地基上；天然基础层地表离地下水位的距离不能小于1.5 m，这主要是为了防止地下水和饮用水源被渗滤液污染；若天然基础层渗透系数大于1.0×10^{-7}cm/s，应采用天然或人工材料构筑防渗层，防渗层的厚度与渗透系数为1.0×10^{-7}cm/s，和1.5 m厚的黏土层的防渗性能相当。

2.《生活垃圾填埋污染控制标准》（GB 16889—2008）

该标准只适用于生活垃圾填埋处置，对工业固体废物及危险废物的处置不适用，比如尾矿场、灰渣场以及危险废物填埋场等。

生活垃圾填埋场环境影响评价的主要工作内容包括五个方面，即：厂址合理性论证、环境质量现状调查、工程污染因素分析、大气环境影响预测与评价以及水环境影响预测与评价。

其中，生活垃圾填埋场的选址不仅要符合当地城乡建设总体规划要求，还要与当地的大气污染防治、水资源保护、自然保护相一致。生活垃圾填埋场场址应选在当地夏季主导风向的下风向，且要在人畜居栖点500 m之外。同时，夏季是产生恶臭最大浓度值的时段，所以场址一定要处于夏季主导风向的下风向，以最大限度地减少对居民生活的影响。

生活垃圾填埋场不能建在以下地区：国务院和国务院有关主管部门及省、自治区、直辖市人民政府划定的自然保护区，风景名胜区，生活饮用水源地以及其他需要特别保护的区域内；居民密集生活居住区；直接与交通航道相通的地区；地下水补给区、泛洪区、淤泥区；活动的坍塌地带、断裂带、地下蕴矿带、石灰坑和溶岩洞区。

3. 《危险废物贮存污染控制标准》（GB 18597—2001）

该标准对所有的危险废物（尾矿除外）贮运的污染控制及监督管理、危险废物的产生者、经营者和管理者都适用。

一般要求如下：所有危险废物的产生者和经营者都要建造专用的危险废物贮存设施，或利用原有构筑物改建成危险废物贮存设施；常温常压下的易燃易爆及能排出有毒气体的危险废物必须先进行预处理，稳定后再贮存，否则按易燃易爆危险品的标准贮存；危险废物应装入容器内；禁止混装不兼容（相互反应）的危险废物于同一容器中；若危险废物不能装入常用容器中则可用防漏胶带等盛装；液体、半固体危险废物不能充满整个容器，容器顶部与液体表面之间至少留有 100 mm 的空间；医院产生的临床废物必须在当天消毒当天装入容器，一般情况下，常温贮存不得超过一天，在 5 ℃下冷藏不得超过 3 天；盛装危险废物的容器上一定要粘贴符合本标准的标签；对于危险废物贮存设施，施工前应做环境影响评价。

4. 《危险废物填埋污染控制标准》（GB 18598—2001）

该标准只适用于危险废物填埋场的建设、运行和监督管理，不适用于放射性废物的处置。

危险废物填埋场排放污染物的控制项目包括渗滤液、排出气体和噪声。禁止将集排水系统收集的渗滤液直接排放至环境中，必须对其进行处理处置且达到《污水综合排放标准》（GB 20426—2006）中的第一类污染物最高允许排放浓度的要求及第二类污染物最高允许排放标准要求后才能排放；危险废物填埋场废物渗滤液第二类污染物排放控制项目包括：pH 值，悬浮物（SS），五日生化需氧量（BOD_5），化学需氧量（COD_{Cr}），氨氮（NH_3-N），磷酸盐（以 P 计）；尽量保证填埋场渗滤液不污染地下水，填埋场地下水污染评价指标及其限值按《地下水质量标准》（GB/T 14848—93）执行，地下水监测因子从填埋废物的特性出发，由环境保护行政主管部门确定出有代表性的、能表示废物特性的参数，常规测定项目指：浊度、pH 值、可溶性固体、氯化物、硝酸盐（以 N 计）、氨氮、大肠杆菌总数；填埋场排出的气体要按《大气污染物综合排放标准》（GB 16297—1996）中无组织排放的标准执行，监测因子依据填埋场废物特性由当地环境保护行政主管部门确定，必须是具有代表性，即能代表废物特性的参数；填埋场作业期间，噪声的控制标准应执行《工业企业厂界噪声标准》（GB 12348—2008）。

5. 《危险废物焚烧污染控制标准》（GB 18484—2001）

危险废物焚烧炉中大气污染物的排放限值不能超过表 8-3 中所列出的最高允许浓度；危险废物焚烧厂排放的废水中污染物的最高允许浓度要执行《污水综合排放标准》（GB 20426—2006）；焚烧残余物必须按照危险废物的标准进行安全处置；危险废物焚烧厂的噪声按《工业企业厂界噪声标准》（GB 12348—2008）执行。

表 8-3 焚烧炉中危险废物产生的大气污染物排放限值

污染物	不同焚烧容量下的最高允许排放浓度限值		
	≤300 kg/h	300~2 500 kg/h	≥2 500 kg/h
烟气黑烟	林格曼 I 级		
烟尘	100	80	65
一氧化碳	100	80	80
二氧化硫	400	300	200
氟化氢	9.0	7.0	5.0
氯化氢	100	70	60
氮氧化物（以 NO_2 计）	500		
汞及其化合物（以 Hg 计）	0.1		
镉及其化合物（以 Cd 计）	0.1		
砷、镍及其化合物（以 As + Ni 计）	1.0		
铅及其化合物（以 Pb 计）	1.0		
铬、锡、锑、铜、锰及其化合物（以 Cr + Sn + Sb + Cu + Mn 计）	4.0		
二噁英类	0.5TEQng/m³		

该标准不适用于包括易爆和具有放射性的危险废物焚烧设施的设计、环境影响评价、竣工验收和运行过程中的污染控制管理。

6.《中华人民共和国固体废物污染环境防治法》（2015 年）

《中华人民共和国固体废物污染环境防治法》（2015 年）相关规定如下：企业事业单位应合理利用其工业加工生产过程的固体废物；对暂时闲置的固体废物，必须按照国务院环境保护行政主管部门的相关规定建设贮存设施、场所，并进行安全分类存放，若确实无法利用，也必须实行无害化处置；严禁擅自关闭、闲置或拆除工业固体废物污染环境的防治设施和场所，即使确有必要，也需经过所在地县级以上地方人民政府环境卫生行政主管部门和环境保护行政主管部门核准，再采取一定的措施以防止污染环境；收集、贮存危险废物要严格按照危险废物特性进行分类，严禁将收集、贮运、运输、处置性质不相容或未经安全性处置的危险废物混合；危险废物的贮存必须符合国家环境保护标准的防护措施，贮存期不得超过一年；若需延长期限，必须得到原批准贮存危险废物许可证的环境保护主管部门批准；另有规定的法律、行政法除外；严禁将危险废物混入非危险废物中贮存。

第三节　固体废物环境影响分析

一、固体废物的污染方式

固体废物中污染物的释放可分为两类：一类是有控排放，属于固体废物管理实践和废物运行的一部分。另一类是无控排放，是在无直接管理操作下进行的排放。

堆放、贮存和处置场的固体废物中的污染物可以通过液态、固态和气态三种形式中的一种或三种形态释放到环境中。固体废物释放的大气污染物包括挥发性物质和从烟囱排入大气的气态释放物和未完全燃烧的痕量有机气体及颗粒物；固体废物排放出的废液可直接污染土壤、地表水或浸入地下水；固体废物中以固态形式排放的污染物也可直接进入土壤、空气和水体，最终污染人体健康。

（一）固体废物中大气污染物的排放方式

大气污染物的来源分点源、线源、面源和非连续源。点源是最典型的污染源，而线源、面源和体源被认为大部分是通过（高）烟囱、出烟孔或其他功能设备（如汽车排气）泄漏排放产生的。断续释放是由于瞬间溢出或其他事故排放造成的，属于另一种泄漏排放。

大气污染物可分为气相污染物和颗粒污染物。气相污染物主要是通过挥发释放到大气中，部分产生于加工制造和废物处理过程，有机化合物是其主要成分；颗粒污染物一般来自于燃烧、风的侵蚀以及机械过程，这些颗粒物是由多种污染物混合而成的，比如有机物、金属以及较稳定的物质（如氧化物）。

1. 挥发

挥发是指化学物质从液相转为气相，大部分挥发是不可控的。大气释放源主要来自于有害废物处理处置现场、地面的废物储存罐、管道的链接接口处，以及各种贮留池的表面和地面以下的污染源，比如土地填埋场的浸出液释放的污染物进入地下水。同时，有机物也能从地下水挥发到地表面中，释放的污染物来自地下水中化学物质的挥发。

挥发受温度、蒸气压及液相和气相间的浓度差的影响，挥发的有机物可以直接或间接进入大气（曲折路径）。图 8-4 描述了污染物在地表以下的运动路径。

图 8-4　污染物在地表以下的运动路径

这种释放路径主要是基于多孔介质扩散，土壤孔隙度和湿度是其中的重要影响因素。

挥发的测定可以利用现场有机蒸汽分析器来实现。现场修复污染场地的活动具有破坏作用，将使早先覆盖好的废物暴露出来，因此，修补活动实际上可能使污染物释放出更多。

2. 颗粒物质的排放

废物的处理过程不可避免导致颗粒物的排放，焚烧也会直接排放出颗粒物质。

含有土壤处理的修铺工作是很多灰尘的产生源。补救被污染的土壤包括开挖处理处置场地和覆盖污染物。开挖时，如果没有控制措施并露天堆置或在池中贮存，那么运输的每一操作过程都会产生大量尘土，即使土壤不需要开挖也要进行某种形式的表面平整，此过程也会产生尘土。

因此，堆放的固体废物中易挥发物质、细微颗粒可随风飞扬进入大气，并扩散到其他水、土壤环境中，从而直接或间接对人体健康造成损害。

（二）固体废物中水体污染物的排放途径

水是污染物进入环境的良好介质，污染物通过可控排放方式进入地表水的现象普遍存在。

固体废物中的污染物进入水环境有两种途径：第一种是把水体当作固体废物的接纳体，直接将污染物倒入水体造成污染；第二种是因固体废物在堆积过程中自身分解和雨水淋溶，产生的渗滤液流入江河、湖泊和渗入地下污染了地表水和地下水。一般情况下，危险废物很少直接排入地下水中。填埋场渗滤液排入地表水或渗入地下水是固体废物中污染物进入水体的典型例子，其来源包括四个方面：①降水（包括降雪和降雨）；②地表水直接进入填埋场；③地下水渗入填埋场；④填埋场的废物处置过程中含有部分水。

（三）固体废物对土壤的污染方式

固体废物对土壤环境的影响表现在两个方面。

1. 废物堆放、贮存和处理处置过程中产生的有害组分对土壤造成污染

多数细菌、真菌等微生物聚居在土壤环境中，它们与周围环境组成一个生态系统，不仅参与大自然的物质循环，还担负着一部分碳、氮循环的重要任务。工业固体废物尤其是有害固体废物，在经过风化、雨雪淋溶、地表径流的侵蚀后，会产生一些高温有毒液体，这些液体渗入土壤中不但会杀害土壤环境中的微生物、改变土壤性质和结构，还会破坏土壤的腐解能力，导致寸草不生。

2. 固体废物的堆放占用了大量的土地

据统计，每堆积 10 000 t 废渣大约占用 0.067 hm^2 的土地。在我国，许多城市的近郊常常沦为了城市垃圾的堆放场所，甚至出现垃圾围城的景象。任意露天堆放固体废物，不仅占用土地资源，而且随着累积存放量的增加，所需的土壤面积也增大，这势必导致可耕地面积短缺的矛盾加剧。

（四）固体废物影响人体健康的途径

固体废物虽不是环境介质，但它的多种污染成分存在的终态却长期存在环境中，在一定条件下，会发生物理、化学或生物的转化，或因处理处置不当（露天存放）会通过

环境介质——水、大气、土壤、食物链等途径进入生态系统，造成污染，进而危害人体健康。固体废物的污染途径依其本身的物理、化学和生物性质，以及固体废物处置场场地的性质和水文条件而定，如图8-5所示。

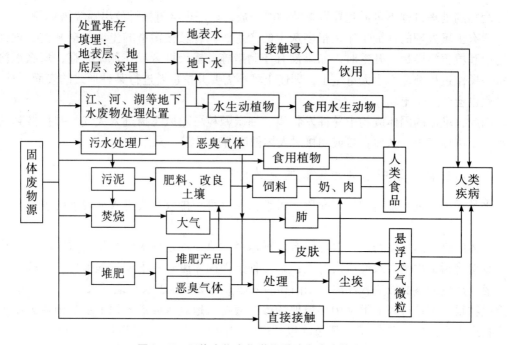

图8-5　固体废物中化学物质致人疾病的途径

总之，固体废物在处理处置过程中，其中的有毒有害成分会在物理、化学和生物的作用下浸出，这些浸出液可通过地表水、地下水、大气和土壤等环境介质被人体直接或间接吸收，从而威胁到人体健康。

二、固体废物的污染预测

（一）填埋气对大气环境污染预测

大气污染物的排放强度是固体废物填埋场对大气环境影响评价的重点。生活垃圾填埋场污染物排放强度的计算方法如下：先根据垃圾中固体废物的主要元素含量来确定分子式，计算出垃圾的理论产气量；再综合考虑生物降解度，修正细胞物质，求出垃圾潜在的产气量；然后分别取修正系数为60%、50%，求出实际产气量；最后从实际产气量出发求出垃圾的产气速率，利用修正的实际回收系数得到污染物源强。

1. 理论产气量

生活垃圾填埋场的理论产气量是指填埋场填埋的可降解有机物在下列三个假设条件下的产气量：①有机物被完全降解矿化；②基质和营养物质均衡，微生物生长代谢需求得到满足；③降解产物只有CH_4和CO_2两种含碳化合物，即碳元素没被用于微生物的细胞合成。根据这些假设，填埋场有机物的生物厌氧发酵降解过程可以用方程表示如下。

$$C_aH_bO_cN_dS_e + \frac{4a - b - 2c + 3d + 2e}{4}H_2O$$

$$= \frac{4a + b - 2c}{8}CH_4 + \frac{4a - b + 2c + 3d + 2e}{8}CO_2 + dNH_3 + eH_2S \tag{8-4}$$

式中：$C_aH_bO_cN_dS_e$——降解有机物的概化分子数；

a，b，c，d，e——由有机物中的 C，H，O，N，S 的含量比例确定。

2. 实际产气量

填埋场实际产气量通常比理论产气量少很多。这是由于实际产气量会受多种因素的制约，比如理论产气量的三个假设条件在实际中很难实现，因为会有部分有机物在微生物的生长繁殖过程中被消耗，形成了细胞物质。另外，填埋场的实际环境条件也会影响产气量，比如温度、含水率、营养物质、有机物未完成降解、渗滤液的产生和填埋场的作业方式等。所以，填埋场的实际产气量表示为理论产气量减去微生物消耗量、难降解量和因各种因素造成产气量损失或降低量之后的产气量。

3. 产气速率

填埋场气体的产气速率是指单位时间内填埋场气体的产生总量，单位为 m^3/a。填埋场产气速率一般采用一阶产气速率动力学模型（即 Scholl Canyon）计算。

$$q(t) = kY_0e^{-kt} \tag{8-5}$$

式中：q——单位气体的产生速率，$m^3/(t \cdot a)$；

Y_0——垃圾的实际产气量，m^3/t；

k——产气速率常数，$1/a$。

上式是指在 1 年时间内的单位产气速率。若是运行期为 N 年的生活垃圾填埋场，产气速率计算式如下。

$$R(t) = \sum_{i=1}^{M} Wq_i(t) = kWQ_0\sum_{i=1}^{M}\exp\{-k[t-(i-1)]\} \tag{8-6}$$

式中：t——从填埋场开始填埋垃圾时算起的时间，a；

$R(t)$——t 时刻填埋场气体的产气速率，m^3/a；

W——每年填埋的垃圾质量，t；

Q_0——t 为 0 时的实际产气量，$Q_0 = Q_{实际}$，m^3/t；

M——年数，假设填埋场运行年数为 N 年，当 $t < N$ 时，$M = t$；当 $t \geq N$ 时，$M = N$。

若垃圾中含有多种可降解有机成分，填埋场垃圾总的产气速率则为所有可降解有机物的产气速率之和，而有机物的降解速度常数是由其降解反应的半衰期 $t_{1/2}$ 确定的。

$$k = \ln2/t_{1/2} \tag{8-7}$$

实验结果显示，动植物厨渣的 $t_{1/2}$ 区间范围是 1~4 年，这里取 2 年。纸类 $t_{1/2}$ 区间范围是 10~20 年，这里取 20 年。因此动植物厨渣和纸类的降解速率确定为 0.346/a 和 0.0346/a。

4. 污染物的排放源强

污染物的排放源强是指在扣除回收利用的填埋气体或收集焚烧处理的填埋气体后，

剩下的直接释放到大气的填埋气体中的污染物，通过计算释放的填埋气体速率，再乘以气体中所评价污染物的浓度值以求得，即：

污染物排放强度 = 直接释放到大气中的填埋气体速率 × 气体中评价污染物的浓度。

此外，填埋场气体污染物（恶臭气体）的预测与评价因子一般选用 H_2S、NH_3。填埋场产生的 CO 也是环境空气的重要污染源，所以 CO 也是预测因子。H_2S、NH_3 以及 CO 在填埋场的含量值一般比理论值小，这是因为垃圾中的氮不能全部转化为氨。依据国内外垃圾填埋场的运行经验，H_2S、NH_3 和 CO 的含量占产出气体比例一般为 0.1% ~ 1.0%、0.1% ~ 1.0% 和 0.0% ~ 0.2%。鉴于我国生活垃圾中有机物含量少，进行预测评价时 NH_3 含量一般取 0.4%，H_2S 含量也取 0.4%，CO 含量取 0.2%。

（二）渗滤液对地下水污染预测

1. 渗滤液产生量

影响渗滤液产生量的因素有：垃圾含水量、填埋场区降水情况以及填埋作业区大小、场区蒸发量、风力、场地地面情况以及种植情况。当前最简单的估算方法是假设整个填埋场的剖面含水率在所考虑的周期内大于或等于相应田间持水率，水量平衡法计算公式如下：

$$Q = (W_P - R - E)A_a + Q_L \qquad (8-8)$$

式中：Q——渗滤液的年产生量，m^3/a；

    W_P——年降水量，mm/a；

    R——年地表径流系数，$R = C \times W_P$，C 为地表径流系数；

    E——年蒸发量，mm/a；

    A_a——填埋场地表面积，km^2；

    Q_L——垃圾产水量，m^2/a。

其中降雨的地表径流系数 C 受土壤条件、地表植被条件和地形条件等因素影响。

2. 渗滤液渗漏量

对于普通的废物堆放场、未设置衬层的填埋场或简单的填埋场（底部虽为黏土层，渗透系数和厚度符合标准但缺少渗滤液收排系统），渗滤液的产生量就是渗滤液通过包气带土层渗入地下水的渗漏量。

对于设有衬层、排水系统的填埋场，渗滤液的渗漏量 Q 为：

$$Q_{渗滤液} = AK_s \frac{d + h_{max}}{d} \qquad (8-9)$$

式中：$Q_{渗滤液}$——通过填埋场底部下渗的渗滤液渗漏量，cm^3/s；

    d——衬层的厚度，cm；

    K_s——衬层的渗透系数，cm/s；

    A——填埋场底部衬层面积，cm^2；

    h_{max}——填埋场底部最大积水深度，cm。

最大积水深度：

$$h_{max} = L \sqrt{C} \left[\frac{\tan^2\alpha}{C} + 1 - \frac{\tan\alpha}{C} \sqrt{\tan^2\alpha + C} \right] \qquad (8-10)$$

式中：$C-C = Q_{渗滤液}/K_s$，其中 $Q_{渗滤液}$ 表示进入填埋场废水层的水通量，cm/s；

K_s——横向渗滤系数，cm/s；

L——两个集水管间的距离，cm；

α——衬层与水面的夹角。

从填埋场衬层的渗透系数取值来看，就算使用渗透系数分别为 10^{-12} cm/s 和 10^{-7} cm/s 的高密度聚乙烯（HDPE）和黏土组成的复合衬层，也不能将 10^{-12} cm/s 作为衬层渗透系数值进行评价，这是因为在运输、施工以及填埋过程中高密度的聚乙烯会出现针孔、小孔，严重时甚至发生破裂。复合衬层渗透系数是用高密度聚乙烯膜上破损面积所占比例乘以下面黏土衬层的渗透系数，这也是最简单的确定方法。

3. 渗滤液渗流速度

确定渗滤液在衬层和各土层中的实际渗流速度是为了确定渗滤液中污染物通过场地垂直向下的迁移速度和穿过包气带及潜水层的时间，计算公式如下：

$$\nu = \frac{q}{\eta_e} \qquad (8-11)$$

式中：ν——渗滤液实际渗流速度，cm/s；

q——单位时间渗漏率，cm/s；

η_e——多孔介质的有效孔隙度。

4. 渗滤液中污染物迁移速度

污染物在衬层和包气带土层中的迁移是由地下水的运动、污染物与介质之间吸附/解吸、离子交换、化学沉淀/溶解和机械过滤等多种物理化学共同作用决定的，其迁移路线和地下水的运移路线基本一致，污染物迁移速度 ν' 则与地下水的运移速度 ν 关系如下：

$$\nu' = \frac{\nu}{R_d} \qquad (8-12)$$

式中：R_d——污染物在地质介质中的滞留因子，无量纲。

若污染物在地下水地质介质中的吸附平衡是线性关系，则有：

$$R_d = 1 + \frac{\rho_b}{\eta_e} K_d \qquad (8-13)$$

式中：ρ_b——土壤堆积容重（干），g/cm^3；

K_d——污染物在土壤—水系中的吸附平衡分配系数，是根据土壤对渗滤液中污染物的静态和动态吸附实验确定的，mL/g。

（三）填埋场地下水污染防治措施及评价

不同的固体废物有不同的安全处置期要求，一般生活垃圾填埋场的安全处置期范围为 30~40 年，但危险废物填埋场其处置期要超过 100 年。

1. 填埋场工程屏障评价

填埋场的衬层系统作为防止废物填埋处置污染环境的关键性工程屏障，它具有不同的结构，比如单层衬层系统、复合衬层系统、双层衬层系统以及多层衬层系统等。毋庸置疑，安全填埋处置时间越长，采用的衬层要求就越高，所以衬层（类型、材料、结构）防渗性能及其在废物填埋需要的安全处置期内的可靠性都是重点评价的内容，其要满足以下要求：封闭填埋场中的渗滤液，使其流入渗滤液收集系统；控制填埋场气体的迁移，从而使其得到有控制的释放和收集；预防地下水渗入填埋场中，使渗滤液的产生量增加。

渗滤液穿透衬层的时间作为填埋场衬层工程屏障性能的重要指标，通常要求应大于30年。计算公式如下：

$$t = \frac{d}{\nu} \tag{8-14}$$

式中：d——衬层厚度，m；

ν——地下水运移速度，m/a。

2. 填埋场址地质屏障评价

包气带的地质屏障作用是由介质对渗滤液中污染物阻滞能力和该污染物在地质介质中的物理衰变、化学或生物降解作用决定的。当污染物通过厚度为 L（m）的地质介质时，其所需的迁移时间（t^*）为：

$$t^* = \frac{L}{\nu'} = \frac{L}{\dfrac{\nu}{R_d}} \tag{8-15}$$

式中：ν'——污染物迁移速度；

R_d——污染物在地质介质中的滞留因子，无量纲。

污染物穿透此地质介质层时，在地下水中的浓度为：

$$c = c_0 \exp(-kt^*) \tag{8-16}$$

式中：c_0、c——污染物进入和穿透地质介质层前后的浓度；

k——污染物的降解或衰变速率常数。

其中，地质介质的屏障作用体现在下面三个方面。

（1）隔断作用。

对于不透水的深地层岩石层内处置的固体废物，地质介质的屏障作用可以将处置的废物与环境隔断开来。

（2）阻滞作用。

虽然地质介质中被吸附的污染物质在地质介质中的迁移速度小于地下水的运移速度，迁移时间比地下水的运移时间长，但正因为地质介质的作用延长了该污染物进入环境的时间，使得所处置废物中的污染物质最终大量进入环境中。

（3）去除作用。

地质介质中被吸附且会发生衰变或降解的污染物质只要有足够时间，就可以满足其穿透此介质后的浓度达到所需的低浓度要求。

垃圾填埋场渗滤液对地下水的影响评价一般较为复杂。这里主要依据降雨入渗量和填埋场垃圾的含水量对渗滤液的产生量进行估算，主要从土壤的自净、吸附、弥散能力和有机物自身降解能力等方面出发，定性、定量地预测填埋场对地下水可能造成的影响。

总之，要做好垃圾填埋场渗滤液对地下水的影响评价，不仅需要查阅大量的资料，还要借助复杂的数学模型进行计算分析。

第四节　固体废物环境影响评价

一、一般工程项目产生的固体废物的环境影响评价

一般工程项目产生的固体废物的环境影响评价的主要内容包括：

（1）污染源调查。根据调查结果，先列出一份调查清单，包含固体废物的名称、组成成分、性质、数量等基本内容，并按一般固体废物和危险废物分类列出。

（2）污染防治措施的论证。根据工艺程序、各个废物的产出过程提出有针对性的防治措施，并对其可行性加以论证。

（3）提出最终处置措施方案，比如焚烧、卫生填埋、安全填埋、综合利用等。同时还包括对固体废物收集、贮运、预处理等全部环节的环境影响分析。

二、固体废物处理与处置建设项目的环境影响评价

生活垃圾填埋场和危险废物焚烧厂是两类典型的固体废物处理与处置建设项目，目前针对这两类项目的环境影响评价，已经提出了较为具体的工作内容。

（一）生活垃圾填埋场建设项目环境影响评价

垃圾填埋场的主要污染源是渗滤液和填埋气，根据其建设和排污特点，环境评价工作有多而全的特征，具体工作内容见下表。

表 8-4　垃圾填埋场环境影响评价工作程序及内容

评价项目	评价内容
厂（场）址选择评价	厂（场）址评价作为环境影响评价的基本内容，主要是评价拟选场地是否符合选址标准。其方法是根据场地自然条件按选址标准逐项评定。场地的水文条件、工程地质条件和土壤自净能力等是评价的重点
自然、环境质量现状评价	主要评价的是拟选场地及周围空气、地表水、地下水、噪声等自然环境质量状况。评价的一般方法是根据检测值与各类标准，选用单因子和多因子的综合评判法
工程污染因素分析	主要分析填埋场建设过程中和建成投产后可能产生的主要污染源和污染物以及其产生的数量、种类和排放方式等。一般采用计算、类比、经验统计等方法。产生的污染源一般有渗滤液、释放气、恶臭和噪声等

续上表

评价项目	评价内容
施工期影响评价	评价内容包括施工期场地内排放的生活污水和各类施工机械产生的机械噪声、振动以及二次扬尘对周边地区产生的环境影响
水环境影响预测与评价	主要包括填埋场衬里结构的安全性和渗滤液排出对周围水环境影响两方面的评价内容。 （1）正常排放对地表水的影响。主要评价处理后的渗滤液达标排放，经预测并利用相应评价标准判断是否会对受纳水体产生影响及影响程度如何。 （2）非正常渗漏对地下水的影响。主要评价衬里破裂后渗滤液下渗对地下水的影响
大气环境影响预测与评价	主要评价对象是填埋场释放气体和恶臭对环境的影响。 （1）释放气体。主要根据排气系统的构造，预测和评价出其可靠性、排气利用的可能性和排气后的环境影响。采用地面源的预测模式。 （2）恶臭。主要评价运输、填埋过程和封场后对环境可能造成的影响。根据垃圾的种类评价和预测各阶段臭气产生的位置、种类、浓度及其影响范围
噪声环境影响预测与评价	主要评价垃圾运输、场地施工、垃圾填埋操作、封场各阶段中各种机械产生的振动和噪声对环境的影响。噪声评价是先依据各种机械的特点对机械噪声声压级做出预测，再结合卫生填埋标准和功能区评价标准，确定是否满足噪声控制标准以及是否会对最近的居民区点造成影响
污染防治措施	主要包括： （1）渗滤液的治理和控制措施以及填埋场衬里破裂补救方法。 （2）释放气体的导排或综合利用和防臭措施。 （3）减振防噪的措施
环境经济损益评价	计算出评价污染防治设施投资额以及所产生的经济、社会、环境效益
其他评价项目	（1）结合填埋场周围土地、生态环境情况，对周围土壤、生态、景观等做出评价。 （2）对洪涝特殊年产生的过量渗滤液以及因物理、化学条件变异而使垃圾释放气发生爆炸等进行环境风险事故评价

（二）危险废物垃圾焚烧厂建设项目环境影响评价

危险废物具有危险性、危害性以及对环境影响的滞后性等特点，因此所有危险废物和医疗废物集中处置建设项目的环境影响评价都应该符合国家环保局于2004年4月15日发布的《危险废物和医疗废物处置设施建设项目环境影响评价技术原则（试行）》（以下简称《技术原则》）要求。《技术原则》主要包括：厂（场）址选择、工程分析、环境现状调查、大气环境影响评价、水环境影响评价、生态影响评价、污染防治措施、环境风险评价、环境监测与管理、公众参与、结论与建议等内容。从总体上来看，危险废物和医疗废物处置设施建设项目与一般工程环境影响评价的技术原则的区别主要体现在五个方面。

1. 厂（场）址选址

在环境影响评价中，合理地选择厂址能为环境影响评价带来诸多有利因素。基于危险废物和医疗废物的特性，处置设施选址既要符合国家法律法规要求，又要综合分析社会环境、自然环境、场地环境、工程地质、水文地质、气候条件、应急救援等因素。对厂址的选择要求需结合《危险废物焚烧污染控制标准》《危险废物填埋污染控制标准》《医疗废物集中焚烧处置工程建设技术要求》中相关规定，详细论证选定厂（场）址的合理性。

2. 全时段的环境影响评价

对危险废物或医疗废物的处置方法包括安全填埋法、焚烧法和其他物理化学方法。废物处理处置的设施建设项目都要经过建设期、运营期和服务期满后，但是由于此类建设项目环境影响评价的特殊性，关注的重点视处置对象和使用技术不同而不同。对使用焚烧及其他物化技术的处置厂，运营期是关注的重点，对填埋场则重点关注建设期、运营期和服务期满后对环境的影响。尤其是填埋场，一旦进入建设阶段便会永久占地和临时占地，不仅对周边动植物造成影响，而且可能会损耗生物资源或农业资源，更为严重的，还可能对生态敏感目标产生影响；至服务期满后，还要提出填埋场封场、植物恢复层和植被建设的具体措施以及封场后30年内的管理监测方案，这对生态环境的保护至关重要。

3. 全过程的环境影响评价

危险废物和医疗废物的处置建设项目固体废物环境影响评价包括了收集、运输、贮存、预处理、处置全过程的影响评价，其中的分类收集、专业运输、安全贮存以及防止不相容废物的混配都能直接影响焚烧工况和填埋工艺。同时，因各环节产生的污染物及其对环境的影响不同，为确保在处理处置过程中不产生二次污染而制定的防治措施是环境影响评价的重要内容。

4. 环境风险评价

环境风险评价目的是通过分析和预测建设项目存在的潜在危害，预测在项目运营期内可能发生的突发事件和由其引起有毒有害和易燃易爆物质的泄漏对人身造成的伤害和对环境的污染，进而提出合理可行的防范与减缓措施和应急预案，使得建设项目的事故率降到最低，使事故带来的损失和对环境的影响在可接受的范围内。因此环境风险评价成了此类项目环境影响评价的必要内容。

5. 高度重视环境管理和环境监测

危险废物和医疗废物的处置工作要安全、有效地运行，必须要有健全的管理机构和完善的规章制度作为保证。环境影响评价报告书必须包含风险管理及应急救援体系、转移联单管理制度、处置过程安全操作规程、人员培训考核制度、档案管理制度、处置全过程管理制度以及职业健康、安全、环保管理体系等。

在环境监测上，大气环境监测和地下水监测分别是固体废物焚烧厂和安全填埋场的重点内容。

第五节　固体废物管理对策

一、管理原则与目标

我国对固体废物管理的基本政策首先是"谁污染，谁治理"，这就要求产生污染的企业要加强污染治理责任落实；其次是实施"三同时"制度，即污染治理与建设项目要"同时规划、同时设计、同时施工"；最后是依法加强固体废物管理与治理，强化区域合作，实现循环经济可持续发展以及对固体废物全过程管理。

1．固体废物污染管理的控制原则（3R原则）

3R原则，即（数量上或容积上）减量化原则（Reduce）；（质量上或寿命上）再使用原则（Reuse）；（资源或功能上）再循环原则（Recycle）。

2．3E目标

循环经济的发展模式下要求固体废物处理处置和资源化工程能达到3E目标，即效率目标（Efficiency）、经济成本目标（Economique）和环境目标（Environment）。

二、管理体系与技术

（一）固体废物的管理体系

固体废物的管理模式有：设立专门的废物管理机构、全过程管理、固体废物最小量化、实行废物交换、废物审计、建立废物信息和转移跟踪系统以及对废物贮存、运输、加工处理、处置实行许可证制度。

我国的固体废物管理体系一直在不断地完善，具体表现在三个方面。

（1）国家专门划分了有毒有害与无毒无害废物的种类和范围，并实行名录法和鉴别法，加大了固体废物处理处置的管理力度与强度。

（2）优化固废法、加大执法力度。2004年12月29日，中华人民共和国第十届全国人民代表大会常务委员会第十三次会议修订并通过《中华人民共和国固体废物污染防治法》，并于2005年4月1日起施行；各地环保局都制定了有关固体废物污染防治的实施细则，设立了环保执法大队，加强了执法的力度。

（3）设立了固体废物管理机构。在各级环境保护主管部门中开始逐步设立了危险废物专职管理人员。随着专业固体废物管理机构不断完善，今后我国各地有望建立起管理机构（附设于各地环保局）和相应的固体废物处理处置中心（废旧电器器件回收管理与品质质量检测、法规制定、经营许可证审批、危险废物转移管理、医疗垃圾焚烧场运行等）。

（二）固体废物管理的主要技术

我国对固体废物污染治理从"三化原则"开始向"从摇篮到坟墓"的全过程管理模

式，重在倡导 3C 技术对策，即避免产生（Clean）、综合利用（Cycle）、妥善处置（Control）。我国的"三化原则"是指：减量化、无害化、资源化，具体技术要求如下。

（1）固体废物污染控制的减量化技术。是用较少的原料和能源投入来实现既定的生产目的或消费目的，借助适当的处理处置手段减少固体废物的数量和减小其容积，进而从经济活动的源头上节约资源和降低污染。

（2）固体废物污染控制的无害化技术。利用工程处理固体废物，使产品质量达标，实现不危害到人体健康、不污染周围自然环境的目的。制造商要向尽量延长产品寿命的方向革新，而不是加快更新换代的速度。

（3）固体废物污染控制的资源化技术。分为原级再循环资源化和次级再循环资源化。前者是指废物被循环使用来生产同种类型的新产品，如用废旧报纸生产再生报纸，用废弃的易拉罐再生易拉罐等；后者指将废物转化为其他产品的原料，以实现资源化，其特征表现为生产成本低、能耗少、生产效率高和环境效益好。资源化包含物质回收、物质转换和能量转换等。

三、管理政策法规与标准

（一）固体废物管理法规

当前我国推出的固体废物管理的相关法规政策如下：

1．"排污收税"政策

2016 年 12 月 25 日，中华人民共和国第十二届全国人民代表大会常务委员会第二十五次会议通过并公布《中华人民共和国环境保护税法》，2018 年 1 月 1 日起即将实施。应税固体废物的应纳税额为固体废物排放量乘以具体适用税额，污染排放越多，交税就越多，污染排放越少，交税越少。为了鼓励污染物减排，新环保税法根据减排的幅度确立了更多档次的税收减免。

2．"生产者责任制"政策

"生产者责任制"政策指产品生产或销售者在产品销售后要负责管理所产生的废弃物。

3．"押金返还"政策

"押金返还"政策是指消费者在购买产品时，不但要支付产品本身的价格还需要支付一定金额的押金作为产品消费后废弃物返回指定地点时可赎回的押金。

4．"税收、信贷优惠"政策

"税收、信贷优惠"政策是通过减免税收、优惠信贷来鼓励和支持废物管理和处理处置的企业，从而推动其环保产业长期稳定发展所实行的一项支持政策。一般情况下，实行的是财政补贴、减免废物回收企业的增值税和对固体废物处理处置工程项目给予利息或无息优惠贷款等政策。

5．"垃圾填埋费"

"垃圾填埋费"政策是指对填埋场最终处置的垃圾进行二次收费，这是对废物回收利用和减少最终处置量的一种鼓励机制，体现了用户付费政策，在欧洲国家普遍存在。我国目前只实行了"卫生管理费"，还需不断健全和完善这方面的法律法规。

（二）固体废物相关标准

我国已初步建立固体废物分类标准、固体废物监测标准、固体废物污染控制标准和固体废物综合利用四大标准，具体如下。

1. 固体废物分类标准

如《国家危险废物名录》（2016 年版）、《生活垃圾产生源分类及其排放》（CJ/T 368—2011）等。

2. 固体废物监测标准

如《固体废物浸出毒性浸出方法　硫酸硝酸法》（HJ/T 299—2007）、《工业固体废物采样制样技术规范》（HJ/T 20—1998）、《危险废物鉴别标准、急性毒性初筛》（GB 5085.2—2007）、《生活垃圾卫生填埋场环境监测技术要求》（GB/T 18772—2008）等。

3. 固体废物污染控制标准

分为两大类，即《废物处理处置控制标准》和《废物处理设施的控制标准》，前者包括《多氯苯废物污染控制标准》（GB 13015—1991）、《建筑材料用工业废渣放射性限制标准》（GB 6763—86）、《城镇垃圾农用控制标准》（GB 8172—87）等，后者包括《城市生活垃圾填埋污染控制标准》（GB 16889—2008）、《城市生活垃圾焚烧污染控制标准》（GB 18485—2014）、《危险废物填埋污染控制标准》（GB 18598—2001）、《一般工业固体废物贮存、处置场污染控制标准》（GB 18599—2001）等。

4. 固体废物综合利用标准

如电镀污泥，含铬、砷废渣，磷石膏等废物综合利用的规范和标准等。

随着时间的推移，人们越来越意识到"无害化"固体废物处理技术发展到"资源化"的重要性，"资源化"是以"无害化"为前提的，同时，"无害化"和"减量化"又是以"资源化"为条件的。在具体实践中，重视二次资源的开发利用就是循环经济发展模式在"3R 原则"和"3E 目标"下具体应用的体现。

思考题

1. 固体废物的概念是什么？有何特性？
2. 简述固体废物污染控制的途径。
3. 简述对生活垃圾填埋场进行环境影响评价的主要工作内容。
4. 一般工程项目产生的固体废物与固体废物处理与处置建设项目环境影响评价等级划分和评价标准有何区别？
5. 我国固体废物管理的主要技术有哪些？

第九章
环境风险评价

第一节　概　述

一、风险与环境风险

风险一词在字典里的意思是"生命与财产损失或损伤的可能性"。也有学者将其定义为"用事故可能性与损失或损伤的幅度来表达经济损失与人员伤害的度量"或"不确定危害的度量"。目前比较通用的定义为：风险 R（危害/单位时间）是事故发生概率 P（事故/单位时间）与事故造成的环境（或健康）后果 C（危害/事故）的乘积，即：

$$R\left[\frac{危害}{单位时间}\right] = P\left[\frac{事故}{单位时间}\right] \times C\left[\frac{危害}{事故}\right]$$

环境风险是指由自然原因或人类活动引起的，通过环境介质传播的，能对人类社会或自然环境产生破坏、损害乃至毁灭性作用等不幸事件的发生概率及后果，是由产生和控制风险的所有因素构成的系统。

环境风险广泛存在于人们的生产和其他活动中，其性质和表现方式复杂多样。根据产生的风险源可将环境风险分为化学风险、物理风险和自然灾害引发的风险。根据风险承受对象可将环境风险分为人群风险、设施风险和生态风险。

二、环境风险评价

环境风险评价广义上讲是指对人类的各种开发行为所引起的或面临的危害（包括自然灾害）给人体健康、社会经济发展、生态系统等造成的风险可能带来的损失进行评估，并据此进行管理和决策的过程。狭义地讲，指对建设项目建设和运行期间发生的，可预测突发性事件或事故（一般不包括人为破坏和自然灾害）引起的有毒有害、易燃易爆物质的泄漏或突发事件产生的新的有毒有害物质，所造成的对人身安全与环境的影响和损害进行评估，提出防范、应急与减缓措施。

环境风险评价是环境影响评价的重要组成部分，已成为环境风险管理和环境决策的科学基础和重要依据。它是对项目建设和运行期间包括风险源到风险后果以及风险管理在内的整个环境风险系统的分析和评价。

第二节　环境风险评价工作程序与分级

一、环境风险评价工作程序

建设项目环境风险评价基本内容包括风险识别、源项分析、后果计算、风险计算和评价、风险管理五个方面，其基本工作流程见图 9 – 1。

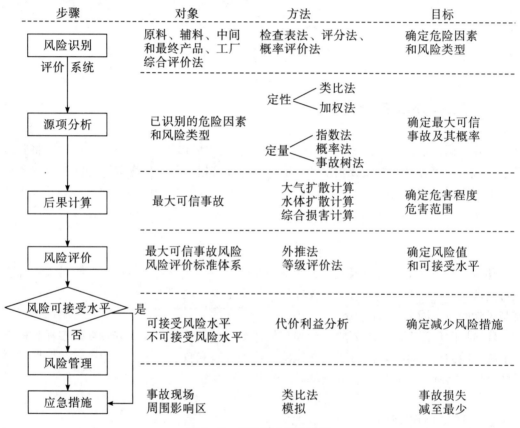

图 9 – 1　环境风险评价流程

本图引自《建设项目环境风险评价技术导则》（HJ/T 169—2004）。

二、环境风险评价等级划分

（一）环境风险评价工作等级划分

依据《建设项目环境风险评价技术导则》（HJ/T 169—2004）中规定，环境风险评价等级的主要依据评价项目物质的危险性、是否存在重大污染源及项目选址周围环境敏感性三方面因素，按照表 9-1 进行确定。环境风险评价等级可划分为一、二级。

表 9-1 环境风险评价工作等级

等级	剧毒危险性物质	一般毒性危险物质	可燃、易燃危险性物质	爆炸危险性物质
重大危险源	一	二	一	一
非重大危险源	二	二	二	二
环境敏感地区	一	一	一	一

注：本表引自《建设项目环境风险评价技术导则》（HJ/T 169—2004）。

① 物质的危险性根据表 9-2 确定。

② 敏感区指《建设项目环境影响评价分类管理名录》（环境保护部令第 33 号，2015年 6 月 1 日）中规定的需特殊保护地区、生态敏感与脆弱区及社会关注区。具体敏感区应根据建设项目和危险物质涉及的环境确定。

（二）环境风险各级别评价工作内容和要求

一级评价，要求对事故影响进行定量预测，说明影响范围和程度，提出防范、减缓和应急措施。基本内容主要包括：风险识别、源项分析、后果计算、风险计算和评价、风险管理。

二级评价，要求对事故影响进行风险识别、源项分析和对事故影响进行简要分析，提出防范、减缓和应急措施。基本内容可选择风险识别、最大可信事故及源项、风险管理及减缓风险措施等进行评价。

第三节 环境风险识别

一、识别对象与风险类型

环境风险识别是风险评价的基础，它在环境影响识别和工程分析基础上进一步辨别风险影响因素，根据因果分析的原则，通过定性分析和经验判断，把评价对象系统中能给人类社会及生态系统带来风险的危险源、风险类型及可能的危险程度等识别和确定出来的过程。

（一）环境风险识别的对象

环境风险识别的对象包括生产设施风险识别和生产过程所涉及的物质风险识别两个方面。

生产设施风险识别对象包括：主要生产装置、贮运系统、公用工程系统、工程环保设施及辅助生产设施等。

物质风险识别对象包括：主要原辅材料、燃料、中间产品、最终产品以及生产过程排放的"三废"污染物等。

（二）环境风险类型

根据有毒有害物质放散起因，环境风险可分为火灾、爆炸和泄漏三种类型。

二、识别的内容及方法

环境风险识别是在建设项目工程内容分析、项目所在地环境现状及项目所属行业事故统计资料的基础上，对生产设施和生产涉及物质的环境风险进行识别。

（一）资料收集和准备

在开展项目环境风险识别工作之前，需要收集、整理以下三方面基础资料。

（1）建设项目工程资料，主要包括可行性研究、工程设计资料、建设项目安全评价资料、安全管理体制及事故应急预案资料。

（2）环境资料，主要包括环境报告书中有关厂址周边环境和区域环境资料，重点收集环境敏感区分布资料。

（3）事故资料，主要包括国内外同行业事故统计分析及典型事故案例资料。

（二）物质危险性识别

在风险评价中进行物质危险性识别时，需按照《建设项目环境风险评价技术导则》（HJ/T 169—2004）中的规定对项目中涉及的原料、辅料、中间产品，产品及废物中的有毒有害、易燃易爆物质进行危险性识别，筛选环境风险评价因子，其中有毒物质（极度危害、高度危害），强反应或爆炸物，易燃物均需列表说明其物理化学和毒理学性质、危险性类别、加工量、贮存量及运输量等。

根据表9-2进行物质危险性的判定。

（1）符合表9-2有毒物质判定标准序号1、2的物质，属于剧毒物质，符合有毒物质判定标准序号3的属于一般毒物。

（2）符合表9-2易燃物质和爆炸性物质标准的物质，均视为火灾、爆炸危险物质。

表9-2　物质危险性标准

	序号	LD_{50}（大鼠经口）/（mg/kg）	LD_{50}（大鼠经皮）/（mg/kg）	LC_{50}（小鼠吸入，4 h）/（mg/L）
有毒物质	1	<5	<1	<0.01
	2	$5 < LD_{50} < 25$	$10 < LD_{50} < 50$	$0.1 < LC_{50} < 0.5$
	3	$25 < LD_{50} < 200$	$50 < LD_{50} < 400$	$0.5 < LC_{50} < 2$

续上表

易燃物质	1	可燃气体：在常压下以气态存在并与空气混合成可燃混合物；其沸点（常压下）是20 ℃或20 ℃以下的物质
	2	易燃液体：闪点低于21 ℃，沸点高于20 ℃的物质
	3	可燃液体：闪点低于55 ℃，压力下保持液态，在实际操作条件下（如高温高压）可以引起重大事故的物质
爆炸性物质		在火焰影响下可以爆炸，或者对冲击、摩擦比硝基苯更为敏感的物质

注：本表引自《建设项目环境风险评价技术导则》（HJ/T 169—2004）。

（三）生产过程潜在的危险性识别

根据建设项目的生产特征，结合物质危险性识别，对项目逐一划分功能单元，分别进行潜在危险单元和重大危险源判定。

（1）将项目按照一定的法则分解为若干子系统，每一子系统为具备一定功能的单元。通常可将建设项目按主要生产装置、贮运系统、公用工程和辅助工程等逐一划分功能单元。

① 生产装置，包括生产流程中各种生产加工设备、装置。

② 公用工程系统，包括生产运行中的公用辅助系统，如蒸汽、气、水、电、脱盐水站等单元。

③ 贮存运输系统，包括原料、中间体、产品的运输及贮槽、罐、仓库等。

④ 生产辅助系统，包括机械、设备、仪表维修及分析化验等。

⑤ 环保工程设施，包括废气、废水、固体废物、噪声等处理设施等。

根据建设项目的生产特征，结合物质危险性识别，以图表的形式给出单元划分结果，给出单元内存在的危险物质的数量。

（2）按照划分的系统单元，确定危险源点的单元分布，根据危险源潜在的危险性、存在状态和触发因素等分析其危险性，确定建设项目的潜在危险单元。

（3）重大危险源辨识。

重大危险源是指能导致重大事故发生的危险因素，具有伤亡人数众多、经济损失严重、社会影响大的特征。危险化学品重大危险源的辨识依据是危险化学品的危险特性及其数量。

重大危险源的辨识是在对企业内危险化学品生产、贮运、使用或处置情况有了统计分析的基础上进行的。将一个（套）生产装置、设施或场所，或同属一个生产经营单位的且边缘距离小于500 m的几个（套）生产装置、设施或场所视为一个单元，凡生产、加工、运输、使用或贮存危险性物质，且危险性物质的数量等于或超过临界量的单元视为重大危险源。

单元内存在的危险化学品的数量根据危险化学品种类的多少区分为以下两种情况。

单元内存在的危险化学品为单一品种，则该危险化学品的数量即为单元内危险化学品的总量，若等于或超过相应的临界量，则定为重大危险源。

单元内存在的危险化学品为多品种时，按式（9-1）进行计算，若计算结果满足式

（9-1），则定为重大危险源。

$$\frac{q_1}{Q_1} + \frac{q_2}{Q_2} + \cdots + \frac{q_n}{Q_n} \geq 1 \tag{9-1}$$

式中：q_1，q_2，$\cdots$，q_n——每种危险化学品实际存在量，t；

Q_1，Q_2，$\cdots$，Q_n——与各危险化学品相对应的临界量，t。

危险物质名称及临界量主要参考《建设项目环境风险评价技术导则》（HJ/T 169—2004）和《危险化学品重大危险源辨识》（GB 18218—2009）。当同一物质出现不同要求的临界量时，取较严格的进行重大危险源计算。

第四节　源项分析

一、源项分析概述

源项分析是建设项目环境风险评价的基础工作之一，在源项分析的基础上进行后果分析，确定建设项目的风险度，与相关标准比较，评价能否达到环境可接受风险水平。源项分析主要内容是对通过风险识别的主要危险源进一步做分析、筛选，采用类比法、事件树或事故树法分析各功能单元可能发生的事故，确定最大可信事故和发生概率，估算各功能单元最大可信事故危险物泄漏量（泄漏速率）等源项参数，为事故对环境造成的影响计算提供依据。

源项分析方法可分为定性和定量分析方法。定性分析方法主要有：类比法、加权法、因素图法等，首推类比法。定量分析方法主要有：美国道（DOW）化学公司火灾、爆炸危险指数法（第七版），事件树分析法，故障树分析法等。

二、最大可信事故

最大可信事故是指在所有预测的概率不为零的事故中，对环境（或健康）危害最严重的重大事故。

根据项目的基本资料，可采用事件树、事故树或类比法，分析各功能单元可能发生的事故，确定最大可信事故及其发生概率，其中类比法应用较多。

（一）最大可信事故源项参数

最大可信事故源项参数主要包括：

（1）事故所致的泄漏状况，如温度、压力、破损面积、泄漏时间（或释放率）、泄漏方式、泄漏量等。

（2）泄出物质相态。

（3）泄出物质的理化、毒理特性。

（4）泄出物向环境转移方式、途径。

（5）泄出物可能造成灾害的类型，如火灾、爆炸、毒物危害等。

（二）最大可信事故概率确定方法

根据清单，采用类比法、事件树或事故树分析法，分析各功能单元可能发生的事故，确定其最大可信事故和发生概率，其中类比法应用较多。

1. 类比法

由于事故的诱发因素较多，事故的发生具有较强的不可预见性和不确定性，因此可以通过类比同行业的事故资料，并进行统计归纳，来识别项目主要危险源，筛选最大可信事故并确定其发生的概率，这是环境风险评价中应用较多的一种方法。

表9-3为国外常见的典型泄漏孔径及其泄漏概率，可估算或推定生产装置与管线发生断裂最大可信事故的发生概率。

表9-3 重大危险源定量风险评价的泄漏概率

部件类型	泄漏模式	泄漏概率/（次/年）
容器	泄漏孔径1 mm	5.00×10^{-4}
	泄漏孔径10 mm	1.00×10^{-5}
	泄漏孔径50 mm	5.00×10^{-6}
	整体破裂	1.00×10^{-6}
	整体破裂（压力容器）	6.50×10^{-5}
内径≤50 mm的管道	泄漏孔径1 mm	5.70×10^{-5}
	全管径泄漏	8.80×10^{-7}
50 mm<内径≤150 mm的管道	泄漏孔径1 mm	2.00×10^{-5}
	全管径泄漏	2.60×10^{-7}
内径>150 mm的管道	泄漏孔径1 mm	1.10×10^{-5}
	全管径泄漏	8.80×10^{-8}
离心式泵体	泄漏孔径1 mm	1.80×10^{-3}
	整体破裂	1.00×10^{-5}
往复式泵体	泄漏孔径1 mm	3.70×10^{-3}
	整体破裂	1.00×10^{-5}
离心式压缩机	泄漏孔径1 mm	2.00×10^{-3}
	整体破裂	1.10×10^{-5}
往复式压缩机	泄漏孔径1 mm	2.70×10^{-2}
	整体破裂	1.10×10^{-5}
内径≤150 mm手动阀门	泄漏孔径1 mm	5.50×10^{-2}
	泄漏孔径50 mm	7.70×10^{-8}
内径>150 mm手动阀门	泄漏孔径1 mm	5.50×10^{-2}
	泄漏孔径50 mm	4.20×10^{-8}

续上表

部件类型	泄漏模式	泄漏概率/（次/年）
内径≥150 mm 驱动阀门	泄漏孔径 1 mm	2.60×10^{-4}
	泄漏孔径 50 mm	1.90×10^{-6}

注：以上数据分别来源于 DNV、Crossthwaite et al 和 COVO Study。

例 9 - 1 某天然气管道项目最大可信事故概率确定——类比法

某天然气长输管道项目全长 180.86 km，途经 5 个县（市、区），设计输气能力 4.94×10^8 m³/a，管径 Φ813 mm，设计压力 7.5 MPa。沿线新建 5 个工艺站场（4 个输气站场和 1 个清管站），新建 4 个线路截断阀室。

该项目共可分成 9 个管段（根据截断阀位置划分），最短管段长 14.84 km，该段天然气存在量为：

$$Q = \frac{P \times L \times \pi \times \left(\frac{\Phi}{2}\right)^2 \times T_0}{T \times P_0} \times \rho$$

$$= \frac{7.5 \times 1\,000 \times 14.84 \times 1\,000 \times 3.14 \times \left(\frac{813}{2 \times 1\,000}\right)^2 \times 273}{(16 + 273) \times 101.325} \times \frac{0.7174}{1\,000} = 386\,(\text{t})$$

式中：Q——管段天然气存在量，t；

L，Φ——天然气管道长度和直径，m；

P_0，T_0——标况状态下的体积和温度，分别取 101.325 kPa 和 273K；

P，T——天然气管道设计压力和温度，$T = 16\ ℃$；

ρ——标况状态下天然气的密度，0.717 4 kg/m³。

经计算，结果远大于标准临界量（50 t），可判定长输管道（含阀室）和 5 个工艺站场为该项目的重大风险源。

该项目生产过程中潜在危险性环节存在于以下两方面：① 分输站——振动造成法兰连接松动或接口破裂；分离器、设备故障；阀门松动、锈损失灵。② 管道工程——管内超过安全流速或轴承过压；管道弯头、焊接点破裂。

根据表 9 - 3 可确定该项目最大可信事故概率：项目管道管径为 813 mm，全管径破裂泄漏概率取 8.8×10^{-8} 次/年；工艺站场阀门管径范围为 DN25 - DN800，保守取泄漏孔径 50 mm 的泄漏概率为 1.90×10^{-6}/a。

2. 事件树分析法

事件树分析法是一种逻辑的演绎法，起源于决策树，它是一种按事故发展的时间顺序，由初始事件开始推论可能的后果，从而进行危险源辨识的方法。

事件树分析法的步骤如下：

（1）确定或寻找可能导致系统严重后果的初因事件并进行分类，对于那些可能导致相同事件树的初因事件可将其划分为一类。

（2）建造事件树，先建功能事件树，然后建造系统事件树。

（3）进行事件树的简化。

（4）进行事件序列的定量化。

例9-2 成品油管道并行铺设最大可信事故概率的确定——事件树法

某成品油管道铺设项目（A管）与已建成的原油管道（B管）并行铺设，其中一条管道发生事故（火灾、爆炸或泄漏）时将会对并行的管道产生影响，甚至引发新的事故。本项目铺设管道（A管）在出现事故情况下对并行管道（B管）造成的影响，采用事件树分析法进行分析（图9-2）。

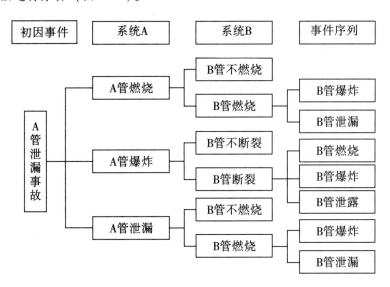

图9-2 成品油管道并行铺设事件树分析

导致本工程并行的长输管道发生事故的条件是出现油品泄漏，形成空气混合气体，同时遇到火源从而发生燃爆。对这类事故采用事故树分析，结果表明，长输管道发生火灾爆炸事故的概率为 2.81×10^{-4}。

由于本工程长输管道出现事故而导致并行的其他管道发生事故受诸多因素的影响，如两管之间的距离、管道的埋深、覆土的密实和完好程度、管道完好或受损、环境条件等。考虑到这些影响因素，对本工程长输管道并行的事件树分析进行量化计算，得到如下结果。

A管出现事故导致B管出现火灾事故的概率为 3.75×10^{-6}。

A管出现事故导致B管出现爆炸事故的概率为 $0.56 \times 10^{-5} \sim 4.22 \times 10^{-5}$。

A管出现事故导致B管出现泄漏事故的概率为 $0.56 \times 10^{-5} \sim 4.22 \times 10^{-5}$。

3. 事故树分析法

事故树是一种图形演绎法，是一种特殊的倒立树状逻辑关系图。它从一个可能的事故开始一层一层地逐步寻找引起事故的初始事件、直接原因和间接原因，并分析这些事故原因之间的相互逻辑关系，用逻辑树图把这些原因以及它们之间的逻辑关系表示出来。可根据危险源辨识结果及事故场景分析方法建立事故树。

事故树分析法的步骤如下：

（1）选择合理的顶事件，系统地分析边界和定义范围，并且界定成功与失败的准则。

（2）建造事故树，这是事故树分析法的核心部分之一，通过收集的技术资料，在设计、运行管理人员的帮助下，建造事故树。

（3）对事故树进行简化或模块化。

（4）定性分析，求出事故树的全部最小割集，当割集的数量太多时，可以通过程序进行概率截断或割集截断。

（5）定量分析，计算顶事件发生概率即系统的点无效度和区间无效度，此外还要进行重要度分析和灵敏度分析。

例9-3 某聚乙烯树脂项目液氯单元最大可信事故概率的确定——事故树法

（1）事故树的建立。

在对本项目液氯单元可能造成的泄漏事故发生原因分析的基础上，结合国内氯碱工业液氯泄漏事故资料的收集、整理和分析，建立事故树图，见图9-3。

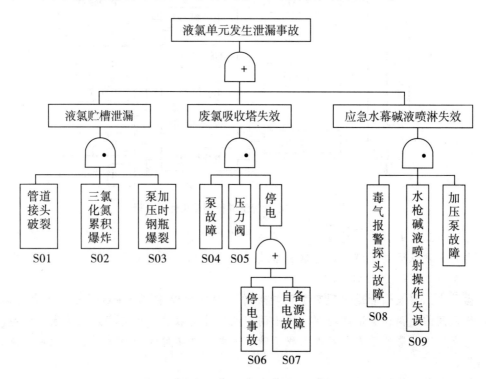

图9-3 液氯工段液氯贮槽泄漏事故树分析

注：① ⌒+ 与门，表示基本事件同时发生，顶事件才发生；

② ⌒· 或门，表示任一时间单独发生，顶事件都可发生。

（2）概率计算。

根据国内外机械、化工、压力容器、管道等事故因子故障率的统计资料，并考虑科技进步等因素，计算得知概率最高的基本事件为S06（停电事故），其次是管道接头破裂S01，再次为三氯化氮累积爆炸S02、泵加压时钢瓶爆裂S03、水枪碱液喷射操作失误S09。

（3）最大可信事故筛选。

通过对最小割集也就是可能导致贮槽液氯泄漏事故的事件概率进行排序可得，项目的最大可信事故为最小割集 S01、S04、S09，S01、S05、S09 和 S01、S06、S07、S09，即概率最大的基本事件为当液氯贮槽管道接头破裂的同时出现吸收塔泵故障、停电或压力阀失效，并且水枪碱液喷淋时操作失误，出现概率为 10^{-6}/年，其余基本事件，例如泵加压过程钢瓶爆裂、三氯化氮爆炸引发液氯贮槽爆裂的同时出现废氯吸收塔和应急水幕碱液喷淋失效，概率为 10^{-7}/年，低于该事故概率，因此本项目的最大可信事故为当液氯贮槽管道接头破裂的同时出现废氯吸收塔和应急水幕碱液喷淋失效，出现概率为 10^{-6}/年。

三、危险化学品的泄漏量

（一）液体泄漏速率

液体泄漏速度用伯努利方程计算：

$$Q_L = C_d A \rho \sqrt{\frac{2(P - P_0)}{\rho} + 2gh} \tag{9-2}$$

式中：Q_L——液体泄漏速度，kg/s；

C_d——液体泄漏系数，此值常用 0.6~0.64；

A——裂口面积，m^2；

ρ——泄漏液体密度，kg/m^3；

P——容器内介质压力，Pa；

P_0——环境压力，Pa；

g——重力加速度；

h——裂口之上液位高度，m。

（二）气体泄漏速率

假定气体的特性是理想气体，气体泄漏速度 Q_G 按式（9-3）计算：

$$Q_G = Y C_d A P \sqrt{\frac{Mk}{RT_G} \left(\frac{2}{k+1} \right)^{\frac{k+1}{k-1}}} \tag{9-3}$$

式中：Q_G——气体泄漏速度，kg/s。

P——容器压力，Pa。

C_d——气体泄漏系数，当裂口形状为圆形时取 1.00，三角形时取 0.95，长方形时取 0.90。

A——裂口面积，m^2。

M——分子量。

R——气体常数，J/（mol·K）。

T_G——气体温度，K。

Y——流出系数，对于临界流 $Y = 1.0$，对于次临界流按式（9-4）计算：

$$Y = \left[\frac{P_0}{P}\right]^{\frac{1}{k}} \times \left\{1 - \left[\frac{P_0}{P}\right]^{\frac{(k-1)}{k}}\right\}^{\frac{1}{2}} \times \left\{\left[\frac{2}{k-1}\right] \times \left[\frac{k+1}{2}\right]^{\frac{(k+1)}{(k-1)}}\right\}^{\frac{1}{2}} \tag{9-4}$$

当气体流动属音速流动（临界流）时，有：

$$\frac{P_0}{P} \leqslant \left(\frac{2}{k+1}\right)^{\frac{k}{k+1}} \tag{9-5}$$

当气体流动属亚音速流动（临界流）时，有：

$$\frac{P_0}{P} > \left(\frac{2}{k+1}\right)^{\frac{k}{k-1}} \tag{9-6}$$

式中：P ——容器内介质压力，Pa；

P_0 ——环境压力，Pa；

k ——气体的绝热指数（热容比），即定压热熔 C_P 与定容热容 C_V 之比。

（三）两相流泄漏

假定液相和气相是均匀的，且互相平衡，两相流泄漏按式（9-7）计算：

$$Q_{LG} = C_d A \sqrt{2\rho_m (P - P_C)} \tag{9-7}$$

式中：Q_{LG}——两相流泄漏速度，kg/s。

C_d ——两相流泄漏系数，可取 0.8。

A ——裂口面积，m²。

P ——操作压力或容器压力，Pa。

P_C ——临界压力，Pa，可取 $P_C = 0.55P$。

ρ_m ——两相混合物的平均密度，kg/m³，由下式计算：

$$\rho_m = \frac{1}{\dfrac{F_V}{\rho_1} + \dfrac{1 - F_V}{\rho_2}} \tag{9-8}$$

式中：ρ_1 ——液体蒸发的蒸汽密度，kg/m³。

ρ_2 ——液体密度，kg/m³。

F_V ——蒸发的液体占液体总量的比例，由下式计算：

$$F_V = \frac{C_P (T_{LG} - T_C)}{H} \tag{9-9}$$

式中：C_P ——两相混合物的定压比热，J/（kg·K）；

T_{LG}——两相混合物的温度，K；

T_C ——液体在临界压力下的沸点，K；

H ——液体的汽化热，J/kg。

当 $F_V > 1$ 时，表明液体将全部蒸发成气体，这时应按气体泄漏计算；如 F_V 很小，则可近似地按液体泄漏公式计算。

（四）泄漏液体蒸发

泄漏液体的蒸发分为闪蒸蒸发、热量蒸发和质量蒸发三种，其蒸发总量为这三种蒸发之和。

1. 闪蒸量的估算

过热液体闪蒸量可按下式估算:

$$Q_1 = F \cdot \frac{W_T}{t_1} \qquad (9-10)$$

式中: Q_1——闪蒸量, kg/s。

W_T——液体泄漏总量, kg。

t_1——闪蒸蒸发时间, s。

F——蒸发的液体占液体总量的比例, 按下式计算:

$$F = C_p \frac{T_L - T_b}{H} \qquad (9-11)$$

式中: C_p——液体的定压比热, J/ (kg·K);

T_L——泄漏前液体的温度, K;

T_b——液体在常压下的沸点, K;

H——液体的汽化热, J/kg。

2. 热量蒸发估算

当液体闪蒸不完全, 有一部分液体在地面形成液池, 并吸收地面热量而气化称为热量蒸发。热量蒸发的蒸发速度 Q_2 按下式计算:

$$Q_2 = \frac{\lambda S \times (T_0 - T_b)}{H \sqrt{\pi \alpha t}} \qquad (9-12)$$

式中: Q_2——热量蒸发速度, kg/s;

T_0——环境温度, K;

T_b——沸点温度, K;

S——液池面积, m^2;

H——液体的汽化热, J/kg;

λ——表面热导系数 (见表9-4), W/ (m·K);

α——表面热扩散系数 (见表9-4), m^2/s;

t——蒸发时间, s。

表9-4 某些地面的热传递性质

地面情况	λ [W/ (m·K)]	α (m^2/s)
水泥	1.1	1.29×10^{-7}
土地 (含水率8%)	0.9	4.3×10^{-7}
干阔土地	0.3	2.3×10^{-7}
湿地	0.6	3.3×10^{-7}
沙砾地	2.5	11.0×10^{-7}

3. 质量蒸发估算

当热量蒸发结束, 转由液池表面气流运动使液体蒸发, 称之为质量蒸发。

质量蒸发速度 Q_3 按下式计算：

$$Q_3 = \alpha \times p \times M/(R \times T_0) \times u^{(2-n)/(2+n)} \times r^{(4+n)/(2+n)} \tag{9-13}$$

式中：Q_3——质量蒸发速度，kg/s；

  α，n——大气稳定度系数（见表9-5）；

  p——液体表面蒸汽压，Pa；

  R——气体常数，J/（mol·K）；

  T_0——环境温度，K；

  u——风速，m/s；

  r——液池半径，m。

表9-5　大气稳定度系数

稳定度条件	n	α
不稳定（A，B）	0.2	3.846×10^{-3}
中性（D）	0.25	4.685×10^{-3}
稳定（E，F）	0.3	5.285×10^{-3}

液池最大直径取决于泄漏点附近的地域构型、泄漏的连续性或瞬时性。有围堰时，以围堰最大等效半径为液池半径；无围堰时，设定液体瞬间扩散到最小厚度时，推算液池等效半径。

4. 液体蒸发总量的计算

$$W_p = Q_1 t_1 + Q_2 t_2 + Q_3 t_3 \tag{9-14}$$

式中：W_p——液体蒸发总量，kg；

  Q_1——闪蒸蒸发速度，kg/s；

  Q_2——热量蒸发速度，kg/s；

  Q_3——质量蒸发速度，kg/s；

  t_1——闪蒸蒸发时间，s；

  t_2——热量蒸发时间，s；

  t_3——从液体泄漏到液体全部处理完毕的时间，s。

第五节　后果计算

环境风险评价中的后果计算主要考虑事故发生后对自然环境和社会环境产生的不利影响，此工作阶段主要任务是估算有毒有害危险品在环境中的迁移、扩散、浓度分布及人员受到的照射和剂量。

一、有毒有害物质在大气中的扩散

采用多烟团模式、分段烟羽模式、重气体扩散模式等计算有毒有害物质在大气中的扩散。按一年气象资料逐时滑移或按天气取样规范取样，计算各网格点和关心点的浓度值, 然后对各浓度值由小到大排序, 取其累计概率水平为95%的值, 作为各网格点和关心点的浓度代表值进行评价。

(一) 多烟团模式

根据《建设项目环境风险评价技术导则》(HJ/T 169—2004) 的要求, 在事故后果评价中采用下列烟团模式:

$$c(x,y,o) = \frac{2Q}{(2\pi)^{3/2}\sigma_x\sigma_y\sigma_z}\exp\left[-\frac{(x-x_o)^2}{2\sigma_x^2}\right]\exp\left[-\frac{(y-y_o)^2}{2\sigma_y^2}\right]\exp\left[-\frac{z_o^2}{2\sigma_z^2}\right]$$

(9−15)

式中: $c(x,y,o)$ ——下风向地面 (x, y, o) 坐标处的空气中污染物浓度, mg/m³;

x_o, y_o, z_o ——烟团中心坐标;

Q ——事故期间烟团的排放量;

σ_x、σ_y、σ_z——为 x、y、z 方向的扩散参数, m。

常取 $\sigma_x = \sigma_y$。

对于瞬时或短时间事故, 可采用下述变天条件下多烟团模式:

$$c_w^i(x,y,o,t_w) = \frac{2Q'}{(2\pi)^{3/2}\sigma_{x,\text{eff}}\sigma_{y,\text{eff}}\sigma_{z,\text{eff}}}\exp\left(-\frac{H_e^2}{2\sigma_{z,\text{eff}}^2}\right)\exp\left\{-\frac{(x-x_w^i)^2}{2\sigma_{x,\text{eff}}^2}-\frac{(y-y_w^i)^2}{2\sigma_{y,\text{eff}}^2}\right\}$$

(9−16)

式中: $c_w^i(x,y,o,t_w)$ ——第 i 个烟团在 t_w 时刻 (即第 w 时段) 在点 (x, y, o) 产生的地面浓度;

Q' ——烟团排放量, mg, $Q' = Q\Delta t$; Q 为释放率, mg·s⁻¹; Δt 为时段长度, s;

$\sigma_{x,\text{eff}}$、$\sigma_{y,\text{eff}}$、$\sigma_{z,\text{eff}}$——烟团在 w 时段沿 x, y 和 z 方向的等效扩散参数, m, 可由下式估算:

$$\sigma_{j,\text{eff}}^2 = \sum_{k=1}^{w}\sigma_{j,k}^2 \qquad (j = x,y,z)$$

(9−17)

式中:

$$\sigma_{j,k}^2 = \sigma_{j,k}^2(t_k) - \sigma_{j,k}^2(t_{k-1})$$

(9−18)

x'_w 和 y'_w——第 w 时段结束时第 i 烟团质心的 x 和 y 坐标, 由下述两式计算:

$$x'_w = u_{x,w}(t-t_{w-1}) + \sum_{k=1}^{w-1}u_{x,k}(t_k-t_{k-1})$$

(9−19)

$$y'_w = u_{y,w}(t-t_{w-1}) + \sum_{k=1}^{w-1}u_{y,k}(t_k-t_{k-1})$$

(9−20)

各个烟团对某个关心点 t 小时的浓度贡献, 按下式计算:

$$c(x,y,o,t) = \sum_{i=1}^{n}c_i(x,y,o,t)$$

(9−21)

式中: n 为需要跟踪的烟团数, 可由下式确定:

$$c_{n+1}(x,y,o,t) \leqslant f\sum_{i=1}^{n}c_i(x,y,o,t)$$

(9−22)

式中: f 为小于 1 的系数, 可根据计算要求确定。

（二）分段烟羽模式

当事故排放源项持续时间较长时（几小时至几天），可采用高斯烟羽公式计算：

$$c = \frac{Q}{2\pi u\sigma_y\sigma_z}\exp\left(-\frac{y_r^2}{2\sigma_y^2}\right)\left\{\exp\left[-\frac{(z_s+\Delta h-z_r)^2}{2\sigma_z^2}\right]+\exp\left[-\frac{(z_s+\Delta h+z_r)^2}{2\sigma_z^2}\right]\right\}$$

$$(9-23)$$

式中：c——位于 S $(0,0,z_s)$ 的点源在接受点 r (x_r,y_r,z_r) 产生的浓度。

短期扩散因子（c/Q）可表示为：

$$(c/Q) = \frac{1}{2\pi u\sigma_y\sigma_z}\exp\left(-\frac{y_r^2}{2\sigma_y^2}\right)\left\{\exp\left[-\frac{(z_s+\Delta h-z_r)^2}{2\sigma_z^2}\right]+\exp\left[-\frac{(z_s+\Delta h+z_r)^2}{2\sigma_z^2}\right]\right\}$$

$$(9-24)$$

式中：Q——污染物释放率，mg/s；

Δh——烟羽抬升高度；

σ_y、σ_z——下风距离 x_r（m）处的水平风向扩散参数和垂直方向扩散参数，扩散参数按式（9-18）计算。

（三）重气体扩散模式

重气体扩散采用 Cox 和 Carpenter 稠密气体扩散模式，计算稳定连续释放和瞬间释放后不同时间的气团扩散。气团扩散按下式计算：

在重力作用下的扩散：

$$\frac{\mathrm{d}R}{\mathrm{d}t} = \left[K\cdot g\cdot h(\rho_2-1)\right]^{\frac{1}{2}}$$

$$(9-25)$$

在空气的夹卷作用下扩散：

$$Q_e = \gamma\frac{\mathrm{d}R}{\mathrm{d}t}\quad（从烟雾的四周夹卷）$$

$$(9-26)$$

$$U_e = \frac{a\cdot u_1}{R_i}\quad（从烟雾的四周夹卷）$$

$$(9-27)$$

式中：R——瞬间泄漏的烟云形成半径，m；

h——圆柱体的高，m；

γ——边缘夹卷系数，取 0.6；

a——顶部夹卷系数，取 0.1；

u_1——风速，m/s；

K——试验值，一般取 1；

R_i——Richardon 数，由下式得出：

$$R_i = \frac{gl(\rho_{c,\alpha^{-1}})}{(U_1)^2}$$

$$(9-28)$$

式中：α——经验常数，取 0.1；

U_1——轴向紊流速度，m/s；

l——紊流长度，m。

二、有毒有害物质在水中的扩散

（一）有毒物质在河流中的扩散预测

1. 瞬时排放点源河流一维水质影响预测模式（有毒有害物质的相对密度 $\rho \leqslant 1$）

（1）在河流水体足以使泄漏的有毒有害物质迅速得到稀释（初始稀释浓度达到溶解度以下），泄漏点与环境保护目标的距离大于混合过程段长度时，水体中溶解态有毒有害物质的预测计算可采用式（9-29）进行。

$$c(x,t) = \frac{M_D}{2A_c(\pi D_L t)^{\frac{1}{2}}}\exp\left[\frac{-(x-ut)^2}{4D_L t} - K_e t\right] + \frac{K'_V}{K'_V + \sum K_i}\frac{p}{K_H}[1 - \exp(-K_e t)]$$

（9-29）

$$K'_V = \frac{K_V}{H} \qquad K_e = \frac{K'_V + \sum K_i}{1 + K_p S}$$

式中：$c(x,t)$——泄漏点下游距离 x，时间 t 时的溶解态浓度，mg/L；

u——河流流速，m/s；

D_L——河流纵向离散系数，m^2/s；

A_c——河流横断面面积，m^2；

M_D——溶解的污染物总量（小于或等于泄漏量），g；

K_i——一级动力学转化速率（除挥发以外），1/d；

K_V——挥发速率常数，1/d；

p——水面上大气中的有害污染物的分压，Pa；

K_H——亨利常数，$Pa \cdot m^3/mol$；

K_e——综合转化速率，1/d；

K_p——分配系数；

S——悬浮颗粒物含量，ppm。

（2）最大影响浓度值：在泄漏点下游 x 处，有毒有害物质的峰值浓度（假设 $P=0$）可按式（9-30）计算：

$$c_{max}(x) = \frac{M_D}{2A_c(\pi D_L t)^{\frac{1}{2}}}\exp(-K_e t)$$

（9-30）

$$K_e = \frac{K'_V + \sum K_i}{1 + K_p S}$$

式中：$c_{max}(x)$——泄漏点下游 x 处，有毒有害物质的峰值浓度，mg/L；

M_D——溶解的污染物总量（小于或等于泄漏量），g；

A_c——河流横断面面积，m^2；

D_L——河流纵向离散系数，m^2/s；

K_e——综合转化速率，1/d；

S——悬浮颗粒物含量，ppm。

2. 瞬时点源河流二维水质影响预测（有毒有害物质的相对密度 $\rho \leqslant 1$）

（1）河流二维水质预测数值模式。

瞬时点源河流二维水质的一般基本方程为：

$$\frac{\partial c}{\partial t} + u\frac{\partial c}{\partial x} = M_x\frac{\partial^2 c}{\partial x^2} + M_y\frac{\partial^2 c}{\partial y^2} - \sum S_K \qquad (9-31)$$

式中：M_x——纵向离散系数，m^2/s；

　　　M_y——横向离散系数，m^2/s；

　　　$\sum S_K$——挥发、吸附、降解的总和，$mg/(L \cdot s)$。

初始条件和边界条件：

$$\begin{cases} c(x,y,0) = 0 \\ c(x_0,y_0,t) = (M_D/Q)\delta(t) \\ c(\infty,\infty,t) = 0 \end{cases} \qquad \delta(t) = \begin{cases} 1(t=0) \\ 0(t \neq 0) \end{cases}$$

可以采用有限差分法和有限元法进行数值求解。

（2）河流二维水质预测解析模式。

假设 $p=0$，则解析模式为：

$$c(x,y,t) = \frac{M_D}{4\pi ht(M_xM_y)^{\frac{1}{2}}}\exp(-K_et)\exp\left[\frac{-(x-ut)^2}{4M_xt}\right]\sum_{-\infty}^{+\infty}\exp\left[\frac{-(y-2nB \pm y_0)^2}{4M_yt}\right]$$

$(n=0, \pm 1, \pm 2, \cdots)$ $\qquad\qquad (9-32)$

$$K_e = \frac{K'_V + \sum K_i}{1 + K_pS}$$

式中：$c(x,y,t)$——泄漏点下游距离 x，时间 t 时的溶解态浓度，mg/L；

　　　B——河流宽度，m；

　　　M_D——瞬时点源源强，g；

　　　M_x——纵向离散系数，m^2/s；

　　　M_y——横向混合系数，m^2/s；

　　　y_0——点源离河岸一侧的距离，m；

　　　K_e——综合转化速率，$1/d$；

　　　S——悬浮颗粒物含量，ppm。

3. 有毒有害物质（相对密度 $\rho > 1$）泄漏到河流中的影响预测模式

（1）在有毒有害物质较为集中地泄漏到河床，并且它的溶解直接受到沉积薄层控制的情形，可采用式（9-33）计算扩散层的厚度：

$$\delta_d = 239\frac{vR_h^{\frac{1}{6}}}{un\sqrt{g}} \qquad (9-33)$$

式中：δ_d——扩散层的厚度，cm；

　　　v——水的动力黏性，m^2/s；

　　　R_h——河流的水力半径，m；

u——河流流速，m/s；

n——曼宁系数；

g——重力加速度，9.81 m/s^2。

（2）在泄漏区域的下游侧，且与河流完全混合前，有毒有害物质在水体中的浓度可由式（9-34）计算：

$$C_l = (C_0 - C_s) \exp \left(-\frac{D_{cw} L_s}{\delta_d Hu} \right) + C_s \tag{9-34}$$

式中：C_l——泄漏区域下游侧有毒有害物质在水体中的浓度，mg/L；

C_0——有毒有害物质的背景浓度，mg/L；

C_s——有毒有害物质在水中的溶解度，mg/L；

D_{cw}——有毒有害物质在水中的扩散系数，m^2/s；

H——水深，m；

u——河流流速，m/s；

L_s——泄漏区的长度，m；

δ_d——扩散底层的厚度，m。

（3）在完全混合处的浓度，可按式（9-35）计算：

$$C_{wm} = C_l \frac{W_s}{W} + C_0 \left(1 - \frac{W_s}{W} \right) \tag{9-35}$$

式中：C_{wm}——泄漏区完全混合处的浓度，mg/L；

C_l——泄漏区域下游侧有毒有害物质在水体中的浓度，mg/L；

C_0——有毒有害物质的背景浓度，mg/L；

W_s——泄漏区的宽度，m；

W——河流的宽度，m。

（4）溶解有毒有害物质所需要的时间，可按式（9-36）计算：

$$T_d = \frac{M_D}{C_l u H W_s} \tag{9-36}$$

式中：T_d——溶解有毒有害物质所需要的时间，s；

M_D——溶解的污染物总量（小于或等于泄漏量），g；

C_l——泄漏区域下游侧有毒有害物质在水体中的浓度，mg/L；

H——水深，m；

u——河流流速，m/s；

W_s——泄漏区的宽度，m。

在经过初始溶解后，剩余部分将留在河床泥沙中，它们自然地释放和扩散返回到水体所需要的时间可能大大超过初始溶解所需要的时间。

（二）油在海湾、河口的扩散模式

1. 油（乳化油）的浓度计算模型

突发性事故泄漏形成的油膜（或油块），在波浪的作用下会破碎乳化溶于水中，可与事故排放含油污水一样，按对流扩散方程计算，其基本方程见式（9-37）：

$$\frac{\partial C}{\partial t} + u\frac{\partial \Delta}{\partial x} + V\frac{\partial C}{\partial y} = \frac{1}{H}\left[\frac{\partial}{\partial x}\left(E_x H\frac{\partial C}{\partial x}\right) + \frac{\partial}{\partial y}\left(E_y H\frac{\partial C}{\partial y}\right)\right] - K_1 C + f$$

$$(9-37)$$

式中：$f = \dfrac{q_0 C_0}{\Delta \cdot H}$——源强；

Δ——三角形有污染的面积，m^2；

H——油膜混合的深度，m；

C——Chezy 系数；

E_x、E_y——离散系数，m^2/s；

K_1——湍流扩散系数，m^2/s。

2. 油膜扩展计算公式

突发事故溢油的油膜计算可采用 P. C. Blokker 公式。假设油膜在无风条件下呈圆形扩展，采用式（9-38）计算：

$$D_t^3 = D_0^3 + \frac{24}{\pi}K(r_w - r_0)\frac{r_0}{r_w}V_0 t$$

$$(9-38)$$

式中：D_t——t 时刻后油膜的直径，m；

D_0——油膜初始时刻的直径，m；

r_w、r_0——水和石油的比重；

V_0——计算的溢油量，m^3；

K——常数，对中东原油一般取 15 000/min；

t——时间，min。

第六节　环境风险计算和评价

一、环境风险计算

环境风险计算是计算出项目危险品事故的风险值及评价范围内某群体的致死率或危害效应的发生率，根据计算结果对危险源可能造成的事故后果严重性及可能性进行描述、评价，明确风险管理对象，为后续的风险管理及应急预案内容设置提供基础资料。

对最大可信事故用图或表综合列出有毒有害物质泄漏后所造成的多种危害后果，计算总的危害。

最大可信灾害事故对环境造成的风险值 R 按下式计算：

$$R = P \cdot C$$

$$(9-39)$$

式中：R——风险值；

P——最大可信事故概率（事件数/单位时间）；

C——最大可信事故造成的危害（损害/事件）。

（1）最大可信事故概率 P 可以采用类比法、事件树或事故树分析法，在实际工作中主要通过国内外同类产品，装置历史事故资料的调查、分析和类比获得。

对任一有毒有害物质泄漏，只考虑急性危害的环境风险。最大可信事故因吸入有毒有害物质造成的急性危害 C，可由式（9-40）计算：

$$C = P_E \times N \tag{9-40}$$

式中：C——因吸有毒有害气体物质造成的急性危害；

P_E——人员吸入毒性物质而导致急性死亡的概率；

$N(x, y, t)$——t 时刻相应于该浓度包络范围内的人数。

暴露于有毒有害物质气团下无任何防护的人员因吸入毒性物质致死的概率可按（9-41）估算：

$$P_E = 0.5 \times \left[1 + erf\left(\frac{Y-5}{\sqrt{2}}\right) \right] \tag{9-41}$$

式中：P_E——人员吸入毒性物质而导致急性死亡的概率；

Y——中间量，由式（9-42）估算。

$$Y = A_t + B_t \ln\left[C^n \cdot t_e \right] \tag{9-42}$$

式中：Y——中间量；

A_t、B_t、n——与毒物性质有关，具体取值见表 9-6；

C——接触的浓度，kg/m^3；

t_e——接触时间，s；

$C^n \cdot t$——毒性负荷，在一个已知点其毒性浓度随着雾团的通过和稀释而变化。

在该位置的总毒性负荷 Q_T 为释放过程中不同时间间隔毒性负荷之和：

$$Q_T = \sum_{i=1}^{m} C_{ni} \cdot t_{ei} (kg \cdot s/m^3) \tag{9-43}$$

式中：$C_{ni} \cdot t_{ei}$——i 时间间隔内的毒性负荷；

m——时间间隔数。

表 9-6　一些物质的毒性参数

物质名称	A_t	B_t	n
氯	-5.3	0.5	2.75
氨	-9.82	0.71	2.0
丙烯醛	-9.93	2.05	1.0
四氯化碳	0.54	1.05	0.5
氯化氢	-21.76	2.65	1.0
甲基溴	-19.92	5.16	1.0
光气（碳酰氯）	-19.27	3.69	1.0
氢氟酸（单体）	-26.4	3.35	1.0

注：本表引自"胡二邦. 环境风险评价实用技术、方法和案例［M］. 北京：中国环境科学出版社，2009"。

在实际工作中，可采用简化分析法，用 $L_{C_{50}}$ 浓度来求毒性影响，事故导致评价区域内有毒有害污染物致死的人数可由式（9-44）进行计算：

$$C_i = \sum_{\ln} 0.5 N(X_{i\ln}, Y_{i\ln}) \tag{9-44}$$

式中：$N(X_{i\ln}, Y_{i\ln})$——浓度超过污染物半致死浓度区域中的人数；

ln——评价区内 n 种化学污染物半致死浓度的网格总数，$n = 1, 2, \cdots, \ln$。

对于一种最大可信事故下存在的 n 种有毒有害物质所致的环境危害 C 是各种危害 C_i 的总和：

$$C = \sum_{i=1}^{n} C_i \tag{9-45}$$

式中：C——最大可信事故下存在的 n 种有毒有害物质所致的环境危害；

C_i——某种有毒有害物质所致的环境危害。

风险评价需要从各功能单元的最大可信事故风险 R_j 中，选出危害最大的作为本项目的最大可信灾害事故，并以此作为风险可接受水平的分析基础。即：

$$R_{\max} = f(R_j) \tag{9-46}$$

二、环境风险评价

（一）环境风险评价原则

（1）大气风险评价，首先计算浓度分布，然后按《工作场所有害因素职业接触限值》（GBZ 2—2007）规定的短时间接触容许浓度，给出该浓度分布范围及在该范围内的人口分布。

（2）水环境风险评价，以水体中污染物浓度分布，包括面积及污染物质质点轨迹漂移等指标进行分析，浓度分布以对水生生态损害阈做比较。

（3）对以生态系统损害为特征的事故风险评价，按损害的生态资源的价值进行比较分析，给出损害范围和损害值。

（4）鉴于目前毒理学研究资料的局限性，风险值计算对急性死亡、非急性死亡的致伤、致残、致畸、致癌等慢性损害后果目前尚不计入。

（二）环境风险评价范围

环境风险评价范围依据危险化学品的伤害阈、《工作场所有害因素职业接触限值》（GBZ 2—2007）和敏感区域位置确定。大气环境一级风险评价范围为距离源点不低于 5 km，二级风险评价范围为距离源点不低于 3 km。地表水环境风险评价范围执行《环境影响评价技术导则—地面水环境》（HT/J 2.3—1993）确定的评价范围。

（三）环境风险评价内容

1. 风险可接受水平分析方法

风险可接受分析采用最大可信灾害事故风险值 $R_{\max}$ 与同行业可接受风险水平 R_L 比较，确定项目的环境风险可接受度。

$R_{\max} \leqslant R_L$ 时认为该项目建设带来的风险水平是可以接受的。

$R_{\max} > R_L$ 时认为该项目需要采取降低事故风险的措施，以达到可接受水平，否则该项目的建设是不可接受的。

2. 可接受风险水平的确定

各行业事故危害导致的风险水平可分为最大可接受水平和可忽略水平,最大可接受水平是不可接受风险的下限。可接受风险水平是根据历史的统计数据计算出来的,作为未来风险的准则,需要假定计算风险的条件仍适用于未来。

对于自然灾害、工业、农业等活动中存在的潜在风险,可通过对事故资料统计和分析制定各行业风险最大可接受水平,表9-7为我国工矿企业的部分统计值。

表9-7 国内部分企业事故死亡率

类型	死亡数/a	备注
工矿企业	1.41×10^{-4}	1997—1998
石油化工	0.40×10^{-4}	1983—1997
化工	1.12×10^{-4}	20世纪80年代
	8.33×10^{-5}	目前
上海工矿企业	0.59×10^{-4}	1997—1998

在工业和其他活动中,通常以风险值10^{-4}/a作为最大可接受风险值标准,各种风险水平及其可接受程度如表9-8所示。各具体行业更客观的最大可接受风险值待进一步的统计调研确定。一般而言,对有毒有害工业,环境风险值的可接受程度以自然灾害风险值(10^{-6}/a)为背景值;人类遭受火灾、淹死、中毒的风险值为10^{-5}/a,社会对此没有安全投资,仅告诫人们小心,是一种可接受风险值;当风险值达10^{-4}/a,则必须投资采取防范措施;当风险值为10^{-3}/a时,必须立即采取改进措施,否则就放弃该项活动。

表9-8 各种风险水平及其可接受程度

风险值数量级 (死亡/a)	危险性	可接受程度
10^{-3}	操作危险性特别高,相当于人的自然死亡率	不可接受,必须立即采取措施改进
10^{-4}	操作危险性中等	应采取改进措施
10^{-5}	与游泳事故和煤气中毒事故属同一量级	人们对此关心,愿采取措施预防
10^{-6}	相当于地震和天灾的风险	人们并不关心这类事故的发生
$10^{-7} \sim 10^{-8}$	相当于陨石坠落伤人	无人愿意为此类事故投资加以预防

注:本表引自"胡二邦. 环境风险评价实用技术、方法和案例 [M]. 北京:中国环境科学出版社,2009"。

第七节　环境风险管理

环境风险管理是指根据环境风险评价的结果,按照恰当的法规条例,选用有效的控制技术,进行削减风险的费用和效益分析;确定可接受风险度和可接受的损害水平;并进行政策分析及考虑社会经济和政治因素,决定适当的管理措施并付诸实施,以降低或消除事故风险度，保护人群健康与生态系统的安全。具体来讲，环境风险管理就是环境管理部门、建设单位和环境科研机构通过对环境风险的识别和评估，在项目效益和风险以及降低风险的代价之间进行平衡，提出可靠、具体的环境风险管理方案。

一、政府管理方法

政府管理部门在风险分析和评价的基础上进行环境风险管理，实施预防性政策的基础工作。

政府部门的环境风险管理可以分三个层次监督指导进行。

企业级：要求其修改或采用与提高安全性有关的操作规程和技术措施。

部门级：形成良好的管理制度和工作方式。

社会级：在充分考虑各种能产生环境风险因素的基础上制定和修改法规、管理条例等，并推动执行。

政府部门在进行环境风险管理的时候可具体从以下几个方面考虑：① 风险管理必须考虑公众的可接受性，让公众参与进来。制定切实可行的管理制度和措施，使可能受事故影响的公众感到满意。② 为减少风险，可以通过总体规划从布局上解决问题。③ 允许居住在风险较大的环境中而又无法使其动迁到不受影响的区域的人们能在风险的资源分配中得到效益作为补偿回报。④ 政府监督落实各种防范和预防应急处理措施，形成政府监督、企业落实、公众参与的管理格局。

二、建设单位管理方法

在政府环境保护及有关职能部门的监督和指导下，项目建设和运行单位应承担风险管理的职责。把所有的风险源都纳入风险管理计划，但是非控制或非正常控制的环境风险源也可能呈现出不可接受的健康与经济风险。

管理方法有以下几方面。

（一）采取切实可行的风险防范措施

1. 选址、总图布置和建筑安全防范措施

（1）项目选址。

从环境风险的角度考虑项目选址时，应重点考虑地形、水文、气象等自然条件对企业安全生产的影响和企业与周边区域的相互影响。

① 厂址不得设在各类（风景、自然、历史文物古迹、水源等）保护区、有开采价值的矿藏区、各种（滑坡、泥石流、溶洞、流沙等）直接危害地段、高放射本底区、采矿陷落（错动）区、淹没区、地震断层区、地震烈度高于九度的地震区、Ⅳ级湿陷性黄土区、Ⅲ级膨胀土区、地方病高发区和化学废弃物层上面。

② 依据地震、台风、洪水、雷击、地形和地质构造等自然条件资料，结合建设项目生产过程及特点，采取易地建设或采取有针对性的、可靠的对策措施。

③ 对生产和使用危险、危害性大的工业产品、原料、气体、烟雾、粉尘、噪声、振

动和电离、非电离辐射的建设项目，还必须符合国家有关专门（专业）法规、标准的要求。

④ 厂址及周围居民区、环境保护目标应有足够的卫生和安全防护距离，厂区周围工矿企业、车站、码头、交通干道等还应预留足够的防火间距。

（2）厂区总平面布置。

在满足生产工艺、操作要求、使用功能需要和消防要求、环保要求的同时，主要从风向、安全（防火）距离、交通运输和各类作业、物料的危险及危害性出发，在平面布置方面采取对策措施。

① 将生产区、辅助生产区（含动力区、贮运区等）、管理区和生活区按功能相对集中分别布置。布置时应考虑生产流程、生产特点和火灾爆炸危险性，结合地形、风向等条件，以减少危险、有害因素的交叉影响。

管理区、生活区一般应布置在全年或夏季主导风向的上风侧或全年最小频率风向的下风侧。辅助生产设施的循环冷却水塔（池）不宜布置在变配电所、露天生产装置和冬季主导风向的上风侧和怕受水雾影响设施全年主导风向的上风侧。

② 应根据工艺流程、货运量、货物性质和消防的需要，选用适当运输和运输衔接方式，合理组织车流、物流、人流（保持运输畅通且运距最短、经济合理，避免迂回和平面交叉运输、道路与铁路平交和人车混流等）。为保证运输、装卸作业安全，应从设计上对厂内道路（包括人行道）的布局、宽度、坡度、转弯（曲线）半径、净空高度、安全界线及安全视线、建筑物与道路间距和装卸（特别是危险品装卸）场所、堆场（仓库）布局等方面采取对策措施。

③ 为满足工艺流程的需要和避免危险、有害因素相互影响，应合理布置厂房内的生产装置、物料存放区和必要的运输、操作、安全、检修通道。例如，全厂性污水处理场及高架火炬等设施，宜布置在人员集中场所及明火或散发火花地点的全年最小频率风向的上风侧；液化烃或可燃液体罐组，不应毗邻布置在高于装置、全厂性重要设施或人员集中场所的阶梯上，并且不宜紧靠排洪沟；当厂区采用阶梯式布置时，阶梯间应有防止泄漏液体漫流措施；设置环形通道，保证消防车、急救车顺利通过可能出现事故的地点；主要人流出入口与主要货流出入口分开布置，主要货流出口、入口宜分开布置；码头应设在工厂水源地下游，设置单独危险品作业区并与其他作业区保持一定的防护距离等。

此外，厂区内应设有应急救援设施及救援通道、应急疏散及避难所。

2. 危险化学品贮运安全防范措施

对贮存危险化学品数量构成危险源的贮存地点、设施和贮存量提出要求，与环境保护目标和生态敏感目标的距离符合国家有关规定。

（1）危险化学品生产、贮存和装卸设施应远离管理区、生活区、中央实（化）验室、仪表修理间，尽可能露天、半封闭布置。

同时应尽可能布置在人员集中场所、控制室、变配电所和其他主要生产设备的全年或夏季主导风向的下风侧或全年最小风频风向的上风侧并预留足够的安全、卫生防护距离。

危险化学品贮存、装卸区还宜布置在厂区边缘地带。

（2）有毒、有害物质的有关设施应布置在地势平坦、自然通风良好地段，不得布置在窝风低洼地段。

（3）剧毒物品的有关设施还应布置在远离人员集中场所的单独地段内，宜以围墙与其他设施隔开。

（4）腐蚀性物质的有关设施应按地下水位和流向，布置在其他建筑物、构筑物和设备的下游。

（5）易燃易爆区应与厂内外居住区、人员集中场所、主要人流出入口、铁路和道路干线、产生明火地点保持足够安全距离；可能泄漏、散发液化石油气及相对密度大于0.7（空气的密度为1）的可燃气体和可燃蒸气的装置不宜毗邻生产控制室和变配电所布置；油、气贮罐宜低位布置。

3. 工艺技术设计安全防范措施

设自动监测、报警、紧急切断及紧急停车系统；防火、防爆、防中毒等事故处理系统；应急救援设施及救援通道；应急疏散通道及避难所。

（1）工艺过程的安全防范措施。

① 工艺过程中使用和产生易燃易爆介质时，必须考虑防火、防爆等安全对策措施在工艺设计时加以实施。

② 工艺过程中有危险的反应过程，应设置必要的报警、自动控制及自动连锁停车的控制设施。

③ 工艺设计要确定工艺过程泄压措施及泄放量，明确排放系统的设计原则。

④ 工艺过程设计应提出保证供电、供水、供风及供汽系统可靠性的措施。

⑤ 生产装置出现紧急情况或发生火灾爆炸事故需要紧急停车时，应设置必要的自动紧急停车措施。

⑥ 采用新工艺、新技术进行工艺过程设计时，必须审查其防火、防爆设计技术文件资料，核实其技术在防火、防爆方面的可靠性，确定所需的防火、防爆设施。

（2）工艺流程的安全防范措施。

① 火灾爆炸危险性较大的工艺流程设计，应针对容易发生火灾爆炸事故的部位和一定时机（如开车、停车及操作切换等），采取有效的安全措施，并在设计中组织各专业设计人员加以实施。

② 工艺流程设计，应考虑正常开停车、正常操作、异常操作处理及紧急事故处理时的安全对策措施和设施。

③ 工艺安全泄压系统设计，应考虑设备及管线的设计压力、允许最高工作压力与安全阀和防爆膜的设定压力的关系，并对火灾时的排放量，停水、停电及停汽等事故状态下的排放量进行计算及比较，选用可靠的安全泄压设备，以免发生爆炸。

④ 化工企业火炬系统的设计，应考虑进入火炬的物料处理量、物料压力、温度、堵塞、爆炸等因素的影响。

⑤ 工艺流程设计，应全面考虑操作参数的监测仪表、自动控制回路，设计应正确可靠，吹扫应考虑周全。应尽量减少工艺流程中火灾爆炸危险物料的存量。

⑥ 控制室的设计，应考虑事故状态下的控制室结构及设施不致受到破坏或倒塌，并能实施紧急停车，减少事故的蔓延和扩大。

⑦ 对工艺生产装置的供电、供水、供风、供汽等公用设施的设计，必须满足正常生产和事故状态下的要求，并符合有关防火和防爆法规、标准的规定。

⑧ 应尽量消除产生静电和静电积聚的各种因素，采取静电接地等各种防静电措施。静电接地设计应遵守有关静电接地设计规程的要求。

⑨ 工艺过程设计中，应设置各种自控检测仪表、报警信号系统及自动和手动紧急泄压排放安全连锁设施。非常危险的部位，应设置常规检测系统和异常检测系统的双重检测体系。

4. 自动控制设计安全防范措施

有可燃气体、有毒气体检测报警系统和在线分析系统设计方案。

5. 电气、电讯安全防范措施

划分爆炸危险区域、腐蚀区域，制定防爆、防腐方案。

6. 消防及火灾报警系统

配备消防设备，设置消防事故水池，以及发生火灾时厂区废水、消防水外排的切断装置等。

7. 紧急救援站或有毒气体防护站设计

根据项目实际需要，提出紧急救援站或有毒气体防护站设计方案。

(二) 制定建设项目风险应急预案

在建设项目环境影响评价文件中，应从环境风险防范的角度出发，制定环境风险应急预案。应急预案应确定不同的事故应急响应级别，根据不同级别制定应急预案。应急预案主要内容是消除污染环境和人员伤害的事故应急处理方案，并应根据要清理的危险物质特性，有针对性地提出消除环境污染的应急处理方案。

1. 制定预案的目的

采取预防措施使事故控制在局部，消除蔓延条件，防止突发性重大或连锁事故发生。

能在事故发生后迅速有效地控制和处理事故，尽力减轻事故对人、财产和环境造成的影响。

2. 事故应急预案编制的基本原则

(1) 科学性原则。事故应急救援工作是一项系统性、科学性很强的工作，制定预案也必须以科学的态度，在全面调查研究的基础上，开展科学分析和论证，制定出严密、统一、完整的应急救援方案，使预案真正具有科学性。

(2) 实用性原则。要讲究实效。应急救援预案应符合企业现场和当地的客观情况，具有适用性和实用性，便于操作。

(3) 权威性原则。应急救援工作是一项紧急状态下的应急工作，所制定的应急救援预案应明确救援工作的管理体系，救援行动的组织指挥权限和各级救援组织的职责和任务等一系列的行政性管理规定，保证救援工作的统一指挥，保证预案具有一定的权威性和法律保障。

3. 应急预案的主要内容

按照《建设项目环境风险评价技术导则》（HJ/T 169—2004）的要求，应急预案的主要内容见表9-9。

表 9 - 9　应急预案内容

序号	项目	内容及要求
1	应急计划区	危险目标：装置区、贮罐区、环境保护目标
2	应急组织机构、人员	工厂、地区应急组织机构和人员
3	预案分级响应条件	规定预案的级别及分级响应程序
4	应急救援保障	应急设施、设备与器材等
5	报警、通讯联络方式	规定应急状态下的报警通讯方式、通知方式和交通保障及管制
6	应急环境监测、抢险、救援及控制措施	由专业队伍负责对事故现场进行侦察监测，对事故性质、参数与后果进行评估，为指挥部门提供决策依据
7	应急检测、防护措施、清除泄漏措施和器材	事故现场、邻近区域、控制防火区域，控制和清除污染措施及相应设备
8	人员紧急撤离、疏散，应急剂量控制、撤离组织计划	事故现场、工厂邻近区、受事故影响的区域人员及公众对毒物应急剂量控制规定，撤离组织计划及救护，医疗救护与公众健康
9	事故应急救援关闭程序与恢复措施	规定应急状态终止程序 事故现场善后处理，恢复措施 邻近区域解除警戒及善后恢复措施
10	应急培训计划	应急计划制订后，平时安排人员培训与演练
11	公众教育和信息	对工厂邻近地区开展公众教育，培训和发布有关信息

注：本表引自 HJ/T 169—2004，《建设项目环境风险评价技术导则》[S]。

（三）由专家参与环境风险管理计划的评判和负责行动计划的执行

（四）将潜在风险的状况及其控制方案和具体措施公布于众

（五）加强风险控制人员队伍训练及应急行动方案的演习，同时还应加强风险管理计划实施效果的规范化的核查

思考题

1. 什么是环境风险和环境风险评价？

2. 简述风险识别的工作内容。

3. 怎样进行物质的风险识别？

4. 简述源项分析的内容和方法。

5. 风险值如何计算？如何进行风险评价？

6. 控制环境风险的方式主要有哪些？

7. 应急预案的主要内容包括哪些？

8. 依据《建设项目环境风险评价技术导则》（HJ/T 169—2004）中规定，一级环境风险评价的工作内容包括哪些？

❖ 第十章 ❖
清洁生产和环境管理与监测计划

第一节　清洁生产概述

一、清洁生产的定义和内涵

（一）清洁生产的定义

联合国环境规划署工业与环境规划中心（UNEPIE/PAC）综合各种说法，采用了"清洁生产"这一术语，来表征从原料、生产工艺到产品使用全过程的广义的污染防治途径，给出了以下定义：清洁生产是一种新的创造性的思想，该思想将整体预防的环境战略持续应用于生产过程、产品和服务中，以增加生态效率和减少人类及环境的风险。对生产过程，要求节约原材料与能源，淘汰有毒原材料，减降所有废弃物的数量与毒性；对产品，要求减少从原材料提炼到产品最终处置的全生命周期的不利影响；对服务，要求将环境因素纳入设计与所提供的服务中。

《中国21世纪议程》中给出清洁生产的定义为：既可满足人们的需要又可合理使用自然资源和能源并保护环境的实用生产方法和措施，其实质是一种物料和能耗最少的人类生产活动的规划和管理，将废物减量化、资源化和无害化，或消灭于生产过程之中。同时对人体和环境无害的绿色产品的生产亦将随着可持续发展进程的深入而日益成为今后产品生产的主导方向。

综上所述，清洁生产的定义包含了两个全过程控制：生产全过程和产品整个生命周期全过程。对生产过程而言，清洁生产包括节约原材料与能源，尽可能不用有毒原材料并在生产过程中就减少它们的数量和毒性；对产品而言，则是从原材料获取到产品最终处置过程中，尽可能将对环境的影响减到最低。

（二）清洁生产的内涵

清洁生产从本质上来说，就是对生产过程与产品采取整体预防的环境策略，是减少或者消除它们对人类及环境的可能危害，同时充分满足人类需要，使社会经济效益最大化的一种生产模式。清洁生产的具体措施包括：不断改进设计；使用清洁的能源和原料；

采用先进的工艺技术与设备；改善管理；综合利用；从源头削减污染，提高资源利用效率；减少或者避免生产、服务和产品使用过程中污染物的产生和排放。清洁生产是实施可持续发展的重要手段。

1. 清洁生产的由来

（1）污染严重，环境问题突出。

（2）传统的末端治理效果不理想。

（3）高消耗是造成工业污染严重的主要原因之一。

（4）走可持续发展道路成为必需的选择，而"清洁生产"是实施可持续发展战略的最佳模式。

2. 清洁生产的观念主要强调三个重点

（1）清洁能源。包括开发节能技术，尽可能开发利用再生能源以及合理利用常规能源。

（2）清洁生产过程。包括尽可能不用或少用有毒有害原料和中间产品。对原材料和中间产品进行回收，改善管理，提高效率。

（3）清洁产品。包括以不危害人体健康和生态环境为主导因素来考虑产品的制造过程甚至使用之后的回收利用，减少原材料和能源使用。

二、清洁生产在环境影响评价中的作用

《中华人民共和国清洁生产促进法》规定："新建、改建和扩建项目应当进行环境影响评价，对原料使用、资源消耗、资源综合利用以及污染物产生与处置等进行分析论证，优先采用资源利用率高以及污染物产生量少的清洁生产技术、工艺和设备。"另外，《建设项目环境保护管理条例》规定："工业建设项目应当采用能耗物耗小、污染物产生量少的清洁生产工艺，合理利用自然资源，防止环境污染和生态破坏。"从这些法律法规上我们可以看出，在对建设项目进行环境影响评价的时候，要求对建设项目进行清洁生产评价。

清洁生产是一种新的创新性的思想，是可持续发展的必然选择。清洁生产体现的是"预防为主"的方针，目的是"节能、降耗、减污、增效"。清洁生产的污染预防思想是优于污染末端控制的一种环境战略，将清洁生产的概念纳入环境影响评价中，将提高环境影响评价的作用，有利于建设项目采用资源利用高和污染物产生量少的清洁生产技术、工艺和设备。因此，在环境影响评价中进行清洁生产评价具有以下作用。

（1）减轻建设项目的末端处理负荷。清洁生产的污染控制预防措施可以将污染物消灭或削减在污染物产生之前，以减轻污染物末端处理的负荷。

（2）避免环境影响失去评价真实性、可靠性和有效性。环境影响评价的结论往往基于建设项目末端处理设施"三同时"的可靠性，如果提出的末端处理方案不能实施或实施不完全，则直接导致环境负担的增加，造成环境影响评价在某种程度上的间接失效。

（3）提高建设项目的市场竞争力。清洁生产往往通过提高利用效率来达到，因而在许多情况下将直接降低生产成本、提高产品质量、提高市场竞争力。

（4）降低建设项目的环境责任风险。在环境法律、法规和标准日趋严格的今天，企业很难预料其将来所面临的环境风险，因为每出台一项新的环境法律、法规和标准，都有可能成为一种新的环境责任，而最好的规避方法就是通过清洁生产减少污染的产生。

三、清洁生产评价指标

国家已发布行业清洁生产规范性文件和相关技术指南的建设项目，应按所发布的规定指标进行清洁生产水平分析。国家未发布行业清洁生产规范性文件和相关技术指南的建设项目，结合行业及工程特点，从资源能源利用、生产工艺与设备等方面确定清洁生产评价指标。

（一）资源能源利用指标

从清洁生产的角度看，资源、能源指标的高低反映一个建设项目的生产过程在宏观上对生态系统的影响程度，因为在同等条件下，资源能源消耗量越高，对环境影响也越大。清洁生产评价资源能源利用指标一般包括物耗指标、能耗指标和新鲜水耗量指标三类。

1. 单位产品的物耗

生产单位产品消耗的主要原料和辅料的量。它反映原料的实际消耗水平，是说明建设项目管理水平和生产技术水平的重要指标。计算公式如下：

$$单位产品的物耗 = \frac{生产某种产品的某种原材料消耗总量}{某种产品产量} \quad (10-1)$$

2. 单位产品的能耗

生产单位产品消耗的电、煤、蒸汽和油等能源情况。也可用综合能耗消耗指标来反映项目的能耗情况。计算公式如下：

$$单位产品的能耗 = \frac{生产某种产品的某种能量消耗总量}{某种产品产量} \quad (10-2)$$

3. 单位产品的新鲜水耗

生产单位产品整个工艺使用的新鲜水量（不包括回用水）。计算公式如下：

$$单位产品的新鲜水耗 = \frac{生产某种产品的新鲜水消耗总量}{某种产品产量} \quad (10-3)$$

（二）生产工艺与设备指标

选用清洁工艺、淘汰落后有毒有害原辅材料和落后的设备，是推行清洁生产的前提，因此在清洁生产分析专题中，首先要对工艺技术来源和技术特点进行分析，说明其在同类技术中所占地位以及选用设备的先进性。对于一般性建设项目的环境影响评价工作，生产工艺与设备选取直接影响到该项目投入生产后，资源能源利用效率和废弃物产生。可从装置规模、工艺技术、设备等方面体现出来，分析其在节能、减污、降耗等方面达到的清洁生产水平。

1. 产品指标

对产品的要求是清洁生产的一项重要内容，因为产品的清洁性、销售、使用过程以及报废后的处理处置均会对环境产生影响，有些影响是长期的，甚至是难以恢复的。首先，产品应是我国产业政策鼓励发展的产品，此外，从清洁生产的要求方面还应考虑包装和使用。例如：产品的过度包装和包装材料的选择都将对环境产生影响；运输过程和销售环节不应对环境产生影响；产品使用安全，报废后不应对环境产生影响。

2. 污染物产生指标

污染物产生指标较高，说明工艺相对比较落后，管理水平较低。考虑到一般的污染问题，污染物产生指标分三类，即废水产生指标、废气产生指标和固体废物产生指标。

（1）废水产生指标。

包括单位产品的废水产生量和单位产品废水中主要污染物产生量指标。计算公式如下：

$$单位产品的废水产生量 = \frac{年产生废水总量}{产品产量} \qquad (10-4)$$

$$单位产品的 COD 产生量 = \frac{全年 COD 产生总量}{产品产量} \qquad (10-5)$$

$$污水回用率 = \frac{C_污}{C_污 + C_{直污}} \times 100\% \qquad (10-6)$$

式中：$C_污$——污水回用量；

$C_{直污}$——直接排入环境的污水量。

（2）废气产生指标。

包括单位产品的废气产生量和单位产品废气产生量中主要污染物的含量指标。计算公式如下：

$$单位产品的废气产生量 = \frac{年产生废气总量}{产品产量} \qquad (10-7)$$

$$单位 SO_2 量 = \frac{年产生 SO_2 总量}{产品产量} \qquad (10-8)$$

（3）固体废物产生指标。

包括单位产品的固体废物产生量指标和单位产品固体废物综合利用率指标。

3. 废物处理与综合利用

废物处理与综合利用是清洁生产的重要组成部分。目前，生产过程不可能完全避免产生废水、废气、废渣、废热，然而，这些"废物"只是相对的概念，在某一条件下是造成环境污染的废物，在另一条件下就可能转化为宝贵的资源。对于生产企业应尽可能地回收和利用废物，而且，应该是高等级的利用，逐步降级使用，最后考虑末端治理。

4. 环境管理要求

从环境法律法规标准、废物处理处置、生产过程环境管理、相关方环境管理等方面提出要求。

（1）环境法律和法规。

要求生产企业符合国家和地方有关环境法律、法规，污染物排放达到国家和地方排放标准及总量控制要求。

（2）废物处理处置。

要求对建设项目的一般废物进行妥善处理处置，对危险废物进行无害化处理。

（3）生产过程环境管理。

对建设项目投产后可能在生产过程中产生废物的环节提出要求，例如要求企业建立原材料质检制度和制定原材料消耗定额，对能耗、水耗及产品合格率有考核，各种人流、物料包括人的活动区域、物品堆放区域、危险品等有明显标志，对跑、冒、滴、漏现象能够控制等。

（4）相关方面环境管理。

为了环境保护的目的，在建设项目施工期间和投产使用后，对于相关方（原料供应方、生产协作方、相关服务方等）的行为提出环境要求。

四、清洁生产分析的方法和程序

（一）清洁生产分析的方法

1. 指标对比法

目前，国内较多采用指标对比法评价建设项目的清洁生产水平。即利用我国已颁布的清洁生产标准，或选用国内外同类装置清洁生产指标，通过对标分析评价项目的清洁生产水平。

（1）单项评价指数。

单项评价指数是以类比项目相应的单项指标参照值作为评价标准计算得出，计算公式如下：

$$Q_i = \frac{d_i}{a_i} \qquad (10-9)$$

式中：Q_i——单项评价指数；

　　　d_i——目标项目某单项指数对象值（设计值）；

　　　a_i——类比项目某项目指标参照值。

（2）类别评价指数。

类别评价指数是根据所属各单项指数的算术平均计算而得，计算公式如下：

$$C_i = \frac{\sum Q_i}{n} \qquad (10-10)$$

式中：$i = 1, 2, 3, \cdots, n$；

　　　C_i——类别评价指数；

　　　n——该类别指标下设的单项个数。

（3）综合评价指数。

为了综合描述企业清洁生产的整体状况和水平，克服个别评价指标对评价结果准确性的掩盖，避免确定加权系数的主观影响，可采用一种兼顾极值或突出最大值的计权型的综合评价指数。计算公式如下：

$$I_\varphi = \sqrt{\frac{Q_{i,M}^2 + C_{j,a}^2}{2}} \qquad (10-11)$$

$$C_{j,a} = \frac{\sum C_j}{m} \qquad (10-12)$$

式中：I_φ——清洁生产综合评价指数；

$\qquad$ $Q_{i,M}$——各项评价指数中的最大值；

$\qquad$ $C_{j,a}$——类别评价指数的平均值；

$\qquad$ m——评价指数体系下设的类别指标数。

2. 分值评定法

将各项清洁生产指标逐项制定分值标准，再由专家按百分制打分，然后乘以各自权重值得总分，最后再按清洁生产等级分值对比分析清洁生产水平。

（1）权重值的确定。

清洁生产评价的等级分值范围为 0~1，权重值总和为 100。为了保证评价方法的准确性和适用性，在各项指标（包括分指标）的权重确定过程中，1998 年国家环境保护总局（现为环境保护部）在"环境影响评价制度中的清洁生产内容和要求"项目研究中，采用了专家调查打分法。专家范围包括清洁生产方法学专家、清洁生产行业专家、环境评价专家、清洁生产和环境影响评价政府官员。清洁生产水平总分按公式计算，调查统计结果见表 10-1。

表 10-1　清洁生产指标权重专家调查结果

评价指标		权重值	合计
原材料指标	毒性	7	25
	生态影响	6	
	可再生性	4	
	能源强度	4	
	可回收利用性	4	
产品指标	销售	3	17
	使用	4	
	寿命优化	5	
	报废	5	
资源指标	能耗	11	29
	水耗	10	
	其他物耗	8	
污染物产生指标		29	29
总权重值			100

专家们对生产过程的清洁生产指标进行权重打分时，对资源指标和污染物产生指标比较关注，分别给出最高权重值 29，原材料指标次之，权重值为 25，产品指标最低，权重值为 17。各项评价指标的分指标也给出了权重值。但是由于不同企业的污染物产生情

况差别很大，因而未对污染物产生指标中的各项指标的权重值加以具体规定。

清洁生产水平总分计算公式如下：

$$E = \sum A_i W_i \qquad\qquad (10-13)$$

式中：E——评价对象清洁生产水平总分；

$\quad\ \ A_i$——评价对象第 i 种指标的清洁生产等级得分；

$\quad\ \ W_i$——评价对象第 i 种指标的权重。指标体系权重值总和为100。

各指标权重值代表各指标在整个指标体系中所占的比重，一定程度上反映该指标在产品生产、销售、使用的全生命周期中对环境影响的重要性。权重值采用专家打分法。

（2）总体评价要求。

清洁生产是一个相对的概念，因此清洁生产指标的评价结果也是相对的。总体评价结果的分值要求见表10-2。

表10-2　清洁生产指标总体评分分值

项目	指标分数/分	项目	指标分数/分
清洁生产	>80	落后	40～55
传统先进	70～80	淘汰	<40
一般	55～70		

如果一个建设项目综合评分结果大于80分，从平均的意义上说，该项目在原材料的选取上对环境的影响、产品对环境的影响、生产过程中资源的消耗程度以及污染物的产生量均处于同行业国际先进水平，因而从现有的技术条件看，该项目属于"清洁生产"；同理，若综合评分为70～80分，可以认为该项目为"传统先进"项目，即总体在国内处于先进水平，某些指标处于国际先进水平；若综合评分为55～70分，可以认为该项目为"一般"项目，即总体在国内处于中等水平；若综合评分为40～55分，可以认为该项目为"落后"项目；若综合评价小于40分，可以认为该项目为"淘汰"项目。

（二）清洁生产分析的程序

（1）收集相关行业清洁生产标准，如果没有标准可参考，可与国内外同类装置清洁生产指标做比较。

（2）预测环境影响评价项目的清洁生产指标值。

（3）将预测值与清洁生产标准值对比。

（4）得出清洁生产评价结论。

（5）提出清洁生产改进方案和建议。

第二节　环境管理要求与监测计划

一、环境管理要求

按建设项目建设阶段、生产运行、服务期满后（可根据项目具体情况选择）等不同阶段，针对不同的工况、不同环境影响和环境风险特征，提出具体环境管理要求。

环评报告中给出污染物排放清单，明确污染物排放的管理要求，包括工程组成及原辅材料组分要求，建设项目拟采取的环境保护措施及主要运行参数，排放的环境标准，环境风险防范措施以及环境监测等，提出应向社会公开的信息内容。

报告中还应提出建立日常环境管理制度、组织机构和环境管理台账等相关要求，明确各项环境保护设施和措施的建设、运行及维护费用保障计划。

（一）环境管理机构的设置

要做好项目的环境管理工作，企业必须建立完善的环境管理机构和体系，并在此基础上健全各项环境监督和管理制度。环境管理与计划管理、生产管理、安全技术管理、质量管理等各专项管理一样，是工业企业管理的一个组成部分。目前大部分企业一般是将环境管理与安全技术管理机构合成一体。在这一机构内安排专职或兼职环境管理人员；此外，环境管理是一项综合性的管理，它与清洁生产绑在一起，同生产设备、工艺、动力、原材料、基建等方面都有密切的关系。因此，除环境管理机构建设要搞好外，还要在公司分管环保的负责人领导下，建立各部门间相互协调、分工负责、互相配合的综合环境管理体系。为了提高环保工作的质量，企业要加强环境管理人员以及兼职环保员的业务培训，并有一定的经费保证培训的实施。

（二）环境保护管理职责和制度

1. 环境保护管理职责

（1）主管负责人：掌握项目环保工作的全部动态，对环保工作负完全责任；负责落实环保管理制度、岗位制度和实施计划；协调各有关部门和机构间的关系；保障环境保护工作所需人、财、物资源。

（2）环保管理部门或专员：作为项目专职的环保管理部门，应由熟悉项目施工方案和污染防治技术政策的管理与技术人员组成。其主要职责为：参与施工合同中制定相关环保工作内容，检查制度落实情况；制订和实施环保工作计划；组织环境监测工作；提出项目环保设施运行管理计划及改进意见。本部门除向项目总指挥及时汇报环保工作情况外，还有义务配合各级环保主管部门开展环保监督检查工作。

（3）巡回监督检查：建立巡回监督检查机制，其主要职责是定期监督检查施工期施工现场与项目有关的环保措施的建设和落实情况，以及施工后期各项工程措施落实情况，汇总面临的各种环保问题并及时提出解决问题的建议。

（4）监督监测：主要任务是根据监测计划，组织对项目施工期的环境监测及"三同时"验收等工作。

2. 环境保护管理规章制度

为了落实各项污染防治措施，加强环境保护工作的管理，应根据项目的实际情况，制定各种类型的环保规章制度，主要包括以下方面。

（1）环境保护工作规章制度。

（2）环保设施运行、检查、维护和保养规定。

（3）环境监测及上报制度等。

（三）环境管理机构工作内容和要求

1. 施工期的环境管理内容及要求

为减少项目建设过程中对环境产生的影响，建设单位不但要采取有效的防治措施，还应加强施工期的环境管理，使施工对周围环境的影响降低到最低程度。施工承包商在进行工程承包时，应将施工期的环境污染控制列入承包内容，包括有关环境保护条款、施工机械、施工方法、施工进度中的环境保护要求；对施工队伍实行环保职责管理，并在工程开工前和施工过程中制订相应的环保防治措施和工程计划，包括施工过程中扬尘、噪声排放强度等的限制和措施。项目施工时还应向当地环保行政主管部门和建设主管部门申报，设专人负责管理，培训工作人员，以正确的工作方法和实施缓解措施控制施工中产生的不利环境影响因素，配合有关环保主管机构，对施工过程的环境影响进行检查、监测和监理，以保证施工期的环保措施得以贯彻和持续执行。

2. 营运期的环境管理内容及要求

建设项目日常运作的要求，体现了企业在环境保护、循环经济和清洁生产道路上的持续改进、不断追求的目标。

（1）建立管理制度，落实岗位责任制。

企业必须根据国家法律法规的有关规定和运行维护及其安全技术规程等，制定详细的管理规章制度，建立和落实岗位责任制及其考核要求；建立事故风险防范和应急机制，落实有效的事故风险防范和应急措施，杜绝污染事故的发生。

（2）"三同时"制度。

"三同时"制度规定新、改、扩建项目要有环境保护设施，并与主体工程同时设计、同时施工、同时投产。对企业的工业废水、工艺废气和噪声污染源的治理及固体废物的处理处置，应严格执行"三同时"制度。

（3）加强培训，坚持持证上岗。企业各污染防治设施的管理人员和操作人员必须经过培训，持证上岗。

（4）污染物排放许可证制度和排污申报登记制度。

排污许可证制度以污染物总量控制为基础，规定排污单位许可排放污染物的种类，许可污染物排放量，许可排放去向等。排污申报登记制度是指排放污染物的单位按规定向环保行政管理部门申报登记企业的污染物排放设施、处理设施和正常操作条件下的排污情况。

（5）在线监测，联网监控。

企业各污染防治设施应当按照国家和地方的要求，规范设置排污口，设置标志牌，在排放口设置自动计量装置，安装 pH 值、COD、铬、铜、镍、氰化物等主要污染物在线监测、监控装置，并与当地环保部门联网，实施联网监控。

（6）建立信息化管理系统，实施动态管理。

有条件的企业应当设立专门的环保管理机构，建立健全环境管理档案，建立企业环境监测、监控体系和环境管理信息系统，实施动态化管理，提高企业环境管理水平。

二、环境监测计划

环评报告书中环境监测计划应包括污染源监测计划和环境质量监测计划，内容包括监测因子、监测网点布设、监测频率、监测数据采集与处理、采样分析方法等，明确自行监测计划内容。

（一）环境监测计划要求

（1）污染源监测包括对污染源（废气、废水、噪声、固体废物等）以及各类污染治理设施的运转进行定期或不定期监测，明确在线监测设备的布设和监测因子。

（2）根据建设项目环境影响特征、影响范围和影响程度，结合环境保护目标分布，制定环境质量定点监测或定期跟踪监测方案。

（3）对以生态影响为主的建设项目应提出生态监测方案。

（4）对存在较大潜在人群健康风险的建设项目，应提出环境跟踪监测计划。

（二）环境监测方案制定

针对建设项目的生产工艺及污染源排放的特点，制定针对性的污染源监测方案，此外，还应制定环境质量监测方案，定期对项目所在区域及周边环境质量现状进行监测。监测方案一般明确主要监测因子、采样点位、监测频次和监测方法等。

表 10-3　建设项目污染源监测方案

监测类别	监测因子		监测点位	采样频次	监测方法
大气污染源	常规因子	SO_2			
		NO_2			
		……			
	特征因子	二甲苯			
		硫酸雾			
		……			
废水污染源	常规因子	COD			
		BOD			
		……			
	特征因子	Cr^{6+}			
		苯并[a]芘			
		……			
噪声污染源	等效连续A声级				
……					

表 10 - 4 建设项目营运期环境质量现状监测方案

监测类别	监测因子		监测点位	采样频次	监测方法
大气环境质量现状	常规因子	SO_2			
		NO_2			
		……			
	特征因子	二甲苯			
		硫酸雾			
		……			
地表水环境质量现状	常规因子	COD			
		BOD			
		……			
	特征因子	Cr^{6+}			
		苯并 [a] 芘			
		……			
声环境质量现状	等效连续 A 声级				
土壤环境质量现状	常规因子	有机质			
		总氮			
		……			
	特征因子	镉			
		石油烃			
		……			
地下水环境质量现状	常规因子	高锰酸盐指数			
		硝酸盐			
		……			
	特征因子	镉			
		石油烃			
		……			
……					

（三）环境监测数据管理

（1）监测质量保障。

建立合理可行的监测质量保证措施，保证监测数据客观、公正、准确、可靠、不受行政和其他因素的干预。所有监测的分析采样方法均按照国家环境保护总局制定的《环境监测技术规范》《污染源监测技术规范》执行。化验室应建立仪器设备保管和校验制度，检测方法、药剂的技术指标、检测数据处理、精确度、检测过程中的误差范围等均应满足国家的有关标准和文件。

（2）在监测过程中，如发现某参数有超标异常情况，应分析原因并上报管理机构，及时采取改进生产或加强污染控制的措施。

（3）定期（月、季、年）对监测数据进行综合分析，掌握废气、污水达标排放情况，并向管理机构做出书面汇报。

（4）建立监测资料档案，做好数据积累工作。根据监测结果对厂内环保治理工程设施的运行状态与处理效果进行管理与监控。

（四）跟踪监测与评价

建设项目开发完成，应实行跟踪监测和评价。主要监测和评价内容包括污染源和污染治理情况，周围环境现状，核实环境影响评价的预见性和准确性，总结环保经验和教训，根据评价结果调整和改进开发策略，并制订下一轮的环保措施计划和企业环境管理指标体系。

表 10-5　企业环境管理指标体系

类别	环境质量项目	单位	目标值	强制指令性	控制指导性
环境建设指标	环境保护投入占 GDP 的比重/%	—			
	单位产值能源弹性系数/%	—			
	废污水处理率/%	—			
	废水回用率/%	—			
	生活垃圾处理率/%	—			
	绿化覆盖率/%	—			
	……				
空气环境质量指标	TSP（年平均值）	mg/m^3			
	SO$_2$（年平均值）	mg/m^3			
	NO$_2$（年平均值）	mg/m^3			
	PM10（年平均值）	mg/m^3			
	……				

续上表

类别	环境质量项目	单位	目标值	强制指令性	控制指导性
水环境质量指标	CODcr	mg/L			
	氨氮	mg/L			
	六价铬	mg/L			
	铜	mg/L			
	镍	mg/L			
	……				
声环境质量指标	交通干线噪声	dB（A）			
	厂界环境噪声	dB（A）			
	……				
污染控制指标	工业废水处理率/%	—			
	工业废气处理率/%	—			
	固废处理率/%	—			
	危险废物无害化处理率/%	—			
	声环境达标覆盖率/%	—			
	工业废水排放达标率/%	—			
	工业固体废物综合利用率/%	—			
	……				
总量控制指标	化学需氧量	t/a			
	二氧化硫	t/a			
	……				
……					

思考题

1. 清洁生产的概念及其在环境影响评价中的作用。

2. 环境管理在环境影响评价中的必要性。

3. 环境监测计划的内容和要求。

❖ 第十一章 ❖
规划环境影响评价

第一节　概　　述

一、规划环境影响评价的概念

我国在 1973 年第一次全国环保会议上引入了环评制度的概念，1979 年《中华人民共和国环境保护法》正式确定了环境影响评价制度。早期，我国的环境影响评价工作重点一直是针对建设项目，也设计了少量的区域开发活动，并没有把环境有重大影响的规划纳入环境影响评价范围。直到 2003 年，《中华人民共和国环境影响评价》的出台，规定对规划要进行环境影响评价。从国内外的实践经验与历史教训来看，对环境产生重大、深远、不可逆影响的，往往是政府制定和实施的有关产业发展、区域开发和资源开发规划等重大社会及经济对策。因此，为了从决策源头上保护环境，对规划进行环境影响评价是十分必要的。

规划环境影响评价是指对在规划编制阶段，对规划实施可能造成的环境影响进行分析、预测和评价，提出预防或者减轻不良环境影响的对策和措施的过程，并提出进行跟踪监测的方法与制度，是在规划编制和决策过程中协调环境与发展的一种途径，隶属于战略环境影响评价范畴。规划环境影响评价主要是对区域规划、部门性规划、产业性规划等的实施所可能引起的环境影响和后果进行预测评价。

《中华人民共和国环境影响评价法》中将国务院有关部门、设区的市级以上地方人民政府及其有关部门组织编制的规划中，需要进行环境影响评价的规划分为两类。

（1）土地利用的有关规划，区域、流域、海域的建设和开发利用规划；

（2）工业、农业、畜牧业、林业、能源、水利、交通、城市建设、旅游、自然资源开发的有关专项规划。

上述的第一类规划属于综合性规划、政策导向型规划，它们处于决策的最高端，涉及面广，宏观性、原则性及战略性比较强，不确定性比较大，根据《环评法》要求编制环境影响篇章或说明。第二类规划属于专项规划、项目导向型规划，规划目标明确、规划方案具体，直接影响到工程立项、选址、工艺等问题，甚至包含一系列的项目或工程，这一类规划一般要求编制环境影响报告书。对此，也把这两大类规划划分称为"一地""三域"和"十个专项"规划。"一地"指土地利用的有关规划；"三域"指区域、流域及海域的建设开发利用规划；"十个专项"指工业、农业、畜牧业、林业、能源、水利、交通、城市建设、旅游和自然资源开发的有关专项规划。

对于上述"一地""三域"规划和"十个专项"规划中的指导性规划，应当在规划编制过程中进行环境影响评价，编写该规划有关环境影响的篇章或者说明；对于"十个专项"规划中的非指导性规划，应当在该专项规划草案上报审批前进行环境影响评价，并向审批该专项规划的机关提出环境影响报告书。

二、规划环境影响评价的意义与原则

（一）评价的意义

规划环境影响评价对预防规划实施可能造成的不良环境影响，促进经济、社会和环境的协调发展具有十分重要意义。规划环境影响评价是在规划编制和决策过程中，实施可持续发展战略，充分考虑规划可能涉及的环境问题，预防规划实施后可能造成的不良环境影响，协调经济增长、社会进步与环境保护的关系。

（二）评价的原则

1．科学、客观、公正原则

规划环境影响评价必须科学、客观、公正，综合考虑规划实施后对各种环境要素及其所构成的生态系统可能造成的影响，为决策提供科学依据。这是一般评价工作均应遵循的最基本原则。

2．早期介入原则

规划环境影响评价应尽可能在规划编制的初期介入，即规划草案形成之前介入，并将对环境的考虑充分融入规划中。早期介入原则是规划环评的精髓。通过早期介入，可以及早地将环境因素纳入综合决策中，以实现可持续发展的目标。

3．整体性原则

规划环境影响评价应当把与该规划相关的政策、规划、计划及相应的项目联系起来，做整体性考虑。尤其是应将具有共同的环境影响要素的相关规划置身于该要素（如水环境与水资源）的环境容量或环境承载力分析中，分析其是否相容。

4．公众参与原则

在规划环境影响评价过程中鼓励和支持公众参与，充分考虑社会各方面利益和主张。一方面，需要开展的环境影响评价规划多与人民群众的社会经济生活关系密切，属于公共政策范畴，而公众通过参与规划环评也是促进了重大决策的民主化与科学化；另一方面，环境污染和生态破坏等环境问题的受害者也更多的是普通群众，而且随着社会经济发展，群众参与各类环保活动的意识、觉悟与能力不断提高，对环境质量的要求也正在提高，因此，公众参与在规划环评中显得更为重要。

5．一致性原则

规划环境影响评价的工作深度应当与规划的层次、详尽程度相一致。由于规划涉及的范围、层次、详尽程度差别较大，对不同层次规划进行环评所能获取的信息相应有较大的不同，不同层次规划决策部门所关心的问题层次也不同，考虑到这些因素，强调环评的工作深度应与规划相适应，既不能做得不足，也应避免过度。

6. 可操作性原则

应当尽可能选择简单、实用、经过实践检验可行的评价方法，评价结论应具有可操作性。评价结论的可操作性尤为关键，这是一项规划环评工作是否有效的直接体现。

三、规划环境影响评价的特点

规划环评是在一个较大的区域内进行环评工作。其主要特点表现为以下方面。

（1）评价对象。规划环评的对象与相关政策密切相关，往往更为宏观。

（2）评价重点。规划环评侧重于规划方案的环境合理性。

（3）评价方法。规划环评以定性分析为主。

（4）介入时机。早期介入原则是规划环评的精髓，总的来说是在规划草案形成之前介入。

（5）评价单位。规划环评是由规划编制机关自行编制，或组织专家或委托具有资质的评价机构编制。

第二节　规划环境影响评价工作程序

规划环境影响评价的工作程序见图 11 - 1 所示。

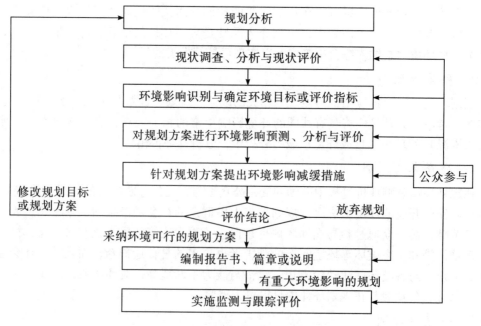

图 11 - 1　规划环境影响评价工作流程图

第三节　环境容量分析

实施区域污染物排放总量控制是维护区域可持续发展的重要保证。环境容量是指在人类和自然环境不致受害的情况下，其所能容纳的污染物的最大负荷。环境容量的大小与该环境的社会功能、环境质量现状、污染源特征、污染物性质以及环境的自净（扩散）能力等相关因素有关。通常所说的环境容量是指在确定的环境目标值下，区域环境所能容纳的污染物最大允许排放量。

合理的污染物排放总量控制方案包含有两层意思，一是指排污量的合理分配，采用优化的方法（如线性规划法），将区域所确定的排污总量合理地分配到区内的每一个污染源上；二是污染物总量控制的合理性，即所确定的排污总量应充分考虑到区域现有的经济技术条件，为区域经济的可持续发展留有充分的余地。

第四节　规划环境影响评价的内容与方法

一、规划环境影响评价基本内容

（一）对规划环境影响评价的内容要求

规划实施可能对相关区域、流域、海域生态系统产生的整体影响。

规划实施可能对环境和人群健康产生的长远影响。

规划实施的经济效益、社会效益与环境效益之间以及当前利益与长远利益之间的关系。

（二）规划环境影响评价的基本内容

（1）规划分析。包括分析拟议的规划目标、指标、规划方案与相关的其他发展规划、环境保护规划的关系。

（2）环境现状调查与分析。包括调查、分析环境现状和历史演变，识别敏感的环境问题以及制约拟议规划的主要因素。

（3）环境影响识别与确定环境目标和评价指标。包括识别规划目标、指标、方案（包括替代方案）的主要环境问题和环境影响，按照有关的环境保护政策、法规和标准拟定或确认环境目标，选择量化和非量化的评价指标。

（4）环境影响分析与评价。包括预测和评价不同规划方案（包括替代方案）对环境保护目标、环境质量和可持续性的影响。

（5）针对各规划方案（包括替代方案），拟定环境保护对策和措施，确定环境可行的推荐规划方案。

（6）开展公众参与。规划环境影响评价的公众参与只限于编制环境影响报告书的专项规划。在规划草案上报审批前，规划编制机关应当通过举行论证会、听证会或者其他形式，征求有关单位、专家和公众对规划的环境影响报告书草案的意见。

（7）拟订监测、跟踪评价计划。

（8）评价结论与建议。评价结论包括规划的有利影响和不利影响，环境影响减免措施；结合该规划实施后环境影响的实际提出环境保护建议。

二、规划分析

规划分析的基本内容应包括：规划描述、规划目标的协调性分析、规划方案的初步筛选以及确定规划环境影响评价的内容和评价范围等四个方面。

（一）规划描述

规划环境影响评价应在充分理解规划的基础上进行，应阐明并简要分析规划的编制背景、规划的目标、规划对象、规划内容、实施方案及其与相关法律法规和其他规划的关系。

分析规划的目的意义、规划设计区域的地理位置、规划区域发展现状或上一轮规划实施后的情况，包括功能定位、现状规模、结构（包括产业结构、能源结构、土地利用空间结构等）、空间布局以及资源和能源的利用情况、基础设施和环保设施建设情况等。

介绍规划内容，包括规划范围和规划年限、规划目标、发展规模、结构（包括产业结构、能源结构、土地利用空间结构等）、空间布局以及资源和能源的利用（或消耗）及建设时序、配套设施建设规划以及环境保护相关规划。

（二）规划目标的协调性分析

分析规划与相关环境保护法律法规、环境经济与技术政策和产业政策的关系，规划目标、布局、规模等规划要素与上层规划及按拟定的规划目标，逐项比较分析规划与所在区域、行业的其他规划（包括环境保护规划）的协调性。

这里尤其应注意拟定规划与两类规划的协调性分析。

第一类是与该规划具有相似的环境、生态问题或共同的环境影响，占用或使用共同的自然资源的规划；主要是将这些规划放置在同一环境或资源问题上分析其协调性。

第二类是环境功能区划、生态功能区划、生态省（市）规划等环境保护的相关规划。

（三）规划方案的初步筛选

规划的最初方案一般是由规划编制专家提出的，评价工作组应当依照国家的环境保护政策、法规及其他有关规定，对所有的规划方案进行筛选，可以将明显违反环保原则和/或不符合环境目标的规划方案删去，以减少不必要的工作量。筛选的主要步骤有：

（1）识别该规划所包含的主要经济活动，包括直接或间接影响到的经济活动，分析可能受到这些经济活动影响的环境要素。

（2）简要分析规划方案对实现环境保护目标的影响，进行筛选以初步确定环境可行的规划方案。初步筛选的方法主要有：专家咨询法、类比法、矩阵法和核查表法等。

（3）依照国家的环境保护政策、法规及其他有关规定，对所有的规划方案进行筛选。

（四）确定规划环境影响评价的内容和评价范围

根据规划对环境要素的影响方式、程度，以及其他客观条件确定规划环境影响评价的工作内容。每个规划环境影响评价的工作内容随规划的类型、特性、层次、地点及实施主体而异；根据环境影响识别的结果确定环境影响评价的具体内容。

确定评价范围时，不仅要考虑地域因素，还要考虑法律、行政权限、减缓或补偿要求，公众和相关团体意见等限制因素。

确定规划环境影响评价的地域范围通常考虑以下两个因素。

（1）地域的现有地理属性（流域、盆地、山脉等），自然资源特征（如森林、草原、渔场等），或人为的边界（如公路、铁路或运河）。

（2）已有的管理边界，如行政区等。

第五节　现状调查与评价

现状调查、分析与评价是进行规划环境影响识别的基础，主要通过资料与文献收集、整理与分析进行，必要时进行现场调查与测试。规划的现状调查与分析中除了要对规划影响范围内各环境要素的现状进行调查、分析之外，还要求进行社会、经济方面的资料收集及评价区可持续发展能力的分析。

一、现状调查

现状调查应针对规划对象的特点，按照全面性、针对性、可行性和效用性的原则，有重点地进行。现状调查内容应包括环境、社会和经济三个方面。调查重点应放在与该规划相关的重大问题，以及各问题间的相互关系及已经造成的影响上。

二、现状分析与评价

（一）主要工作内容

社会经济背景分析及相关的社会、经济与环境问题分析，确定当前主要环境问题及其产生原因；生态敏感区（点）分析；环境保护和资源管理分析。

（二）规划目标和规划方案实施的环境限制因素分析

跨界环境因素分析（许多环境影响是跨行政管理边界的）；经济因素与环境问题的

关系分析（经济效益几乎是所有规划最关注的问题，以收益最大化为目标的规划方案通常会产生较大的环境问题）；社会因素与生态压力分析（有些规划影响到当地居民的生活方式，进而影响到环境）；环境污染与生态破坏对社会、经济及自然环境的影响分析；社会、经济、环境对评价区域可持续发展的支撑能力评价。

（三）环境发展趋势分析

分析在没有本拟议规划的情况下，区域环境状况或行业涉及的环境问题的主要发展趋势（即"零方案"影响分析）。"零方案"不仅是一种大的替代选择，而且代表了原始状态，它是各个规划方案环境效益的基点。实际上，规划方案的取舍正是参照它排序后决定的。

（四）现状调查、分析与评价方法

规划环评的现状调查方法与项目评价类似，常用方法有资料收集与分析、现场调查与监测等，以及专业判断法、叠图法与地理信息系统集成法、会议座谈法、调查表等方法。

第六节　规划环境影响识别与评价指标体系构建

环境影响识别的目的是确定环境目标和评价指标。规划环境影响评价中的环境目标包括规划涉及的区域和/或行业的环境保护目标，以及规划设定的环境目标。评价指标是环境目标的具体化描述。评价指标可以是定性的或者定量化的，是可以进行监测、检查的。规划的环境目标和评价指标需要根据规划类型、规划层次，以及涉及的区域和/或行业的发展状况和环境状况来确定。

一、基本程序

识别环境可行的规划方案实施后可能导致的主要环境影响及其性质，编制规划的环境影响识别表，并结合环境目标，选择评价指标。规划的环境影响识别与确定评价指标的基本程序如图 11－2 所示。

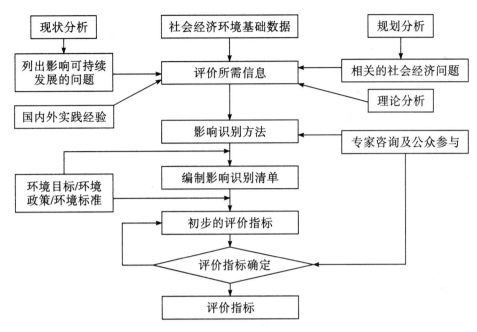

图 11 - 2　规划的环境影响识别与确定评价指标

二、拟定或确定环境目标

针对规划可能涉及的环境主题、敏感环境要素以及主要制约因素，按照有关的环境保护政策、法规和标准拟定或确认规划环境影响评价的规划保护目标，包括规划涉及的区域和/或行业的环境保护目标，以及规划设定的环境目标。

三、环境问题的表达

规划涉及的环境问题可按当地环境（包括自然景观、文化遗产、人群健康、社会经济、噪声、交通），自然资源（包括水、空气、土壤、动植物、矿产、能源、固体废物），全球环境（包括气候、生物多样性）三大类分别表述，具体如表 11 - 1 所示。

表 11 - 1　三类不同的环境问题

全球环境	自然资源	当地环境
生物多样性	土地和土壤品质	区域介质环境质量
耗竭性资源	空气质量	景观和公共用地
非耗竭性资源潜力	水资源保有量和质量	文化遗传
特有生境	矿产资源保有量	公共交通
CO_2 的排放量	生物资源更新速率	建筑物质量

四、环境影响识别的内容与方法

在对规划的目标、指标、总体方案进行分析的基础上，识别规划目标、发展指标和规划方案实施可能对自然环境（介质）和社会环境产生的影响。

环境影响识别的内容包括对规划方案的影响因子识别、影响范围识别、时间跨度识别、影响性质识别。

环境影响识别方法一般有核查表法、矩阵法、网络法、GIS 支持下的叠加图法、系统流图法、层次分析法、情景分析法等。

（一）核查表法

核查表法是将可能受规划行为影响的环境因子和可能产生的影响性质列在一个清单中，然后对核查的环境影响给出定性或半定量的评价。

核查表方法使用方便，容易被专业人士及公众接受。在评价早期阶段应用，可保证重大的影响没有被忽略。但建立一个系统而全面的核查表是一项烦琐且耗时的工作；同时由于核查表没有将"受体"与"源"相结合，无法清楚地显示出影响过程、影响程度及影响的综合效果。

（二）矩阵法

矩阵法将规划目标、指标以及规划方案（拟议的经济活动）与环境因素作为矩阵的行与列，并在相对应位置填写用以表示行为与环境因素之间的因果关系的符号、数字或文字。

矩阵法有简单矩阵，定量的分级矩阵（即相互作用矩阵，又叫 Leopold 矩阵），Phillip-Defillipi 改进矩阵，Welch-Lewis 三维矩阵等，可用于评价规划筛选、规划环评影响识别、累积环境影响评价等多个环节。

矩阵法的优点是可以直观地表示交叉或因果关系，矩阵的多维性尤其有利于描述规划环境影响评价中的各种复杂关系，简单实用，内涵丰富，易于理解；缺点是不能处理间接影响和时间特征明显的影响。

（三）叠图法

叠图法是将评价区域特征包括自然条件、社会背景、经济状况等的专题地图叠加在一起，形成一张能够综合反映环境影响的空间特征的地图。

叠图法适用于评价区域现状的综合分析，环境影响识别（判别影响范围、性质和程度）以及累积影响评价。

叠图法能够直观、形象、简明地表示各种单个影响和复合影响的空间分布，但无法在地图上表达"源"与"受体"的因果关系，因而无法综合评价环境影响的强度或环境因子的重要性。

（四）网络法

网络法是用网络图来表示活动造成的环境影响以及各种影响之间的因果关系。多级影响逐步展开，呈树枝状，因此又称影响树。网络法可用于规划环境影响规划，包括累积影响或间接影响。网络法主要有以下几种形式。

1. 因果网络法

因果网络实质是一个包含有规划与其调整行为、行为与受影响因子以及各因子之间联系的网络图。优点是可以识别环境影响发生途径、便于依据因果关系考虑减缓及补救措施；缺点是要么过于详细，致使花费很多本来就有限的人力、物力、财力和时间去考虑不太重要或不太可能发生的影响，要么过于笼统，致使遗漏一些重要的间接影响。

2. 影响网络法

影响网络是把影响矩阵中的对经济行为与环境因子进行的综合分类以及因果网络法中对高层次影响的清晰的追踪描述结合进来，最后形成一个包含所有评价因子（即经济行为、环境因子和影响联系）的网络。

（五）系统流图法

系统流图法是将环境系统描述为一种相互关联的组成部分，通过环境成分之间的联系来识别次级的、三级的或更多级的环境影响，是描述和识别直接和间接影响的非常有用的方法。

系统流图法利用进入、通过、流出一个系统的能量通道来描述该系统与其他系统的联系和组织。

系统图指导数据收集、组织并简要提出需要考虑的信息，突出所提议的规划行为与环境间的相互影响，指出那些需要更进一步分析的环境要素。

系统流图法最明显的不足是简单依赖并过分注重系统中的能量过程和关系，忽视了系统间的物质、信息等其他联系，可能造成系统因素被忽视。

（六）情景分析法

情景分析法是将规划方案实施前后、不同时间和条件下的环境状况，按时间序列进行描绘的一种方式。情景分析法可以用于规划的环境影响的识别、预测以及累积影响评价等环节。本方法具有以下特点。

（1）可以反映出不同的规划方案（经济活动）情境下的环境影响后果，以及一系列主要变化的过程，便于研究、比较和决策。

（2）可以提醒评价人员注意开发行动中的某些活动或政策可能引起重大的后果和环境风险。

（3）需要与其他评价方法结合起来使用。因为情景分析法只是建立了一套进行环境影响评价的框架，分析每一情景下的环境影响还必须依赖于其他一些更为具体的评价方法，例如环境数学模型、矩阵法或 GIS 等。

（4）可根据环境效应强度和环境受体敏感性精细规划环境影响识别。具体见图 11 - 3 和表 11 - 2 所示。

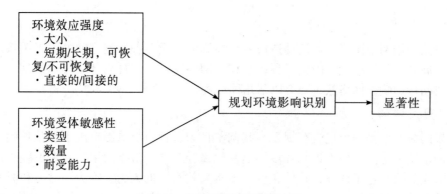

图 11－3　规划环境影响识别

表 11－2　规划环境影响识别矩阵

显著性		环境效应强度		
		高	中	低
环境受体敏感性	高	极度显著	非常显著	比较显著
	中	非常显著	比较显著	不太显著
	低	比较显著	不太显著	极不显著

五、确定环境影响评价指标

以环境影响识别为基础，结合环境背景调查、规划环境保护目标，并借鉴国内外的研究成果，通过理论分析、专家咨询、公众参与初步确立评价指标，并在评价工作中补充、调整、完善。

六、评价标准的选取

采用已有国家、地方、行业或国际标准；缺少相应的法定标准时，可参考国内外同类评价时通常采用的标准，采用时应经过专家论证。规划环评的评价指标是与环境目标紧密联系在一起的。在建设项目环评中习惯于环境质量标准等级和环境质量指标（项）的筛选。国际上已有的各类规划环评的实践表明，在规划环评中，由于各行业的规划层次和类型千差万别，评价指标的内涵更广，其表述更丰富多样化，不存在适合于所有的规划环评的一套相对固定的、通用的评价指标体系。当规划环评的理论和实际发展到相对成熟的阶段时，才有可能像项目评价那样，形成相对固定的、与不同行业（类型）规划相适应的、成套的技术方法和指标体系。

目前较为通用的指标有：生物量指标、生物多样性指标、土地占用指标、土壤侵蚀量指标、大气环境容量指标、温室气体排放量指标、声环境功能区划、地表水功能区划、水污染因子排放控制标准等。

对于不同的规划，规划环评的指标体系也不同。在《规划环境影响评价技术导则（试行）》（HJ/T 130—2003）附录中对不同规划给出了可选择使用的评价指标表述的范例。

第七节 规划环境影响预测与评价

一、环境影响预测

（一）预测要求

规划环评是评价多个规划方案，故应对所有规划方案的主要环境影响进行预测。

（二）预测内容

（1）影响的类型，包括规划直接的或间接的、短期的或长期的、可逆或不可逆的、可缓解或难以缓解的环境影响，特别是规划的累积影响；规划影响的范围，包括国际、国内、区域或局地的影响范围，以及规划影响的程度。

（2）规划方案影响下的可持续发展能力预测。

由于规划层次的不同，涉及的行业/区域不同、规划的社会经济活动不同，不能像建设项目环境影响预测那样提出如预测某几种大气污染物的浓度，而只能原则性提出预测直接影响、间接影响和累积影响。

（三）预测方法

一般有类比分析法、系统动力学法、投入产出分析、环境数学模型、情景分析法等。

二、规划的环境影响分析与评价

（一）分析与评价内容

主要内容包括规划对环境保护目标的影响、对环境质量的影响以及规划的合理性分析（包括社会、经济、环境变化趋势与生态承载力的相容性分析等）。

（二）分析与评价方法

一般有加权比较法、费用效益分析法、层次分析法、可持续发展能力评估、对比评价法、环境承载力分析等。

由于规划的种类繁多，涉及的行业千差万别，因此，目前还没有针对所有规划环境的通用方法，很多适用于建设项目环境影响评价的方法可以直接用于规划环评（如核查表法、影响识别矩阵法等），但可能在详尽程度和特征水平上有所不同。

由于规划的影响范围和不确定性较大，对规划的环境影响预测、评价时可以更多地采取定性和半定量的方法。这就要求选择那些适用于大尺度研究的方法，如：环境数学模型、情景分析法、加权比较法、层次分析法、可持续发展能力评估、叠图法＋GIS 等。

1. 投入产出分析

投入是指产品生产所消耗的原材料、燃料、动力、固定资产折旧和劳动力；产出是指产品生产出来后所分配的去向、流向，即使用方向和数量，例如用于生产消费、生活消费和积累。

在规划环境影响评价中，投入产出分析可以用于拟定规划引导下区域经济发展趋势的预测与分析，也可以将环境污染造成的损失作为一种"投入"（外在化的成本），对整个区域经济环境系统进行综合模拟。

2. 环境数学模型

在建设项目环境影响评价中采用的环境数学模型同样适用于规划环境影响评价。是指用数学形式定量表示环境系统或环境要素的时空变化过程和变化规律，多用于描述大气或水体中污染物随空气或水等介质在空间中的运输和转化规律。目前，常用的环境数学模型主要包括大气扩散模型、水文与水动力模型、水质模型、土壤侵蚀模型、沉积物迁移模型和物种栖息地模型等。

3. 加权比较法

对规划方案的环境影响评价指标赋予分值，同时根据各类环境因子的相对重要程度予以加权；分值与权重的乘积即为某一规划方案对于该评价因子的实际得分；所有评价因子的实际得分累计加和就是这一规划方案的最终得分；最终得分最高的规划方案即为最优方案。分值和权重的确定可以通过 Delphy 法（德尔菲法）进行评定，权重也可以通过层次分析法（AHP 法）予以确定。

4. 对比评价法

对比评价法包括以下两类。

前后对比分析法，是将规划执行前后的环境质量状况进行对比，从而评价规划环境影响。其优点是简单易行，缺点是可信度低。

有无对比法，是指规划环境影响预测情况与若无规划执行这一假设条件下的环境质量状况进行比较，以评价规划的真实或净环境影响。

5. 环境承载力分析

环境承载力是指某一时期、某种状态下，某一区域环境对人类社会经济活动的支持能力的阈值。环境所承载的是人类活动，承载力的大小可以用人类活动的方向、强度、规模等来表示。

环境承载力的分析方法的一般步骤如下：

（1）建立环境承载力指标体系。

（2）确定每一指标的具体数值（通过现场调查或预测）。

（3）针对多个小型区域或同一区域的多个发展方案对指标进行归一化。m 个小型区域的环境承载力分别为 E_1，E_2，$\cdots$，E_m，每个环境承载力由 n 个指标组成 $E_j = \{E_{1j}, E_{2j}, \cdots, E_{nj}\}$，$j = 1, 2, \cdots, m$；第 j 个小型区域的环境承载力大小用归一化后的矢量的模式来表示。

$$|E_j| = \sqrt{\sum_{i=1}^{n} E_{ij}^2} \qquad (11-1)$$

（4）选择环境承载力最大的发展方案作为优选方案。

环境承载力分析常常以识别限制因子作为出发点，用模型定量描述各限制因子所允许的最大行动水平，最后综合各限制因子，得出最终的承载力。承载力分析方法尤其适用于累积影响评价，是因为环境承载力可以作为一个阈值来评价累积影响显著性。在评价下列方面的累积影响时，承载力分析较为有效可行：基础设施规划建设、空气质量和水环境质量、野生生物种群、自然娱乐区的开发利用、土地利用规划等。

（三）累积影响分析

与建设项目相比较，规划可能涉及或引导一系列的经济活动，因此规划环评必须考虑累积影响。

累积影响分析应当从时间、空间两个方面进行。常用的方法有专家咨询法、核查表法、矩阵法、网络法、系统流图法、环境数学模型法、承载力分析法、叠图法＋GIS、情景分析法等。

第八节 规划方案优化及环境影响减缓对策和措施

一、环境可行的规划方案与推荐方案

根据环境影响预测与评价的结果，对符合规划目标和环境目标要求的规划方案进行排序，并概述各方案的主要环境影响，以及环境保护对策和措施，对环境可行的规划方案进行综合评述，提出供有关部门决策的环境可行推荐规划方案以及替代方案。

二、环境保护对策与减缓措施

在拟定环境保护对策与措施时，应遵循"预防为主"的原则和下列优先顺序。
（1）预防措施。用以消除拟议规划的环境缺陷。
（2）最小化措施。限制和约束行为的规模、强度或范围使环境影响最小化。
（3）减量化措施。通过行政措施、经济手段、技术方法等降低不利环境影响。
（4）修复补救措施。对已经受到影响的环境进行修复或补救。
（5）重建措施。对于无法恢复的环境，通过重建的方式替代原有的环境。
规划环评得出的环境可行的规划方案是综合考虑了社会、经济和环境因素之后得出的，是环境可行的，但不一定是环境最优的。因此对符合环境目标的规划方案也需要提出环境影响减缓措施。

三、监测与跟踪评价

对环境有重大影响的规划实施后，规划编制机关应当及时组织环境影响监测和跟踪评价。

跟踪评价是对规划实施后的实际环境影响进行评价，用以验证规划环评的准确性和减缓措施的有效性，并提出改进措施。

规划环境影响的跟踪评价应当包括下列内容。

（1）规划实施后实际产生的环境影响与环境影响评价文件预测可能产生的环境影响之间的比较分析和评估。

（2）规划实施中所采取的预防或者减轻不良环境影响的对策和措施的有效性的分析和评估。

（3）公众对规划实施所产生的环境影响的意见。

（4）跟踪评价的结论。

第九节　关于拟议规划的结论性意见和建议

一、评价结论的形式

通过上述各项工作，应对拟议规划方案得出下列评价结论中的一种。

（1）建议采纳环境可行的推荐方案。

（2）修改规划目标或规划方案。

（3）放弃规划。

二、建议采纳环境可行的推荐方案

最初的规划设想或草案，经过分析、优化，可能会因为各种因素而被淘汰。某些符合规划的社会经济发展目标的规划方案，可能因为不符合环境目标而需要修改或干脆被淘汰。在规划编制与环境评价融合的循环过程中，实际上最终结论只有两者取其一，即采纳环境可行的规划方案，或是因为规划目标不合适、无法找到环境可行的规划方案或提出的规划方案不如所谓的"零方案"而放弃规划。

在环境专家与规划专家意见相左时，规划环评的结论可能表述为修改规划目标或规划方案，提交给决策者权衡决策。

三、修改规划目标或规划方案

通过规划环境影响评价，如果认为已有的规划方案在环境上均不可行，则应当考虑修改规划目标或规划方案，并重新进行规划环境影响评价。

修改规划方案应遵循如下原则。

（1）目标约束性原则。新的规划方案不应偏离规划基本目标，或者偏重于规划目标的某些方面而忽视了其他方面。

（2）充分性原则。应从不同角度设计新的规划方案，为决策提供更为广泛的选择空间。

（3）现实性原则。新的规划方案应在技术、资源等方面可行。

（4）广泛参与原则。应在公众广泛参与的基础上形成新的规划方案。

四、放弃规划

通过规划环境影响评价，如果认为所提出的规划方案在环境上均不可行，则应当放弃规划。这种情况极少发生。

第十节　规划环境影响评价的公众参与

一、公众参与的主要内容

由于规划与建设项目不同，它涉及的决策层次高，影响面也大，因此规划环评中的公众参与与建设项目有所不同：首先，由于许多规划涉及国家、地方、行业或商业秘密，因此在其酝酿期需要保密。这就要求公众参与者的范围不宜过大，其次，有的规划专业性较强，因此，对公众参与者的层次要求比建设项目的要高。

规划环评中公众参与的主要内容包括以下方面。

（1）环境背景调查，通过公众参与掌握重要的、为公众关心的环境问题。

（2）环境资源价值估算。

（3）减缓措施。

（4）跟踪评价及监督。

二、公众参与者的确定

参与评价工作的公众包括有关单位、专家和公众（除专家以外的公民）。参与者的确定要综合考虑以下因素。

影响范围广且多为直接影响的规划，应采用广泛的公众参与；技术复杂的规划要求有高层次管理者、专家的参与。

充分考虑时间因素和人力、物力和财力等条件，通过一定途径和方式，遵循一定的程序开展规划环境影响评价的公众参与。

三、公众参与的时间与方式

公众参与应覆盖规划环境影响评价的全过程。根据《中华人民共和国环境影响评价法》第五条的规定，公众参与中的"公众"是广义的，包括有关单位、专家和公众（除专家以外的公民）。由于"公众"不仅包括普通公民，还包括有关单位和专家，因此，公众可以参与规划环评的全过程。

四、公众参与的形式

规划环境影响评价公众参与的形式除了论证会、听证会、问卷调查、大众传媒、发布公告或设置意见箱外，还可以有专家咨询、座谈会、热线电话等多种灵活形式。针对不同类型的规划，可以采取不同形式的公众参与：对于涉及面广，无保密要求的规划，可采取问卷调查、广播等形式；对于有保密要求或专业性较强的规划，可采取征求相关单位意见和专家咨询的形式。

思考题

1. 什么是规划环境影响评价？规划环境影响评价具有什么特点？
2. 什么是环境容量？
3. 规划环境影响评价的基本内容是什么？
4. 规划环境影响评价中现状调查的内容和程序是怎样的？
5. 规划环境影响评价因子的识别。
6. 规划环境影响预测的方法及其选用原则。
7. 规划环境影响评价公众参与的主要内容及其形式。

第十二章
环境影响报告书的编写与实例

第一节　环境影响报告书的编写

一、环境影响报告书编制的总体要求

（1）环境影响报告书应该做到全面、客观、公正，简明扼要地反映环境影响评价的全部内容；环境现状调查应全面、深入，主要环境问题应阐述清楚、论点明确；环境保护措施应可行、有效，评价结论应明确。

（2）文字应简洁明了、准确，文本应规范，计量单位应标准化，数据应可靠，资料应翔实，尽可能采用能反映需求信息的图表和照片，图表应直观清晰。

（3）资料应表述清楚，利于阅读和审查，参考的主要文献要注意时效性，并列出目录，相关数据、应用模式须编入附录，并说明引用来源。

（4）跨行业建设项目的环境影响评价，或评价内容较多时，其环境影响报告书中各专项评价根据需要可简可繁，必要时，重点专项评价应另外编写专项评价分报告，涉及的主要技术问题或特殊技术问题可编写另外的专题报告书。

二、建设项目环境影响报告书的编写要求

（一）专项设置内容

污染影响为主的建设项目一般应包括工程分析、环境现状调查与评价、环境影响预测与评价、清洁生产分析、环境风险评价、环境保护措施及其经济技术论证、污染物排放总量、环境影响经济损益分析、环境管理与监测计划、公众参与、评价结论与建议等专题。

生态影响为主的建设项目还应设置施工期、环境敏感区、珍稀动植物、社会等影响专题。

（二）编制内容

1．前言

简单介绍建设项目的特点、环境影响评价的工作过程、主要关注的环境问题以及环境影响报告书的主要结论。

2．总则

（1）编制依据。必须包括建设项目需执行的相关法律法规、相关政策及规划、相关导则及技术规范、相关技术文件和工作文件以及环境影响报告书编制中参考的资料。

（2）评价因子与评价标准。分别列出现状评价因子和预测评价因子，并给出评价因子所执行的环境质量标准、排放标准、其他相关标准和具体限值。

（3）评价工作等级和评价重点。说明各项评价工作等级，并明确评价工作的内容。

（4）评价范围及环境敏感区。采用图、表形式说明评价工作的范围、各环境要素的环境功能类别或级别、各环境要素的环境敏感区和功能以及其与建设项目的相对位置关系等。

3．建设项目概况与工程分析

采用图文相结合的方式扼要说明建设项目的基本情况、组成、主要工艺路线、工程布置以及原有与再建工程的关系。

分析及说明建设项目的全部组成部分和施工期、运营期以及服务期满后所有时段的全部行为过程中的环境影响因素及其影响特征、程度、方式等，突出重点；并从保护周围环境、景观及环境保护目标要求的角度分析总图及规划布置方案的合理性。

4．环境现状调查与评价

依据当地环境特征、建设项目特点和专项评价设置情况，调查与评价自然环境、社会环境、环境质量和区域污染源等方面内容。

5．环境影响预测与评价

给出预测时段、预测内容、预测范围、预测方法及预测结果，并依据环境质量标准或评价指标来评价建设项目的环境影响。

6．社会环境影响评价

明确建设项目可能对社会环境产生的社会影响，对社会环境影响评价因子的变化情况进行定量预测或定性描述，并提出减少环境影响的对策与措施。

7．环境风险评价

依据建设项目环境风险识别、分析情况，先给出环境风险评价后果、环境风险的可接受程度，再根据环境风险论证建设项目的可行性，提出切实可行的风险防范措施与应急预案。

8．环境保护措施及其经济、技术论证

明确建设项目具体拟采取的环境保护措施，并综合环境影响评价结果，论证其可行性，同时按照技术适用、有效的原则进行多方案比选，推荐最佳方案。在不同时段的工

程实施，其环境保护投资额需分别列出，并分析其合理性，做出各项措施及投资估算一览表。

9. 清洁生产分析和循环经济

量化分析建设项目清洁生产水平，提高资源利用率，提出节能、降耗、提高清洁生产水平的改进措施与建议。

10. 污染物排放总量控制

依据国家和地方总量控制要求、区域总量控制的实际情况以及建设项目主要污染物排放指标分析情况，提出污染物排放总量控制指标的建议和满足指标要求的环境保护措施。

11. 环境影响经济损益分析

以建设项目环境影响所造成的经济损失与效益分析结果为依据，提出相应的补偿措施与建议。

12. 环境管理与环境监测

依据建设项目环境影响的情况，对设计期、施工期、运营期的环境管理与监测计划提出要求，包括环境管理制度、机构、人员、监测点位、监测时间、监测频次、监测因子等。

13. 公众意见调查

列出采取的调查方式、调查对象、建设项目的环境影响信息及拟采用的环境保护措施，以及公众对环境保护的主要意见、公众意见的采纳情况等。

14. 方案比选

要合理论证建设项目的选址、选线和规模，应从是否与规划相协调，是否符合法规要求，是否达到环境功能区要求，是否影响环境敏感区或是否对重大资源经济和社会文化带来损失等方面考虑。如在对多个厂址或选线方案的择优上，应全面对比各选线方案的环境影响，从保护环境的角度上提出选址、选线的优化建议。

15. 环境影响评价结论

环境影响评价结论作为全部评价工作的总结，是建立在全部评价工作基础上，简洁、准确、客观地评价和总结建设项目实施过程中各阶段的生产生活活动与当地环境的关系，明确一般和特定情况下的环境影响，规定采用的环境保护措施以及基于环境保护原则上得出的建设项目的可行性结论。

环境影响评价的结论一般包括：建设项目的建设概况、环境现状与主要的环境问题、环境影响预测与评价结论、建设项目建设的环境可行性、结论与建议等内容，可以有针对性地编写其中的全部或部分内容。其中，环境可行性主要分析法规政策及相关规划一致性、清洁生产和污染物排放水平、环境保护措施可靠性和合理性、达标排放稳定性、公众参与接受性等内容。

16. 附录和附件

建设项目依据文件、评价标准、污染物排放总量批复文件、引用文献资料等必要的文件和资料都需要附在环境影响报告书后面。

三、规划环境影响报告书的编写要求

（一）专项设置内容

报告书至少包括九个方面：总则、规划的概述和分析、环境现状分析、环境影响分析与评价、规划方案与减缓措施、监测与跟踪评价、公众参与、困难和不确定性、执行总结。

（二）编制内容

1. 总则

一般包括：

（1）规划的一般背景。

（2）与规划有关的环境保护政策、环境保护目标和标准。

（3）环境影响识别（表）。

（4）评价范围与环境目标和评价指标。

（5）与规划层次相适宜的影响预测和评价所采用的方法。

2. 规划的概述和分析

一般包括：

（1）规划的社会经济目标和环境保护目标（和/或可持续发展目标）。

（2）规划与上、下层次规划（或建设项目）的关系和一致性分析。

（3）规划目标与其他规划目标、环保规划目标的关系和协调性分析。

（4）符合规划目标和环境目标要求的可行的各规划（替代）方案概要。

3. 环境现状分析

一般包括：

（1）环境调查工作概述。

（2）概述规划涉及的区域/行业领域存在的主要环境问题及其历史演变，并预计在没有本规划情况下的环境发展趋势。

（3）环境敏感区域和/或现有的敏感环境问题，以表格一一对应的形式列出可能对规划发展目标形成制约的关键因素或条件。

（4）可能受规划实施影响的区域和/或行业部门。

4. 环境影响分析与评价

突出对主要环境影响的分析与评价，按环境主题（如人口、健康、动植物、土壤、水、空气等）描述所识别、预测的主要环境影响；对于不同规划方案或者设置的不同情景，分别描述所识别和预测的主要直接影响、间接影响、累积影响；在描述环境影响时，说明不同地域尺度（当地、区域、全球）和不同时间尺度（短期、长期）的影响；对不同规划方案可能导致的环境影响进行比较，包括环境目标、环境质量和/或可持续性的比较。

5．规划方案与减缓措施

描述符合规划目标和环境目标的规划方案，并概述各方案的主要环境影响，以及主要环境影响的防护对策、措施和对规划的限制，减缓措施实施的阶段性目标和指标；各环境可行的规划方案的综合评价；供有关部门决策的推荐的环境可行规划方案，以及替代方案；规划的结论性意见和建议。

6．监测与跟踪评价

提出对下一层次规划和/或项目环境评价的要求和监测、跟踪计划。

7．公众参与

包括公众参与概述、与环境评价有关的专家咨询和收集的公众意见与建议的概述、专家咨询和公众意见与建议的落实情况。

8．困难和不确定性

概述在编辑和分析用于环境评价的信息时所遇到的困难和由此导致的不确定性，以及它们可能对规划过程的影响。

四、建设项目环境影响报告书的结论编写

报告书结论一般包含如下内容。

（1）概括性地描述环境现状，同时要注明环境中现已存在的主要环境质量问题，比如某些污染物浓度超标、某些重要的生态破坏现象等。

（2）简述建设项目的影响源及污染源状况。依据评价中工程分析结果，简明扼要地说明建设项目的影响源和污染源的位置、数量，污染物的类别、数量，排放浓度与排放量、排放方式等。

（3）概括性总结环境影响的预测和评价结果。评价结论中要明确地说明建设项目在实施过程各阶段的不同时期对环境产生的影响及评价，尤其要说明在叠加背景值后的影响。

（4）对环境保护措施的改进建议。如报告书中有专门章节评述环保措施时（包括污染物防治措施、环境管理措施、环境监测措施等），结论中应含有该章节的总结。如报告书中没有专门章节，就需要在结论中简单评述拟采用的环保措施，同时还需综合环保措施的改进与执行，说明建设项目在实施过程各个不同阶段能否达到环境质量的具体要求。

（5）对项目建设环境可行性的结论。环境影响评价需从与国家产业政策、环境保护政策、生态保护和建设规划的一致性、选址或选线与相关规划的相容性、清洁生产水平、环境保护措施、达标排放和污染物排放总量控制、公众意见等方面综合考虑，最后得出评价结论。

第二节 环境影响报告书的典型实例

一、污染影响型建设项目的环境影响报告书

以广东植物龙生物技术有限公司年产300 t胺鲜酯原药项目、深圳市龙岗区东江工业废物处置基地等离子体处置危险废物示范项目以及广东领尊能源化工有限责任公司 2.5×10^5 t/a废矿物油和减线油项目为例，分别介绍污染影响型建设项目环境影响报告书的编写方法与主要内容。

（一）广东植物龙生物技术有限公司年产300 t胺鲜酯原药项目环境影响报告（送审稿：2016年1月）

1. 前言

广东植物龙生物技术有限公司主要从事植物生长调节剂生产，年产胺鲜酯水剂5 000 t，现有项目生产的产品主要是一些水剂产品，主要生产工艺为简单的复配和搅拌的物理方法。为了形成自己的产品品牌，提高产品的附加值，增加企业利润，促进企业蓬勃发展，广东植物龙生物技术有限公司拟利用现有项目已建厂房，投资2 000万元新增年产量为300 t的生产线生产胺鲜酯原药（DA - 6）。

2. 总则

"四目的"：识别现有项目现状、主要问题以及改建的制约因素；明确环境质量现状及特征；预测改建项目建设期和运营期对周围环境的影响程度、影响范围以及环境质量可能发生的变化；提出防治措施和对策。

"三原则"：坚持环评为环境管理、城市建设和经济发展服务的原则；坚持可持续发展的原则；坚持污染预防为主、防治结合的原则。

编制依据：法律依据、国家级法规及政策、省级法规及规范性文件、珠海市相关政策及规定、技术标准规范以及其他规范。

"五大环境功能区"和"两大评价标准"：地表水、大气、声环境、地下水、生态环境功能区以及项目所在地环境功能区属性。环境质量标准：地表水环境、环境空气、声环境、地下水、土壤环境质量标准；排放标准：水污染物、大气污染物以及噪声排放标准；还有《危险废物贮存污染控制标准》（GB 18597—2001）等其他标准；还需确定评价重点。

"六大评价工作等级"和"五大评价范围"：水环境影响评价、环境空气影响评价、声环境影响评价、风险评价、地下水评价和生态环境影响评价等级；水环境、环境空气、声环境、生态环境和环境风险评价范围。

确定环境空气、地表水环境、地下水环境、土壤现状和沉积物现状评价因子的选择，同时要制定污染控制目标和环境保护目标。

3. 现有项目回顾性评价

简明扼要地介绍现有项目环保制度历史沿革、概况、生产工艺回顾、污染物产排回顾、污染物总量回顾以及主要环保问题和解决途径。

4. 扩建项目工程分析

先指出扩建的必要性，再列出项目基本概况、产品方案及产品特性，继而简述项目组成和规划平面布置，同时还要对主要原辅材料的耗损、储运以及水和能源消耗的情况加以说明，简介辅助设施和扩建项目的生产工艺、产污环节，重点要进行物料平衡分析、污染源分析、采取的环保措施和现有的扩建项目主要污染物排放"三本账"分析。

5. 项目所在区域的环境概况

"三大概况"：自然环境、社会环境和高栏港经济区概况，还要进行污染源调查。

6. 环境现状监测与评价

（1）地表水现场监测与评价：设 3 个地下水点位，对地下水位、pH 值、电导率、总硬度、溶解性总固体、氨氮、硝酸盐氮、亚硝酸盐氮、挥发性酚、高锰酸盐指数、大肠菌群、氯化物、石油类 13 个指标进行监测，采用了《地下水质量标准》（GB/T 14848—93）Ⅴ类评价标准，根据此标准只有 D1、D2 监测点溶解性总固体、总硬度、氨氮、氯化物、总大肠菌群以及 D3 监测点中的氨氮达标，其他水质相对较差。

（2）环境空气质量现状评价：布设 3 个大气监测点，主要监测二氧化氮（NO_2）、二氧化硫（SO_2）、PM10、PM2.5、HCl、VOCs、氨、臭气，环境空气质量评价执行《环境空气质量标准》（GB 3095—2012）二级标准。从监测数据可知，该项目中大气各项监测指标均未超标。

（3）环境噪声现状调查监测与评价：布设了 4 个现状噪声监测点，声环境质量评价执行《声环境质量标准》（GB 3096—2008）3 类标准，即昼间 65dB（A）、夜间 55dB（A）。昼夜间各测点噪声值均达标，声环境质量良好。

（4）土壤环境质量现状监测与评价：设 3 个监测点，监测 pH 值、镉、汞、铜、铅、铬、镍 7 项指标。地表土壤评价标准执行《土壤环境质量标准》（GB 15618—1995）二级标准。根据监测结果可知，项目所在区域土壤质量良好。

（5）沉积物质量现状监测与评价：底泥环境现状调查与评价采取引用数据的方式进行，监测项目为总汞、铜、铅、镉、锌、砷、石油类、硫化物和有机碳等 9 项。以《海洋沉积物质量》（GB 18668—2002）为评价标准，采用标准指数法进行评价，得出该海域沉积物符合第二类沉积物质量标准。

（6）水生生态现状监测与评价：海域生物监测采样方法按《海洋监测规范 第 5 部分：沉积物分析》（GB 17378.5—2007）和《海洋调查规范 第 6 部分：海洋生物调查》（GB 12763.6—2007）执行，项目附近海域生态环境部分指标超标，整体而言，所在海域水生生态环境较好。

7. 施工期环境影响分析及防治

包括施工期间噪声、环境空气、水环境以及固体废物四大影响分析及防治措施。

8. 环境影响预测与评价

主要包括：地表水环境影响分析、环境空气质量影响预测、声环境影响预测、固体废物影响分析、地下水环境影响分析和服务期满后环境影响评价。

9. 环境风险评价及应急预案

首先确定环境风险评价等级，再进行环境风险识别和最大可信事故与源项分析，接着进行环境风险影响分析，还要制定事故风险防范和应急措施以及突发环境事故应急预案，最后做出环境风险评价结论。

10. 环境保护措施的技术可行性分析

主要对项目拟采取的各项环境保护措施从技术可行性、可靠性和经济合理性等方面进行对比论证并提出改善意见，以便在项目实施过程中采用经济合理的污染防治工艺和设施，确保排污得到有效控制并达到相关要求。

11. 清洁生产及总量控制

明确清洁生产水平、实现途径、相关指标以及评价方法，更为重要的是总量控制，包括确定总量控制因子和污染物排放总量建议值。

12. 产业政策与选址合理合法性分析

产业政策相符性分析、相关规划部门要求相符性分析以及平面布置合理性分析结果表明，此项目的选址是合法的、可行的，总平面布置是合理的。

13. 公众参与

公众参与是为了项目能被公众充分认知认可并在项目营运过程中不对公众利益造成影响，以取得经济效益、社会效益及环境效益的协调统一。本项目公众参与经历了建设项目基本信息公示、环境影响评价报告公示和走访调查及发放问卷三个阶段。综合本项目公众调查的意见来看，公众和团体均不反对本项目的建设，但对运营过程产生的废气污染问题担忧较大。建设单位计划采取有效的工程措施和管理措施，使其排放的污染物达到排放标准要求，尽量降低对环境产生的不良影响，确保本项目所在区域环境质量不因本项目的建设和运营而发生明显的变化。

14. 环境影响经济损益分析

环境影响经济损益分析的目的是衡量项目的建设和环保措施方案对社会经济环境产生的各种有利和不利影响及其大小，评价本项目建设所带来的社会、经济、环境效益是否能补偿或在多大程度上补偿了由其建设造成的社会、经济、环境损失，并提出减少社会、经济及环境损失的措施，对本项目的整体效益进行综合分析。

15. 环境管理与监测计划

主要是分别加强施工期和运营期的环境管理与监测，制作环保设施"三同时"验收监测一览表。

16. 结论与建议

本项目符合国家、广东省和珠海市的相关产业政策、法规和规划要求，建设单位应认真执行环保"三同时"制度，落实本报告提出的相关环保措施和环境风险防范措施，减少废水、废气污染物排放，尽可能地避免环境风险事故发生，做到环保措施和风险防范措施经当地环保部门验收后，方可投产营运。从环境保护角度分析，本项目在现有项目范围内选址扩建是可行的。

（二）深圳市龙岗区东江工业废物处置基地等离子体处置危险废物示范项目（报批稿：2016年4月）

1. 前言

为缓解深圳市危险废物处理压力，拟在基地内建设一套处置规模30 t/d的等离子体气化熔融处置危险废物装置，该项目属于环保工程。处理的危险废物主要是医药废物、有机溶剂废物废矿物油、废乳化液、精（蒸）馏残渣、染料、有机树脂废物、感光材料废物、有机氰化物废物、其他废物等可燃物质，同时掺杂生活垃圾焚烧飞灰对其进行熔融固化减毒处理，处置类别共13种。本项目选址合理，项目建设符合相关的国家法律法规及产业政策要求，从环保的角度分析，本项目在原址上扩建是可行的。

2. 总则

本项目有"六大评价目的"：（1）确定环境敏感点及其环境质量保护目标，论证项目选址要求；（2）弄清主要环境影响因素、主要污染源和主要污染物，采用模式预测和类比调查相结合的方法进行分析评价，论证危险废物对环境的影响；（3）评价工业危险废物的运输、贮存、处理过程中的环境风险，提出场址的卫生防护距离；（4）分析污染防治措施的经济技术可行性；（5）提出运营期的环境管理与监测计划、环境风险防范措施和风险事故应急预案的实施方案；（6）给出本项目的选址、运输路线和工程建设方案的合理合法性以及在环境保护方面的可行性明确结论。

编制依据：法律法规依据、行政法规及地方法规、部门规章、规范性文件、技术标准规范和其他相关文件。

评价区域所属"五大环境功能区"及执行标准：

环境空气功能区及执行标准：项目所在区域属二类环境功能区，执行《环境空气质量标准》（GB 3095—2012）二级标准。

水环境功能区及执行标准：本项目产生的洗桶、洗车、地面冲洗水及生活污水依托原有基地废水处理厂处理；湿法洗涤塔及除雾塔废水经过新增的"三效蒸发器＋RO"系统处理，不进入原基地污水处理系统，执行《地表水环境质量标准》（GB 3838—2002）Ⅲ类标准。

声环境功能区及执行标准：本基地执行声环境功能区3类标准。声环境质量执行《声环境质量标准》（GB 3096—2008）3类标准，营运期噪声执行《工业企业厂界环境噪声排放标准》（GB 12348—2008）3类标准，施工期噪声执行《建筑施工场界环境噪声排放标准》（GB 12523—2011）。

土壤环境质量标准：项目所在地域为Ⅱ类，土壤执行《土壤环境质量标准》（GB 15618—1995）二级标准。

地下水环境质量标准：地下水水质目标Ⅲ类；地下水环境执行《地下水质量标准》（GB/T 14848—93）Ⅲ类标准要求。

评价因子：环境空气评价因子含现状评价因子（常规因子包括 SO_2、NO_2、NOx、$PM10$、$PM2.5$、O_3；特征因子包括 HF、HCl、H_2S、Pb、Hg、As、Cd、Cr^{6+}、臭气、非甲烷总烃、TVOC、二噁英，总共 18 项）和影响预测因子（SO_2、NOx、$PM10$、HF、HCl、Pb、Hg、Cd、Cr、As、二噁英、VOC 等 12 项）。水环境评价因子需要确定地表水环境现状调查与评价因子（pH、DO、SS 等 27 项）、地下水现状调查与评价因子（地下水位、色度、浑浊度、pH 等 29 项）；声环境质量现状评价因子和预测因子采用等效连续A 声级；河流底泥现状评价因子包括 pH、Cu、Pb、Zn、Cd、砷、总铬、六价铬、镍、汞、有机碳、硫化物、石油类和二噁英、氯苯、氯化物共 16 项；土壤环境评价因子包括pH、Cu、Pb、Zn、Cd、砷、总铬、六价铬、镍、汞、有机碳、硫化物、石油类和二噁英、氯苯、氯化物共 16 项。

确定本项目评价等级和评价范围：水环境评价工作等级定为三级；大气环境影响评价工作等级定为二级；声环境评价等级定为三级；地下水环境影响评价工作等级定为二级；生态环境评价工作等级定为三级；环境风险评价等级定为一级。根据环境影响评价技术导则要求，结合本项目环境影响特征、评价等级和项目周围环境影响特征，给出相应环境的评价范围。

最后制定出污染控制目标、环境保护目标与敏感点。

3. 现有项目回顾

具体包括：基地概况、环境保护治理措施及落实情况、基地环评批复及验收情况回顾、基地达标情况和基地项目总结。

4. 拟建项目概况及工程分析

概况主要包括危险废物处置类别、数量和性质，炉渣性质、主要辅助材料和项目公用工程及辅助设施。重点进行工程分析、运营期污染源汇总分析、现有项目"以新带老"措施和基地整体污染物排放及排放三本账分析。

5. 项目选址周围环境概况

包括地理位置、自然环境概况和社会环境概况。

6. 环境质量现状监测与评价

包括地表水环境（设 4 个监测断面，确定水质分析和评价方法及最低检出限），环境空气（设 6 个监测点，确定环境空气各监测项目监测方法、监测仪器及最低检出限），地下水环境（设 7 个监测点位，确定地下水水质各监测项目监测方法、监测仪器及最低检出限），土壤及底泥环境（设 2 个底泥监测点位及 3 个土壤监测点，确定土壤及底泥各监测项目监测方法、监测仪器及最低检出限）和声环境（设 4 个监测点）质量现状监测与评价。

7. 施工期环境影响分析

施工期产生的影响分析主要为设备安装时影响分析：安装等离子体炉及配套设备对水环境基本不影响；安装设备期间运输车辆产生的扬尘对大气环境基本无影响；安装等离子体炉时设备安装产生的瞬时噪声对周边敏感点的影响很小；安装设备产生的废弃安装材料一般为工业废物，由环保部门处理。

8. 运营期环境影响评价

包括九个方面的内容：环境空气和声环境影响预测与评价，固体废物处置及环境影响，地面水环境、地下水环境、运营期土壤环境以及运营期生态环境影响分析与评价，运营期废物运输过程、运营期社会及人体健康影响分析，等。

9. 污染防治措施及经济技术可行性分析

进行两项可行性分析，即废气污染防治和废水处理，除了制定这两方面措施外，还要对地下水污染控制、噪声污染防治和固体废物污染防治采取相应措施。

10. 环境风险评价及应急预案

首先进行环境风险识别，确定评价等级，其次重点分析危害因素和源项，最后对风险事故后果以及极端不利灾害天气环境风险进行分析和评价，同时提出本项目环境风险管理及减缓措施。

11. 清洁生产与总量控制

清洁生产分析环节：收集、包装和运输过程；暂存、配伍和进料过程；等离子处置过程；污染治理过程。最后比较本项目和其他危险废物热处理工艺清洁生产水平。

总量控制分析：包括水污染物总量控制指标、大气污染物总量控制指标以及固体废物总量控制指标。

12. 项目合理合法性分析

主要分析五大方面：项目建设必要性、产业政策相符性、与相关规划相符性、与深圳市基本生态控制线管理规定相符性、厂址合理合法性分析。

13. 公众参与

确定公众参与的阶段和方式，并对其结果进行分析和做出意见回应。

14. 环境影响经济损益分析

一般进行社会损益分析、环境损益分析、经济损益分析和综合分析。

15. 环境管理及环境监测计划

首先要介绍项目管理机构设置和环境监测机制，制订出运营期环境管理与监测计划。同时对排污系统进行规范化管理，最后给出环境保护验收及"三同时"验收一览表。

16. 评价结论及建议

本项目选址合理，建设符合相关的国家法律法规及产业政策要求；建设单位必须认真落实报告书中提出的各项环保治理措施和风险防范措施，在严格执行本报告提出的各项环保措施的前提下，不会对周边环境敏感点造成明显影响。从环保的角度分析，本项目在原址上扩建是可行的。

（三）广东领尊能源化工有限责任公司 2.5×10^5 t/a 废矿物油和减线油项目（报批稿：2016年3月）

1. 前言

本项目拟对减线油深度精制项目分为两期建设，首期建设减线油和废矿物油切割装置，即以减线油、废矿物油为原料，主要生产燃料油、润滑油基础油；二期建设加氢深度精制项目，对首期项目生产出来的燃料油、润滑油基础油进行加氢精制，生产高档润滑油基础油。

本次环评重点关注的主要环境问题为项目正常工况和非正常工况下排放的废气、废水、固体废弃物对环境的影响程度和范围，并通过提出污染治理措施、风险防范措施和应急预案以最大限度地降低项目对周边环境及敏感点的影响。

2. 总论

广东领尊能源化工有限责任公司委托广州市环境保护科学研究院承担《广东领尊能源化工有限责任公司 2.5×10^5 t/a 减线油和废矿物油项目环境影响报告书》的编制工作，编制了《广东领尊能源化工有限责任公司 2.5×10^5 t/a 减线油和废矿物油项目环境影响报告书》。

评价依据：《中华人民共和国环境保护法》（2015年1月）；《中华人民共和国大气污染防治法》（2015年8月修订）；《中华人民共和国水污染防治法》（2008年修订）等。

环境质量标准：《地表水环境质量标准》（GB 3838—2002）中Ⅲ类标准；《环境空气质量标准》（GB 3095—2012）中二级标准；《声环境质量标准》（GB 3096—2008）中3类标准；《土壤环境质量标准》（GB 15618—1995）中三级标准；《地下水质量标准》（GB/T 14848—93）中Ⅲ类标准。

污染物排放标准及其他标准：广东省《水污染物排放限值》（DB 44/26—2001）执行二级标准（第一时段）；广东省《大气污染物排放限值》（DB 44/27—2001）执行二级标准（第二时段）以及《危险废物贮存污染控制标准》（GB 18597—2001）等。

评价工作等级：本项目纳污水体车田河为Ⅲ类水体，按《导则》要求进行判断，本项目的地表水环境影响评价低于三级评价，拟定为简单分析；本项目最大污染物浓度占标率的污染源为装卸平台无组织排放（非甲烷总烃），其 $P_{max} = 22.68\%$。根据计算结果和评价等级判别标准可知，本项目的大气环境评价等级应为二级；本项目位于新墟产业园，声环境执行3类标准，因此本项目的噪声评价工作等级定为三级；因项目储存的危险品超过临界量，构成了重大危险源。根据环境风险评价工作等级划分原则，本项目的环境风险评价等级确定为一级；地下水环境影响评价工作等级定为二级；生态环境影响评价工作等级定为三级。

评价范围：本项目水环境评价范围定为排污口上下游3.0 km河段；环境空气现状评价范围定为以项目拟建址为中心、半径为2.5 km的区域；声环境评价范围定为项目边界外1 m包络线范围内的区域及附近声敏感点；本项目环境空气风险评价范围定为以项目建址为中心、半径为2.5 km的圆形区域。水环境风险评价范围同水环境影响评价范围；地下水环境评价范围取20 km²；生态评价范围为项目所在地区域范围内。

施工期评价因子：废气、废水、噪声和施工废弃物。

运营期评价因子：

环境空气评价因子含现状评价因子：SO_2、NO_2、PM10、PM2.5、NMHC（非甲烷总烃）、TVOC、O_3；影响预测评价因子：SO_2、NO_2、NMHC（非甲烷总烃）；总量控制因子：SO_2、NO_X、烟尘、TVOC。

水环境评价因子含现状评价因子：水温、pH、COD_{Cr}、BOD_5、DO、悬浮物、氨氮、石油类、挥发酚、硫化物、粪大肠菌群；总量控制因子：COD、氨氮、石油类。

声环境评价因子：环境质量评价量和厂边噪声评价量均采用昼间等效声级（Ld）、夜间等效声级（Ln）。

本项目环境影响评价将以工程分析、环境空气、环境风险、清洁生产、污染防治措施作为评价重点。

3. 项目概况及工程分析

本项目主要建设内容包括生产装置、储运系统、公用工程（循环水、污水处理厂、空压站、锅炉房配电站、装卸系统）以及辅助生产设施等。共分5个功能区进行布置：生产装置区、储运系统区、公用工程区、辅助生产设施区和管理区。

本项目原料废矿物油、减线油由市场采购获取，由车辆运输至厂内原料罐区，废矿物油原料规格符合国家标准，主要产品为轻质燃料油、重质燃料油或沥青、轻质基础油、重质基础油，生产出来的干气作为燃料使用，其余的产品全部卖出，运输方式为汽车运输。

4. 区域环境概况

本项目选址于阳江市阳西县新墟镇阳西县新墟产业园内，总占地面积$6.6\ km^2$，分两期开发，首期开发$3.98\ km^2$，剩余土地作为二期开发。属亚热带季风气候区，新墟镇域内的主要河流为望夫河，阳西县是一个以丘陵为主的地区。县域土壤底层以寒武系和第四系底层为主，所以现状用地多为未开发丘陵地带。丘陵地带以山林缓坡为主，现状用地内建设量较少。目前周边主要的工业污染源为阳西博德精工建材有限公司。

5. 环境质量调查与评价

地表水环境质量现状监测：本项目纳污水体为车田河，布设3个水质监测断面。每个断面（宽度大于$50\ m$）分中、左、右共三条垂线取样，在每条垂线取水面下$0.5\ m$水深处及距河底$0.5\ m$处取样，分析混合水样水质特征。

地表水环境现状监测因子为：水温、pH、COD_{Cr}、BOD_5、DO、悬浮物、氨氮、石油类、挥发酚、硫化物、粪大肠菌群。于2015年8月3日—2015年8月5日监测3天，1次/天，按国家环境保护局发布的《环境监测技术规范》及《水和废水监测分析方法》中的有关规定进行。

地表水环境质量现状评价：评价方法为单项水质参数法，监测结果表明，水质现状满足《地表水环境质量标准》（GB 3838—2002）Ⅲ类标准的要求。

环境空气质量现状调查与评价：共布置了6个监测点，监测频次：7天，NO_2、SO_2和非甲烷总烃小时值每天采样4次，O_3和TVOC 8 h均值每天采样1次，NO_2、SO_2、PM2.5和PM10日均值每天连续采样24 h。在监测期间风向以南风和东南风为主，风速在$0.8\sim3.2\ m/s$之间变化，平均气温在$7.2\sim17.9\ ℃$之间变化，气压在$98.8\sim102.5\ kPa$之间变化。总体而言，评价范围内环境空气质量总体符合环境空气质量二级标准的功能区要求。

声环境现状监测与评价：共布设6个噪声监测点，每个监测点分别测量昼间（6:00～22:00）和夜间（22:00～6:00）时段的噪声，每个监测点每次连续监测时间

10 min，共监测 2 天。环境噪声评价量选取等效连续 A 声级 L_{Aeq}。

土壤现状监测与评价：设 3 个采样点，采集表层土壤混合样。总体来说现状土壤质量良好。

地下水现状调查与评价：分为 5 个地层单元共 11 个地层（包括亚层），共布设了 6 个地下水监测点。采用单项组分评价法。

生态环境现状：本项目选址所处属南亚热带，高温、多雨。植被多为阔叶林、季雨林，中亚热带和热带植物混生，植被四季常青。从现场调查结果来看，现状生态环境一般。

6. 施工期环境影响分析及污染防治措施

主要包括给出施工期声环境、大气环境、地表水环境、固体废物和地下水环境影响分析及污染防治措施。

7. 运营期环境影响分析与评价

包括水环境影响评价、环境空气影响预测与评价、声环境影响预测评价、固体废物环境影响分析、地下水环境影响分析以及生态环境的影响分析。

8. 环境风险评价

环境风险评价应把事故引起厂（场）界外人群的伤害、环境质量的恶化及对生态系统影响的预测和防护作为评价工作重点。环境风险评价关注点是事故对厂（场）界外环境的影响。

具体包括风险识别、源项分析、后果计算、风险防范措施、运输过程中的环境风险分析、非正常工况环境风险分析、设备管道泄漏事故环境风险防范措施和环境风险应急措施等内容。

9. 污染防治措施及可行性分析

具体要进行废弃污染防治措施及可行性分析、废水污染防治措施及可行性分析、固体废物污染防治措施分析、噪声污染防治措施分析、土壤及地下水污染防治措施分析、生态环境保护措施分析、原料及产品运输过程中的环境保护措施、环境风险事故防范措施分析以及环保投资分析。

10. 公众参与

确定环境影响评价信息公开方式、介绍环境影响评价有关内容公示，再征求公众意见和进行公众参与调查汇总分析，最后总结公众参与调查结论。

11. 项目合理合法性分析

分析的具体对象如下：与产业政策的符合性、与广东省环境保护规划的协调性、与广东省主体功能区划及其配套环保政策的相符性、与《关于实施差别化环保准入促进区域协调发展的指导意见》的相符性、与《大气污染防治行动计划》相符性、与《挥发有机物（VOCs）污染防治技术政策》相符性、与《阳西县国民经济和社会发展第十二个五年规划纲要》相符性、与《阳江市主体功能区规划实施纲要》相符性、与新墟镇总体规划的相符性、与《阳西县环境保护和生态建设十二五规划》相符性、烟囱高度合理性。

12. 清洁生产

给出本工程清洁生产实施情况，再进行减线油常减压装置清洁生产分析，对比已经通过环保验收广州世洁设备租赁服务有限公司、东莞市裕丰环境科技有限公司一期工程的废矿物油综合利用项目的工艺、设备、产品。最后做出清洁生产评价结论并提出意见。

13. 总量控制分析

对本项目污染物的排放总量进行分析，并提出建议指标。

14. 环境影响经济损益分析

确定经济损益分析计算方法，确定和估算费用，最后对环境经济效益进行估算（环境效益、社会效益和经济效益）。

15. 环境管理与监测计划

包括制定环境管理机构与职责、施工期环境管理和环境监测、运营期环境管理和环境监测、突发事故环境监测以及做好排污口规范化、环保验收的建议。

16. 结论与建议

本项目利用废矿物油和减线油为原料，采用天然气和干气作为加热炉燃料，大气污染物排放量较小；项目产生的废水经厂内自建污水处理装置处理达标后排放。本项目采用有效的无组织排放废气控制措施和环境风险防范及应急措施，污染物的排放对环境的影响不大，环境风险在可接受的水平。在落实各项环保措施和环境风险防范及应急措施的条件下，项目的建设对环境的影响可以接受，从环境保护角度来看，本项目是可行的。

二、生态影响型建设项目的环境影响报告书

以潮汕环线高速公路（含潮汕联络线）项目二期工程和广东封开县园珠顶铜钼矿采选工程为例，分别介绍生态影响型建设项目环境影响报告书的编写方法与主要内容。

（一）潮汕环线高速公路（含潮汕联络线）项目二期工程（公示稿：2016年3月）

1. 总则

项目背景："潮汕环线高速公路（含潮汕联络线）项目"分两期立项（以汕梅高速为界，分南北两段），南、北段分别称为"潮汕环线高速公路（含潮汕联络线）项目一期工程"（简称为"潮汕环线一期工程"）和"潮汕环线高速公路（含潮汕联络线）项目二期工程"。本项目为北段即"潮汕环线高速公路（含潮汕联络线）项目二期工程"，2015年12月，本项目更名为"潮汕环线高速公路（含潮汕联络线）项目"。一期工程已于2015年11月取得广东省环境保护厅的批复，目前处于施工阶段。本次评价以《潮汕环线高速公路（含潮汕联络线）项目二期工程可行性研究报告（修编）》（2016年1月）工程设计资料为基础，开展环境影响评价工作。

编制依据：国家法律法规、地方法律法规、技术标准及文献依据。

根据项目环境影响的特点及区域环境特征，确定声环境、生态环境、地表水环境、

地下水环境、环境空气和环境风险的评价等级依次为一级、三级、三级、无、三级和二级，并确定相应的评价范围。

各环境因素的评价因子含声环境：等效连续 A 声级，L_{Aeq}；环境空气：NO_2、TSP、PM10；地表水：pH、高锰酸盐指数、COD、SS、氨氮、石油类；生态：植被、耕地（基本农田）、水土流失、野生动植物、水生生物。

本项目的评价重点是生态环境、声环境和水环境影响评价，分两个评价时段即施工期（2016—2020 年，工期 4 年）和营运期（近期为 2021 年、中期为 2027 年、远期为 2035 年）。本评价采用"以点为主，点段结合，反馈全线"的评价方法。具体见表 12-1。

表 12-1　各专题评价方法

专题	现状评价	预测评价
声环境影响评价	现状监测	类比与模式计算相结合
地表水环境影响评价	现状监测	类比与模式计算相结合
环境空气质量评价	现状监测	类比分析、模式计算
环境风险评价	收集资料与调查分析	类比与模式计算相结合
生态环境影响评价	样方调查、资料收集	样方调查、资料收集类比分析法、模式计算法、图形叠置法
社会环境影响评价	资料收集与调查分析	

2. 工程概况

本项目由主线、澄海连接线及汕梅共线段三部分组成。经工程可修编阶段方案比选，在征求地方政府、环保、林业、水利等部门意见后，结合工程可实施性，最终确定采用环境影响较小的 A11 线作为主线推荐线位、采用 A14 线作为澄海连接线推荐线位。本次环境影响评价工作即以推荐线位作为基础开展。

3. 工程分析

给出设计期、施工期、运营期主要环境影响识别分析表，进而对施工期和运营期噪声、环境空气、废水和固体废物污染源强进行估算。

4. 环境概况

说明地形、地貌、气象、地震及水文等自然环境条件和生态环境，并对社会环境现状、声环境现状、地表水环境现状和环境空气现状做出评价。

5. 环境影响评价

包括项目建设的正效应分析、与相关规划的相容性分析、与国家和地方产业政策的符合性分析，以及对沿线农民生活的影响分析（征地影响、拆迁影响、阻隔影响、对文物古迹的影响和其他社会影响）。

生态环境影响评价：包括项目建设对沿线植被的影响评价、项目建设对野生动物和水生生物的影响分析、公路建设对景观生态完整性和生物量变化的影响评价、高填深挖路段对沿线土地的影响分析和施工便道生态影响分析。

声环境影响评价：指施工期和运营期噪声影响评价，在施工期，施工机械产生的噪声是影响声环境的主要来源。本次声环境影响评价选用《环境影响评价技术导则—声环境》（HJ 2.4—2009）中推荐的公路噪声预测模式。

地表水环境影响评价：本项目位于粤东地区，沿线涉及的地表水系属韩江水系，主要的地表河流为北溪、东溪、西溪，均为Ⅱ类水体，水质较好，施工期水环境影响主要来自主体土建施工标段。

环境空气影响评价：施工期环境影响分析对象主要指扬尘污染、沥青烟气。拟建公路建成营运后，主要的大气污染物是汽车尾气，将影响周围的环境空气。

固体废物环境影响分析：施工期固体废物主要包括施工人员生活垃圾，生活垃圾集中收集后经堆肥或送各路段附近的城市垃圾处理场处置，而拆迁的建筑垃圾部分回用，用于路基边坡、施工营地和临时占地中场地平整，其余运送到指定位置进行处理；营运期固体废物主要为沿线服务设施的生活垃圾及养护工区产生的含油废弃物，这些分别交由环卫部门、资质部门处理，不在本地排放；预防或减缓放射性环境影响措施包括：植草修复、施工废石以及施工废水。

6. 环境风险分析

风险评价主要是针对北溪、东溪及西溪进行，重点分析风险事故对北溪、东溪和西溪Ⅱ类水体的影响。

源项分析：包括施工期和运营期发生最大可信事故、施工期船舶碰撞事故概率的发生、船舶碰撞概率的分析以及道路运输事故概率的分析。

事故风险分析：溢油事故的水环境影响预测分析、危险化学物泄漏事故的水环境影响分析（采用二维河流瞬时源水质模型来预测有毒有害危险品污染的影响范围）。

风险管理：拟建项目危险品运输水体污染事故的预防包括三个方面，即风险防范措施、管理措施及应急预案。

7. 水土保持

本工程执行建设类项目三级防治标准，各项水土保持措施实施后，防治责任范围内因工程建设所带来的各种水土流失均能得到有效的治理和改善。

8. 农业环境保护

概述农业环境现状，重点分析项目建设对农业耕地、林地及农业生产的影响。农业环境保护和基本农田保护措施：设计中减少占用耕地、基本农田，占用耕地和基本农田的补偿措施，占用耕地和基本农田的复垦措施。

9. 公众参与

本次公众参与调查的实施主体是建设单位广东省路桥建设发展有限公司，参与单位为潮州市交通局、汕头市交通局、空港区交通局及沿线镇政府、村委。参与对象包括相关的单位和个人，重点调查本项目评价范围内的单位和个人。确定公众参与意见的主要形式为书面问卷调查。制定了公众参与总体方案：网上信息公开工作（网上公示、张贴公告）。

公众调查结果表明：公路沿线大多数公众（包括地方政府、沿线群众）支持该项目的建设，认为项目的建设是地方经济发展的需要。大部分公众非常关心征地、补偿的相关政策。

10. 环保对策措施及其技术经济论证

包括制定设计期环保对策措施、施工期环保对策措施和运营期环保对策措施。

11. 环境管理与监测计划

通过环境管理，使拟建公路的建设落实环保"三同时"要求，符合国家、广东省及沿线各市县的环保要求，并为环境管理提供科学依据；将拟建公路对环境的影响减至最低程度，使沿线区域生态环境质量有保障。环境管理机构主要是广东省交通厅和项目公司，并受广东省环境保护厅及沿线各市县环保局等环境保护监督机构监督。给出拟建高速公路环境管理具体计划。

拟建潮汕环线高速公路（含潮汕联络线）项目监测重点为环境噪声、水体水质和环境空气，常规监测要求定点和不定点、定时和不定时抽检相结合的方式进行。施工期噪声监测超标较严重的敏感点可以采取临时性的降噪措施。最后确定二期工程"三同时"环保验收主要内容。

12. 环境经济损益分析

包括社会经济效益损失分析、生态经济损益分析和环保投资环境经济效益分析。

13. 结论与建议

拟建潮汕环线高速公路（含潮汕联络线）项目建设符合国家法律法规，与沿线城镇规划、土地利用规划等相协调，社会经济效益明显。项目建设将主要带来生态环境、水环境和噪声方面的影响，在全面落实各项污染防治、生态补偿恢复措施后，工程建设对环境的不利影响可得到有效控制和缓解。从环境保护的角度来讲，该公路的建设是可行的。

（二）广东封开县园珠顶铜钼矿采选工程（送审稿：2016年1月）

1. 总论

编制依据：法律法规、部门规章、技术规范、规划文件、项目文件。

区域环境功能区划：大气环境为二类功能区；地表水环境为Ⅱ类功能区；地下水环境为Ⅲ类功能区，分散式开发利用；声环境为1类功能区。

评价标准：环境空气质量标准执行《环境空气质量标准》（GB 3095—2012）二级标准；地表水环境质量标准执行《地表水环境质量标准》（GB 3838—2002）Ⅱ类标准；地下水执行《地下水质量标准》（GB/T 14848—93）中Ⅲ类水质标准；敏感点执行《声环境质量标准》（GB 3096—2008）中1类标准，选矿场厂界执行《声环境质量标准》（GB 3096—2008）中2类标准；土壤环境质量标准执行《土壤环境质量标准》（GB 15618—1995）中的三级标准，河流底泥参照《土壤环境质量标准》（GB 15618—1995）中的三级标准执行；农产品质量标准执行《食品安全国家标准 食品中污染物限量》（GB 2762—2012）；大气颗粒物排放标准执行《铜、镍、钴工业污染物排放标准》（GB 25467—2010）；生产废水污染物排放执行《地表水环境质量标准》（GB 3838—2002）Ⅱ类标准；厂界噪声执行《工业企业厂界环境噪声排放标准》（GB 12348—2008）中2类功能区排放限值；施工期噪声执行《建筑施工场界环境噪声排放标准》（GB 12523—2011）；固体废物排放执行《一般工业固体废物贮存、处置场污染控制标准》（GB 18599—2001）。

评价等级：生态环境的评价工作等级为二级；地表水环境影响评价工作等级为二级；地下水评价工作等级为一级，建设场地采矿场地下水评价工作等级为二级；环境空气评价工作等级为三级；声环境评价工作等级为二级；环境风险评价工作等级为一级。

确定各环境因子评价范围后，再给出施工期、运营期和服务期满后三个时段的评价重点。评价区内环境保护目标主要为耕地、植被、野生动物等；大气环境保护目标为大气环境影响评价范围内的居住区；地表水环境保护目标为沙冲河和贺江；环境风险保护目标是以炸药库和油库为中心，按半径 5 km 范围排查社会关注区和敏感保护目标等敏感点。

2. 项目概况

简述矿区位置、交通和范围与储量等项目基本情况，广东省封开县铜钼矿采选工程由主体、辅助、公用、环保、储运等工程组成。封开铜钼矿由露天采矿场、选矿工业场地、炸药库、废石场及浊水库、尾矿库、表土场、机修厂、外部供电、内部道路等组成。封开铜钼矿矿区生产包括采矿、选矿及尾矿等。

3. 工程分析

具体包括：资源特征、开采方案、开采境界、露天开采工程、选矿工程、尾矿库、储运工程、公用工程、拆迁安置、施工期污染源及污染物分析和运营期污染源及污染物分析。

4. 区域环境概况

包括地理位置、地形地貌和区域地质等自然环境概况，社会经济概况，项目区环境质量现状调查与评价。

5. 环境影响评价及分析

（1）生态环境影响评价。

生态影响预测评价因子包括土地利用变化、植被生物量变化、新增水土流失量和景观格局变化。评价方法采用实地调查、遥感影像解译、图形叠合、景观分析等方法。评价工作内容包括生态环境现状评价和生态影响评价，选择项目周边自然沟谷作为评价范围的界限划定为生态评价范围，确定生态环境影响评价等级为二级。为了避免对生态环境造成不良影响，还需制定生态环境保护与恢复措施。

（2）地表水环境影响分析。

本项目建设废水处理站，对不能回用的废水进行深度处理，处理达到《地表水环境质量标准》（GB 3838—2002）中Ⅱ类标准后排放思料河，矿山最大排水量为 1 919 m^3/d，经思料河汇入贺江，正常情况下对贺江水质影响很小。

（3）地下水环境影响评价。

根据《环境影响评价技术导则—地下水环境》（HJ 610—2011）的要求，本次调查对评价区进行了平水期、丰水期、枯水期 3 个时期的地下水水质监测。地下水环境影响预测评价针对建设项目特点采用了溶质迁移模型，模拟项目不同对象在不同工作阶段及污染物迁移扩散的变化过程、范围与程度，预测了在天然防渗下，作为连续性污染源强的尾矿库、排土场和环保水库中污染物对地下水环境的影响程度，最后论证了人工防渗措施的必要性和有效性。项目建设后对地下水环境必须进行动态长期监测，监测对象均为基岩裂隙水。

（4）环境空气影响分析。

本项目大气污染因子主要为粉尘，因此选择 TSP 作为本次大气环境影响评价的预测因子。确定本次大气环境影响预测范围为本次大气环境影响评价的范围，即边长为 8 km 的矩形。点源、面源污染源分别为粉尘有组织、无组织排放。本次大气环境影响评价为三级评价，大气环境影响预测采用估算模式 SCREEN3 计算最大地面落地浓度并提出可显著减轻施工道路运输对环境空气质量带来的不良影响，包括：采场粉尘防治，废石场粉尘、尾矿库粉尘、道路运输扬尘防治。

（5）声环境影响预测评价。

采场噪声源主要是爆破噪声与机械噪声。由噪声预测结果可知，本项目建成运行后，各厂界均可以达到《工业企业厂界环境噪声排放标准》（GB 12348—2008）中 2 类标准限值要求，敏感点声环境满足《声环境质量标准》（GB 3096—2008）中 1 类标准限值，最后提出噪声污染防治措施。

（6）固体废物影响分析。

本工程固体废物来自于主体工程区及公辅工程区，主体工程区产生的固体废物主要有采选工程露天采矿区废石、低品位矿石、选矿厂产生的尾砂等；公辅工程产生的固体废物主要是生活垃圾等。为了降低废石场扬尘和尾矿库扬尘的环境影响，废石场可分别采取洒水抑尘措施和及时覆土、恢复植被等措施。其他固体废物环境影响分析及环境保护措施有：生活垃圾应及时收集，定期清运，交由当地环卫部门处置；生活污水处理站污泥送往表土堆场进行堆存，并且后期用于土地复垦；除尘器收集到的物料，将运送至粗矿堆，进行回收利用。

6. 清洁生产与总量控制

本次评价从清洁生产六大指标体系分析，即生产工艺与装备要求、资源能源利用指标、产品指标、污染物产生指标、废物回收利用指标、环境管理要求。"十二五"期间主要污染物控制指标在"十一五"期间 SO_2 和 COD 的基础上，将增加 $NH_3 - N$、NOx 两项指标；依据《重金属污染综合防治"十二五"规划》，需进行总量控制的重金属指标主要有五种，即铅、砷、汞、铬、镉。

7. 环境风险评价

确定本项目风险评价等级为一级。本项目炸药库风险评价范围以硝酸铵库为中心 5 km；尾矿库溃坝风险评价为尾矿坝下游 5 km。风险识别的范围包括生产设施风险识别和生产过程所涉及的物质风险识别，还包括源项分析、溃坝风险影响预测与评价、炸药库爆炸影响预测与评价、风险防范措施以及应急预案。

8. 施工期环境影响分析

具体包括以下内容：拟建工程施工概况、施工期环境影响分析和污染防治措施、噪声环境影响分析和污染防治措施、固体废物环境影响分析和污染防治措施以及生态环境影响分析和环境保护措施。

9. 水土保持方案

包括以下内容：区域水土流失现状及特点、水土流失因素分析、水土流失预测、水土流失的防治方案、水土保持监测、水土保持投资估算以及水土保持方案结论与建议。

10．社会环境影响分析

"五大分析要素"：项目建设对区域经济发展的影响分析、再就业影响分析、拆迁与安置影响分析、交通环境影响分析和居民生活质量影响分析。

11．环境保护对策措施分析

进行大气污染防治措施、废水污染防治措施、噪声控制措施分析，制定固体废物处理处置措施和工程污染防治投资估算及"三同时"验收内容。

12．政策规划符合性及选址可行性分析

包括规划、政策符合性和厂址（选矿场、废石场、尾矿库）选择合理性分析。

13．环境管理及监测计划

环境管理是对损害环境质量的人为活动施加影响，以协调经济与环境的关系，达到既发展经济以满足人类生存需要，又不超出地球生物容量极限的目的。本项目监测计划分为污染源监测、环境质量监测以及事故应急监测。

14．环境影响经济损益分析

从经济效益分析、社会效益分析和环保投资估算与损益三个方面进行分析。

15．公众参与

明确公众参与目的与原则，确定公众参与的两个阶段，最后公众参与调查。

16．评价结论与建议

通过对各环境要素的预测、评价和分析，排放的各种污染物均可达到相应排放标准；产生的低品位矿石和废石堆存于废石场，尾矿堆置于尾矿库，固体废物可实现安全处置；矿区生态环境经实施多项生态环境保护措施后，对生态环境的影响在可接受范围内。综上所述，从环境保护角度考虑，本项目建设可行。

另附四点建议：对主要设备建立维护检修制度，应特别加强对各种回水、废水、尾矿输送管网的维护，增加管道防护，防止废水跑、冒、滴、漏，保证地面水体不受污染，实时监控预报降雨量的变化；规范对通风除尘系统的管理；加强对尾矿库安全管理；加强水土保持和生态恢复工作，有效控制水土流失的发生。

三、规划环境影响报告书

以吉林松原石油化学工业循环经济园区总体规划调整及扩区项目为例，介绍规划环境影响评价报告书的编制方法与主要内容。

吉林松原石油化学工业循环经济园区总体规划调整及扩区（送审稿：2016 年 4 月）

1．总则

吉林松原石油化学工业循环经济园区（简称"园区"）产业定位以精细化工、生物化工和天然气化工为主导产业，即以天然气化工和生物化工为基础，向精细化工、化工

新材料和新能源领域进行拓展和延伸。根据国家和吉林省石油和化学工业"十三五"发展规划以及吉林省对园区建设的产业定位要求，依托本地的石油、天然气、油页岩和生物质资源为原料，突出重点，强化特色，吉林省人民政府于 2016 年 2 月 17 日以吉政函〔2016〕23 号文《吉林省人民政府关于吉林松原石油化学工业循环经济园区扩区的批复》同意园区扩区后总规划面积 23.2 km²，调整了后园区的范围，规划了生物化工、石油化工、天然气化工、精细化工和配套主导产业。

编制依据：法律、法规及有关文件、项目文件、规划文件。

评价时段：总体规划期限为 2025 年，基准年为 2015 年。近期规划：2016—2020 年；远期规划：2021—2025 年。

"一条"指导思想与"五大评价原则"：以建设资源节约、环境友好型企业为出发点，促进环境建设、经济建设、社会建设协调发展为落脚点，以科学发展观和可持续发展为指导思想；遵循"全程互动""一致性""整体性""层次性""科学性"为评价原则。

明确各环境保护目标和污染控制目标后，划分区域环境功能区，并确定环境空气质量评价标准、地表水环境质量标准、地下水环境质量标准、声环境及土壤环境的评价标准，同时要给出废水、废气、噪声污染物排放标准，再生水回用标准以及其他标准，再进一步确认地表水、地下水、环境空气、声环境、生态环境和环境风险的评价范围，最后对环境敏感点展开调查。

2. 园区前总体规划回顾

概述内容包括：园区前总体规划、园区总体发展情况、园区建设及运行过程中对区域环评落实情况、园区现有主要问题及解决办法以及环境影响回顾评价结论与建议。

3. 园区总体规划调整及扩区规划概述与分析

先概述规划，再对园区基础设施进行建设规划，最后预测规划污染物排放量，并进行规划符合性与协调性分析和规划不确定性分析。

4. 环境现状调查与评价

包括自然环境概况、社会环境概况和环境质量现状调查与评价。

5. 环境影响识别与评价指标体系构建

说明规划项目的建设期可能产生的主要环境问题和运营期主要环境影响因素，再根据规划项目特点和周围环境敏感因子，筛选出总体规划大气环境、地表水环境、地下水环境、土壤环境评价因子。具体见表 12-2。

表 12-2　环境影响评价及分析因子

环境要素	现状调查与评价因子	影响分析因子
大气环境	NO_2、SO_2、TSP、PM10、氨、H_2S、非甲烷总烃	SO_2、NO_2
地表水环境	pH 值、BOD_5、COD、石油类、挥发酚、氨氮和总磷	COD、氨氮
地下水环境	pH 值、高锰酸盐指数、氨氮、硝酸盐、亚硝酸盐、氯化物、挥发酚、石油类、氟化物	高锰酸盐指数、氨氮
土壤环境	pH 值、汞（Hg）铅（Pb）石油类	
声环境	等效声级	

6. 环境影响预测、分析与评价

主要对规划调整及扩区后大气环境影响进行预测与评价，具体指施工期和运营期环境空气影响预测，还有声环境影响预测与分析、固体废弃物环境影响分析、生态环境影响分析与评价、园区对社会环境及外界区域的影响分析。

7. 规划方案综合论证和优化调整建议

具体包含以下内容：零方案分析、规划目标与周边环境区域相容性分析、园区规划与选址环境可行性分析、产业结构及产业布局与环境协调性分析、开发区产业结构合理性分析，最后对园区规划优化调整提出建议并分析达到环境目标的可行性。

8. 环境影响减缓措施分析

环境保护对策和减缓措施应遵循"七大"原则，即："预防为主"原则、清洁工艺原则、生态工业园区原则、工业循环经济原则、环境保护一体化原则、依托并优化园区现有环保设施原则以及严格环保准入原则。

本规划环境保护总体目标：通过高起点、高标准产业结构和布局规划，大力发展"3R"技术为载体的循环经济，逐步实现循环经济型工业园区；立足"一控双达标"，实行区域集中供热、清污分流、污染集中处理，改善园区目前的环境质量。

施工期扬尘的减缓措施：对主要的作业区和运输干道上进行洒水、加强管理建材堆放和混凝土拌合，并将水泥存放在散装的水泥罐中；施工期水环境保护措施：生活污水和生产废水统一收集后送临近的污水处理厂进行处理，达标后排放；水泥养生水送入临时沉淀池沉淀后，清水回用或直排；施工期声环境保护措施：尽量远离居民，现场配套隔声屏障，使用低噪声机械，运输路线尽量绕行居民区，禁止夜间施工等；施工期固体废物处理措施：生活垃圾和建筑垃圾送相关一般固体废物处理部门处理；拆除关停装置过程中产生的废金属可回收处理。

污水治理措施的论证分析与建议：松原城区东部城镇污水处理厂污水处理工艺由一级处理、二级处理和三级处理组成。建议园区严格管理废水产生量较大及污染物排放量较多的企业，要求其自行预处理并达到相关标准后排入市政管网，减少对集中污水处理厂的冲击力。

地下水环境保护对策和减缓措施：对于化工物料或消防水因事故外泄进入地表水系统或形成地表漫流，造成河流及地下水体污染，园区实行三级防范措施。

地下水污染事故应急措施：对污染区地下水通过人工抽水形成下降漏斗，防止污染水向下游扩散，抽出的污染水通过集中处理，实现达标排放。

废气治理方案与措施主要指工艺废气治理措施：配置完善的废气回收、吸收、吸附、冷凝、除尘等处理设施；开、停车及事故时的有机烃类气体的焚烧处理设施采取火炬措施；实施生产过程中采取的无组织烃类气体排放控制措施、储运过程中无组织烃类气体排放控制措施和无组织排放恶臭气体的控制措施；对生物化工行业发酵过程中的 CO_2 进行规划建设 CO_2 综合利用项目。

园区一般工业固体废物的处理处置采取填埋、综合利用等方式；对园区主要噪声源，即机械噪声、交通噪声及施工机械噪声提出具体的防治措施与建议；园区的建设将使该区域由农业生态系统逐步转化为城市生态系统。

9. 环境管理监测计划及环境影响跟踪评价

环境监控包括区内工业污染源监控、区域环境监测和应急监测三部分。工业污染源监控包含制订废水和废气监测计划、噪声源及厂界噪声以及固体废物情况调查；区域环境监测对象分别是地表水、环境空气和噪声；发生事故情况下应进行应急监测，负责单位要写出事故污染报告，以确定事故影响的范围，为制定应急策略提供依据。

跟踪评价对了解区域环境质量变化趋势、深入研究规划实施的环境影响、及时采取对策缓解不利影响等具有重要作用，规划区跟踪评价内容包括规划实施情况、规划环评调整意见的落实情况、区域环境质量变化趋势、社会经济影响和后续发展的环境影响。

10. 规划环境影响公众参与评价

明确公众参与的范围和原则，制定公众参与的调查内容，并对公众参与的调查结果进行分析，提出建议。

11. 评价结论

结合园区目前发展现状以及园区规划的循环经济产业链的发展方向可知，目前园区的发展面临瓶颈，本次规划调整及扩区是必要的。园区总体规划调整及扩区符合国家相关政策，与松原市城市总体规划相协调，放口位置及排放方式等合理，规划中提出的预防或减轻不良环境影响的对策措施可行。区域主导风向下风向的敏感点距园区化工产业园最近距离为 2.6 km，本次规划调整后的产业布局设置弥补了园区选址的缺陷，总体来看，在环保措施到位的前提下，园区选址及产业布局可行。从宏观角度考虑，本次规划调整及扩区对整个区域的经济发展及环境保护工作的有序进行是有利的，本次规划调整是必要的。

❖ 参 考 文 献 ❖

［1］环境保护部环境工程评估中心. 建设项目环境影响评价培训教材［M］. 北京：中国环境出版社，2011.

［2］环境保护部环境工程评估中心. 环境影响评价技术导则与标准：2016 年版［M］. 北京：中国环境出版社，2016.

［3］环境保护部环境工程评估中心. 环境影响评价技术方法：2016 年版［M］. 北京：中国环境出版社，2016.

［4］陆雍森. 环境评价［M］. 2 版. 上海：同济大学出版社，1999.

［5］张征. 环境评价学［M］. 北京：高等教育出版社，2004.

［6］朱世云，林春绵. 环境影响评价［M］. 2 版. 北京：化学工业出版社，2013.

［7］李淑芹，孟宪林. 环境影响评价［M］. 北京：化学工业出版社，2011.

［8］马太玲，张江山. 环境影响评价［M］. 武汉：华中科技大学出版社，2013.

［9］高廷耀，顾国维，周琪. 水污染控制工程［M］. 北京：高等教育出版社，2007.

［10］陈璐. 地表水环境质量评价及污染控制对策研究：以长沙望城区为例［D］. 长沙：湖南大学，2013.

［11］陈广洲，徐圣友. 环境影响评价［M］. 合肥：合肥工业大学出版社，2015.

［12］李有，刘文霞，吴娟. 环境影响评价［M］. 北京：化学工业出版社，2015.

［13］黄健平，宋新山. 环境影响评价［M］. 北京：化学工业出版社，2013.

［14］韩香云，陈天明. 环境影响评价实用教程［M］. 北京：化学工业出版社，2013.

［15］胡辉，杨家宽. 环境影响评价［M］. 武汉：华中科技大学出版社，2010.

［16］杜翠凤，宋波，蒋仲安. 物理污染控制工程［M］. 北京：冶金工业出版社，2010.

［17］何德文，李铌，柴立元. 环境影响评价［M］. 北京：科学出版社，2008.

［18］陆书玉. 环境影响评价［M］. 北京：高等教育出版社，2001.

［19］陈杰瑢. 物理性污染控制［M］. 北京：高等教育出版社，2007.

［20］刘惠玲，辛言君. 物理性污染控制工程［M］. 北京：电子工业出版社，2015.

［21］环境保护部环境工程评估中心. 环境影响评价案例分析：2016 年版［M］. 北京：中国环境出版社，2016.

［22］贾生元. 生态影响评价理论与技术［M］. 北京：中国环境出版社，2013.

［23］曾向东. 环境影响评价［M］. 北京：高等教育出版社，2008.

［24］毛文永. 生态环境影响评价概论：修订版［M］. 北京：中国环境科学出版社，2003.

［25］魏立安，何宗健，汪怀建. 环境影响评价［M］. 北京：航空工业出版社，2001.

［26］国家环境保护总局监督管理司. 中国环境影响评价　培训教材［M］. 北京：化学工业出版社，2000.

［27］徐新阳. 环境评价教程［M］. 北京：化学工业出版社，2004.

［28］崔莉凤. 环境影响评价和案例分析［M］. 北京：中国标准出版社，2005.

［29］赵由才，牛冬杰，柴晓利，等. 固体废物处理与资源化［M］. 北京：化学工业出版社，2006.

［30］杨建设. 固体废物处理处置与资源化工程［M］. 北京：清华大学出版社，2007.

［31］王罗春. 环境影响评价［M］. 北京：冶金工业出版社，2012.

［32］SPOUGE. New generic leak frequencies for process equipment［J］. Process Saftety Progress，2005，24（4）：249－257.

［33］CROSSTHWAITE P J, FITZPATRICK R D, HURST N W. Risk assessment for the siting of developments near liquefied petroleum gas installations［J］. IChem E Symposium Series，1988，110.

［34］AUTHORITY R P. Risk analysis of six potentially hazardous industrial objects in the rijnmond area：a pilot study［M］. Berlin：Springer，1982.

［35］胡二邦. 环境风险评价实用技术、方法和案例［M］. 北京：中国环境科学出版社，2009.

［36］白志鹏，王珺，游燕. 环境风险评价［M］. 北京：高等教育出版社，2009.

［37］于宏兵. 清洁生产教程［M］. 北京：化学工业出版社，2011.